高等院校人工智能通识课程系列规划教材

大学计算机与人工智能应用基础

主　编　马　兰　陈兴稣　林　玲
副主编　付家佳　石铭芸

北京邮电大学出版社
·北京·

内 容 简 介

本书是根据教育部高等学校大学计算机课程教学指导委员会提出的《新时代大学计算机基础课程教学基本要求》，依据国家推动人工智能教育和人才培养的目标，结合《全国计算机等级考试(NCRE)一级计算机基础及 WPS Office 应用考试大纲(2025 年版)》编写而成的，全面而深入地介绍了计算机基础知识，旨在为大学新生提供开启计算机科学知识宝库的关键钥匙。

全书分为 8 章，主要内容包括计算机基础、计算机操作系统、计算机网络技术、新一代信息技术、文字编辑处理——WPS 文字、电子表格处理——WPS 表格、演示文稿制作——WPS 演示、人工智能在办公中的应用。

本书不仅可作为高等院校非计算机专业大学计算机基础课程的教材，还可作为全国计算机等级考试及相关培训的参考书，同时也可供广大计算机爱好者自学使用。

图书在版编目(CIP)数据

大学计算机与人工智能应用基础 / 马兰，陈兴稣，林玲主编. -- 北京 ：北京邮电大学出版社，2025.

ISBN 978-7-5635-7571-8

Ⅰ. TP39；TP18

中国国家版本馆 CIP 数据核字第 2025SG8098 号

策划编辑：马　飞　　**责任编辑**：马　飞　　**封面设计**：七星博纳

出版发行：北京邮电大学出版社
社　　址：北京市海淀区西土城路 10 号(100876)
电话传真：010-82330190　62282185(发行部)　010-82333009　62283578(传真)
网　　址：www. buptpress3. com
电子信箱：buptpress3@163. com
经　　销：各地新华书店
印　　刷：三河市骏杰印刷有限公司
开　　本：787 mm×1 092 mm　1/16
印　　张：14
字　　数：349 千字
版　　次：2025 年 8 月第 1 版
印　　次：2025 年 8 月第 1 次印刷

ISBN 978-7-5635-7571-8　　定价：48.00 元

前　言

党的二十大报告提出“深入实施科教兴国战略、人才强国战略、创新驱动发展战略”。在数字化时代背景下，科技浪潮的迅猛发展使得计算机技术成为社会进步的重要推动力，学习大学计算机基础知识及其应用，对于培养适应信息社会发展和应用前沿技术促进行业发展的各领域复合型人才具有十分重要的意义。同时，计算机技术已成为人们日常生活、学习和工作中不可或缺的辅助工具。对于刚步入大学的学生，系统地掌握计算机基础知识是开启充实大学生活的关键一步。

本书的编写团队由长期致力于计算机教育领域的资深教师组成，他们凭着对教育事业的热忱，结合多年的教学实践经验和对学生学习需求的深刻理解，精心打造了这本《大学计算机与人工智能应用基础》。我们期望，通过本书的学习，学生能顺利掌握计算机的基础知识，勇敢地步入充满挑战与机遇的数字世界。

本书从计算机基础入手，深入介绍计算机的起源、发展历程及基本工作原理，使学生能够追溯本源，深刻理解这一伟大发明的根基。计算机操作系统章节讲解了 Windows、Linux 等流行的操作系统以及国产操作系统的结构、特点和使用技巧，以帮助学生熟练地掌握各种软件的运行环境。计算机网络技术章节不仅阐释了网络结构、TCP/IP 等核心概念，包含网络安全与防护的实用技巧，还强调了网络安全意识，旨在培养学生在网络环境中灵活应对挑战的能力。新一代信息技术章节对大数据、云计算、区块链等前沿领域进行了深入介绍，以拓宽学生的视野。针对日常学习和办公中必备的软件，本书在文字编辑处理——WPS 文字部分细致讲解了文档排版、样式应用等要点；在电子表格处理——WPS 表格部分深度剖析了数据函数、图表制作的技巧；在演示文稿制作——WPS 演示部分介绍了演示文稿设计、动画特效添加等内容，可全面提升学生的办公软件实操水准。此外，本书特别引入了人工智能在办公中的应用，介绍了人工智能在文档处理、表格创建和处理以及演示文稿生成等方面的应用，为学生后续深造、职业发展铺就坚实的道路，使其无论身处何种专业领域，都能凭借扎实的计算机素养脱颖而出。

在本书的编写过程中，我们始终遵循将复杂概念简单化、理论与实践相结合的教学原则。一方面，针对计算机科学中深奥的专业概念和原理，运用生动的案例和简洁的语言，将知识分解为易于理解的单元，可有效降低学习难度；另一方面，通过大量实例、直观的操作演示和精心设计的实践练习，使学生能够在操作过程中不断加深对知识的理解，逐步提升实践技能。

无论是致力于探索计算机前沿技术的学生，还是希望提高计算机日常应用能力，以提升学业和生活质量的学生，本书均能为其提供相应的知识支持。愿本书成为学生大学生涯中的良师益友，陪伴他们克服困难，探索广阔的计算机知识，驶向梦想的彼岸。当学生翻开本书，一场关于计算机科学的探索之旅即刻启程，让我们共同迎接数字时代的挑战，拥抱未来的无限可能！

鉴于编者团队水平有限，加之时间紧迫，书中难免存在疏漏和不当之处。随着技术的不断进步与创新，书中的一些细节也可能需要进行相应的调整与更新，我们诚挚地希望广大读者提出宝贵的建议。

编　者

目　录

第 1 章　计算机基础

计算机是一种处理信息的工具，它能自动、高速、精确地对信息进行存储、传输和加工处理。计算机的广泛应用，推动了社会的发展和进步，对人类社会的生产和生活产生了极其深刻的影响。在进入信息时代的今天，学习计算机知识，掌握计算机应用技术已成为人们的迫切需求。本章主要介绍计算机系统的基本知识，包括计算机的发展与分类、计算机的工作原理、计算机系统的组成及主要技术指标。

知识导航

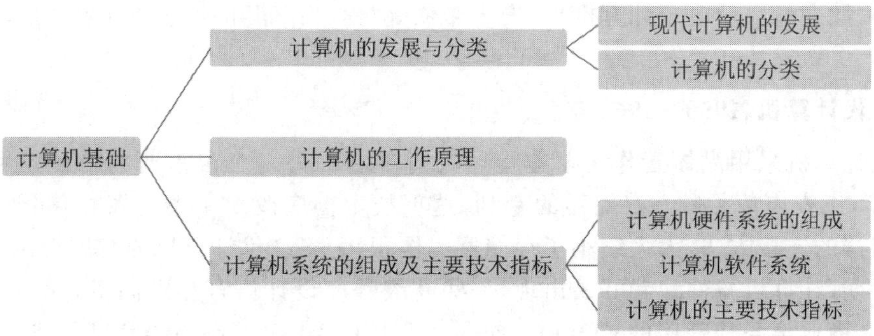

1.1　计算机的发展与分类

计算技术的发展历史是人类文明史的一个缩影。从古至今，有多种类型的计算工具出现。在远古时代，人们采用石块、贝壳进行简单的计数，我国唐代广泛使用算盘进行计算，欧洲中世纪发明了加法计算器、分析机等，20 世纪中叶发明了电子计算机。未来计算机更是向着巨型化、微型化、网络化和智能化的方向发展。

1.1.1　现代计算机的发展

现代计算机是一种按程序自动进行信息处理的通用工具，它的处理对象是信息，处理结果也是信息。在现代计算机诞生后的 70 多年中，计算机所采用的基本电子元件经历了电子管、晶体管、中小规模集成电路、大规模和超大规模集成电路 4 个发展阶段，如表 1-1 所示。

表 1-1 现代计算机的 4 个发展阶段

阶段	时间	基本电子元件	技术特点
1	1946—1957 年	电子管	穿孔卡片和磁鼓，使用机器语言和汇编语言
2	1958—1964 年	晶体管	主存储器采用磁心存储器，磁鼓和磁盘开始用于辅助存储器。使用高级语言，主要用于科学计算，开始大量生产中、小型计算机
3	1965—1970 年	中小规模集成电路	大型化，集中式计算，远程终端
4	1971 年至今	大规模和超大规模集成电路	超大型化，计算机化，嵌入式，图形用户界面，多媒体，网络通信，网格计算

1. 第 1 代计算机（1946—1957 年）

第 1 代计算机采用电子管作为基本电子元件。由于电子管体积大、耗电多，这一代计算机的运算速度低，存储容量小，可靠性差且造价昂贵。在这一代计算机中，几乎没有什么软件配置，编制程序使用机器语言或汇编语言。第 1 代计算机主要用于科学计算和军事应用方面，代表机型为 1952 年由冯 · 诺依曼设计的 EDVAC（electronic discrete variable automatic computer，离散变量自动电子计算机）。冯 · 诺依曼“程序存储”的设想首次在 EDVAC 上得到了体现。

2. 第 2 代计算机（1958—1964 年）

第 2 代计算机采用晶体管作为基本电子元件。它的另一个很重要的特点是存储器的革命。1949 年，王安申请了磁心存储器的专利，这项技术彻底改变了继电器存储器的工作方式及其与处理器的连接方法，大大缩小了存储器的体积，为第 2 代计算机的发展奠定了基础。

这一时期，计算机软件配置开始出现，一些高级程序设计语言相继问世，如科学计算用的 FORTRAN、商业事务处理用的 COBOL、符号处理用的 LISP 等高级语言开始进入实用阶段。操作系统也初步成型，使计算机的使用方式由手工操作转变为自动作业管理。

3. 第 3 代计算机（1965—1970 年）

第 3 代计算机采用中小规模集成电路作为基本电子元件，计算机的体积和耗电量显著减小，计算速度显著提高，存储容量大幅度增加。

这一时期，半导体存储器逐步取代了磁心存储器的主存储器地位，磁盘成了不可缺少的辅助存储器，并且开始普遍采用虚拟存储技术。同时，计算机的软件技术也有了较大的发展，出现了操作系统和编译系统，并且出现了更多的高级程序设计语言，计算机的应用开始进入更多领域。1964 年，由 IBM 公司推出的 IBM System/360 计算机是第 3 代计算机的代表产品，如图 1-1 所示。

4. 第 4 代计算机（1971 年至今）

第 4 代计算机采用大规模和超大规模集成电路作为主要电子元件，主存储器使用了集成度更高的半导体存储器，计算机运算速度高达每秒几亿次甚至数百万亿次。在这个时期，计算机体系结构有了较大发展，并行处理、多机系统、计算机网络等都已进入实用阶段。在软件方面，软件品类更加丰富，出现了网络操作系统和分布式操作系统及各种应用软件。

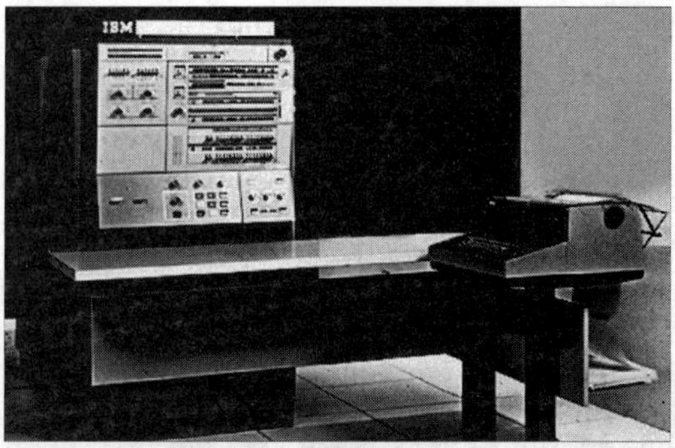

图 1-1　IBM System/360 计算机

1.1.2　计算机的分类

1989 年，IEEE(Institute of Electrical and Electronics Engineers，电气电子工程师学会)将计算机划分为巨型计算机、小巨型计算机、主机、小型计算机、工作站、个人计算机 6 种类型。按照目前计算机的市场应用，计算机大致可以分为大型计算机、微型计算机、嵌入式计算机等类型，如图 1-2 所示。

- 计算机类型
  - 大型计算机
    - 大型计算机集群：Summit、Sierra、“神威·太湖之光”、“天河二号”等
    - MPP超级计算机：蓝色基因、克雷等
    - PC服务器：浪潮、联想、戴尔、惠普等
  - 微型计算机
    - 个人计算机：联想、惠普、戴尔、神舟等
    - 苹果计算机：Mac Pro系列桌面微机等
    - 笔记本计算机：联想、惠普、戴尔、华硕、神舟等
    - 其他微机：平板计算机、HTPC、UMPC等
  - 嵌入式计算机
    - 智能手机
      - Android系列：华为、三星、OPPO、小米等
      - iOS系列：苹果iPhone系列
    - 工业计算机
      - PC104/EPCI总线工业计算机
      - CPCI/CPCIE（紧凑型PCI）总线工业计算机
      - ATCA/mTCA（高级电信计算架构）计算机
      - VPX/VME总线工业计算机
    - 其他计算机
      - 单片机：ARM、80C51系列单片机等
      - POS机（收款系统）、ATM（自动柜员机）等
      - 可穿戴式计算机等

图 1-2　计算机的基本类型

1. 大型计算机

1)大型计算机集群

大型计算机主要用于科学计算、军事、通信、金融等大型计算项目。在大型计算机设计领域，计算机集群(cluster)的价格只有专用大型计算机的几十分之一。因此，世界 500 强计算机大都(85%以上)采用集群结构。

计算机集群技术是将多台(几台到上万台)独立计算机(PC 服务器)通过高速局域网组成一个集群，以单一系统模式进行管理，使多台计算机像一台超级计算机那样统一管理和并行计算。集群中每台计算机都承担部分计算任务，因此整个系统的计算能力非常强。同时，集群系

统具有很好的容错功能，当集群中某台计算机出现故障时，系统可将这台计算机进行隔离，并通过各台计算机之间的负载转移机制实现新的负载均衡，同时向系统管理员发出故障报警信号。

中国人民解放军国防科技大学研制的“天河二号”（Tianhe-2）超级计算机（见图 1-3）的峰值计算速度为每秒 5.49 亿亿次，持续计算速度为每秒 3.39 亿亿次，是 2013 年全球最快的超级计算机。“天河二号”曾连续 6 次位列世界 500 强计算机第 1 名，获得“六连冠”殊荣。

图 1-3　“天河二号”超级计算机集群系统

“天河二号”已应用于生物医药、新材料、工程设计与仿真分析、天气预报、智慧城市、电子商务、云计算与大数据、数字媒体和动漫设计等多个领域。例如，从 2017 年开始，广州的气象预报系统就由“天河二号”运行，“天河二号”每 12 min 就能给出每平方千米 6 h 内的天气预报；以 500 人规模的全基因组信息关联性分析为例，利用原有计算机需 1 年的计算时间，利用“天河二号”只需要 3 h 的计算时间；它还可以帮助国产大型飞机 C919 做全机气动参数优化设计等大型计算工作。

2）PC 服务器

PC 服务器主要用于网络服务器主机，对数据处理能力和系统稳定性有很高的要求，所以其硬件配置一般较高，往往采用高性能的 CPU（central processing unit，中央处理器），有时甚至采用多 CPU 结构。服务器内存容量一般较大，硬盘也采用高转速和支持热插拔的 SCSI（small computer system interface，小型计算机系统接口）硬盘。由于大部分服务器要求不间断工作，因此一般采用冗余电源。PC 服务器往往采用机箱或机架等形式，如图 1-4 所示。机箱式 PC 服务器的体积较大，便于扩充硬盘等 I/O（输入输出）设备；机架式 PC 服务器的体积较小，有标准尺寸，扩充时在机柜中再增加一个机架式服务器即可。

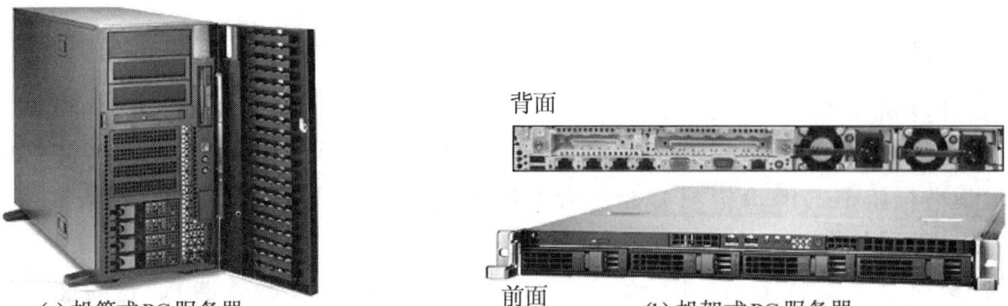

(a) 机箱式PC服务器　　(b) 机架式PC服务器

图 1-4　各种类型的 PC 服务器

2. 微型计算机

1971 年 11 月，Intel 公司推出了一套芯片，包括 4001 ROM（read-only memory，只读存储器）、4002 RAM（random access memory，随机存储器）、4003 移位寄存器、4004 微处理器。Intel 公司将这套芯片称为 MCS-4 微机系统，这是最早提出的“微机”概念。

微型计算机简称微机，按产品范围大致可以分为台式计算机、笔记本计算机、一体式计算机、平板计算机（tablet PC）等类型，如图 1-5 所示。

图 1-5　微机的类型

1）PC 系列微机

1981 年，IBM 公司推出了个人计算机（PC）系统，它采用了 Intel 公司的 CPU 作为核心部件。之后，凡是能够兼容 IBM PC 的微机产品都称为 PC。目前，大部分微机采用 Intel 和 AMD 公司的 CPU 产品。

（1）台式计算机：在外观上有立式和卧式两种类型，它们在性能上没有区别。台式计算机主要用于企业办公和家庭应用，因此，要求有较好的图形和多媒体功能。由于台式计算机应用广泛，它们的应用软件也是最为丰富的。这类微机有较好的性价比。

（2）笔记本计算机：主要用于移动办公，因此，要求机器具有体积小、重量轻的特点。在与台式计算机相同的配置下，笔记本计算机的性能要低于台式计算机，价格却要高于台式计算机，二者的软件系统是可以兼容的。

2）平板计算机

平板计算机是一种小型的、方便携带的个人计算机，在外观上只有杂志大小，现在主要采用苹果和安卓（Android）操作系统。如图 1-6 所示，它以触摸屏作为基本输入设备，而不是传统的键盘和鼠标，所有操作都通过手指或手写笔完成。平板计算机一般用于阅读、上网等，其适配的应用软件专用性强，因此通常情况下这些软件不能在台式计算机或笔记本计算机上运行，普通微机上的软件也不能在平板计算机上运行。

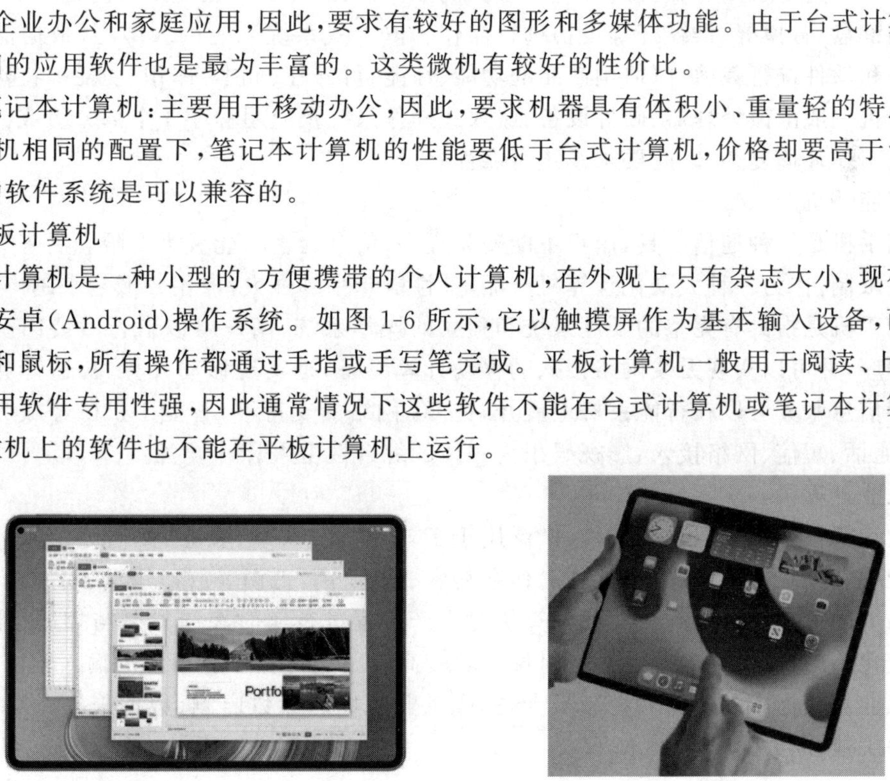

图 1-6　平板计算机

3. 嵌入式计算机

1)嵌入式系统

嵌入式系统是为特定应用而设计的专用计算机系统。“嵌入”是将微处理器设计和制造在某个设备内部的意思。嵌入式系统是一个外延极广的名词,凡是与工业产品结合在一起,并且具有计算机控制功能的设备都可以称为嵌入式系统(见图 1-7)。

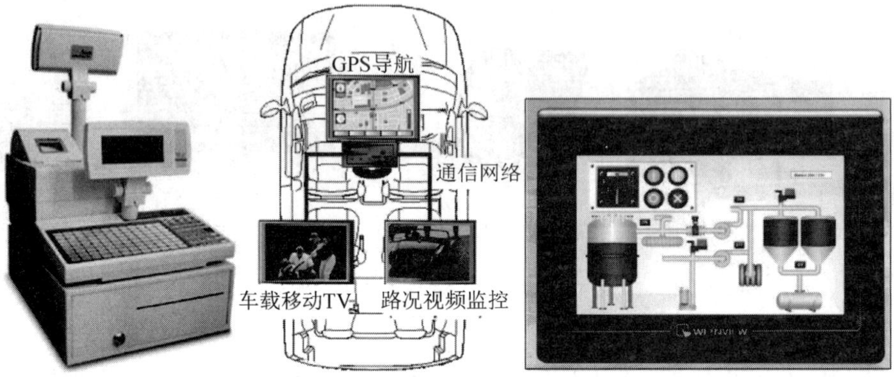

图 1-7　嵌入式系统在商业和工业领域的应用

嵌入式系统包括工业计算机、单片机等,计算机是嵌入式系统的核心控制设备,大部分嵌入式计算机不具备通用计算机的外观形态。例如,嵌入式计算机没有通用的键盘和鼠标,一般通过专用键盘、触摸屏、操纵杆等设备进行操作。嵌入式系统以应用为中心,根据需要对计算机的硬件和软件进行裁剪,以适用产品的功能、性能、可靠性、成本、体积、功耗等特殊要求。嵌入式计算机一般由微处理器、硬件设备、嵌入式操作系统及应用程序 4 个部分组成。由于嵌入式计算机工作环境复杂,因此要求系统可靠性好。

2)智能手机

早期手机是一种通信工具,用户不能安装程序,信息处理功能极为有限。后来智能手机打破了这些限制,作为一种大众化计算机产品,其性能越来越强大,应用领域越来越广泛。

智能手机是指具有完整的硬件系统和独立的操作系统,用户可以自行安装第三方服务商提供的程序,并可以实现无线网络接入的移动计算设备,是实现移动计算、普适计算的理想工具。很多信息服务可以在智能手机上展开,在 5G 网络的支持下,智能手机已经成为一个功能强大,集通话、短信、网络接入、影视娱乐为一体的综合性个人计算设备。

3)工业计算机

工业计算机采用工业总线结构,广泛用于工业、商业、军事、农业、交通等领域的过程控制和过程管理。其工作环境恶劣,往往工作在粉尘、烟雾、高/低温、潮湿、震动、易腐蚀等环境中,因此对系统的可靠性要求高。工业计算机对生产过程进行实时在线检测与控制,需要对工作状况的变化给予快速响应,因此对实时性要求较高。工业计算机有很强的输入输出功能,可扩充符合工业总线标准的检测和控制板卡,完成工业现场的参数监测、数据采集、设备控制等任务。各种工业计算机如图 1-8 所示。

CPCI总线军用计算机　VPX总线航空计算机　ATCA总线电信计算机

图 1-8　各种工业计算机

1.2　计算机的工作原理

现代计算机的基本工作原理是由冯·诺依曼于 1946 年首先公开的。冯·诺依曼提出了“程序存储式通用电子计算机”设计方案，并确定了计算机硬件体系结构的 5 个基本部件：运算器、控制器、存储器、输入设备和输出设备。人们将冯·诺依曼的这个理论称为冯·诺依曼体系结构。从第 1 代计算机至第 4 代计算机，一直没有突破冯·诺依曼体系结构，其主要思想可概括为以下 3 点。

1. 冯·诺依曼体系结构的计算机模型

冯·诺依曼体系结构的计算机模型主要包括运算器、控制器、存储器、输入设备和输出设备 5 大组成部分，它们之间的关系如图 1-9 所示。

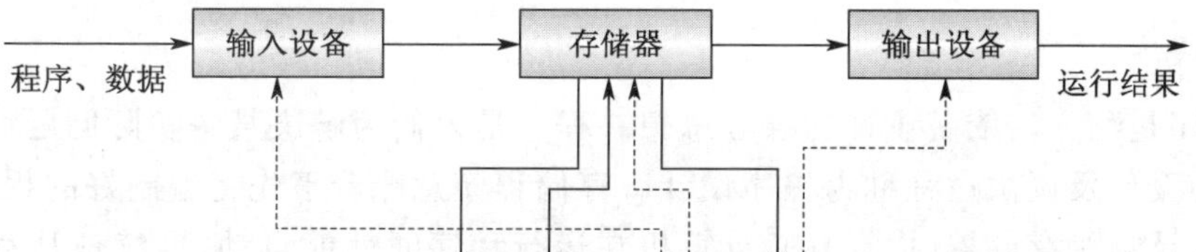

图 1-9　冯·诺依曼体系结构的计算机模型

1）运算器

运算器也称为算术逻辑部件(arithmetic and logic unit，ALU)，是计算机中进行算术运算和逻辑运算的部件。算术运算有加、减、乘、除等，逻辑运算有比较、移位、与运算、或运算、非运算等。在控制器的控制下，运算器从存储器中取出数据进行运算，然后将运算结果写回存储器中。

2）控制器

控制器主要用来控制程序和数据的输入与输出，以及各个部件之间的协调运行。控制器由指令计数器、指令寄存器、指令译码器和其他控制单元组成。控制器工作时，会根据指令计数器中的地址，从存储器中取出指令送到指令寄存器，在指令经指令译码器译码后，再由控制器发出一系列命令信号，送到有关硬件部位引起相应动作，完成指令所规定的操作。

3）存储器

存储器的主要功能是存放运行中的程序和数据。在冯·诺依曼体系结构的计算机模型中，存储器是指内存单元。存储器中有成千上万个存储单元，每个存储单元存放一组二进制数据。对存储器的基本操作是数据的写入或读出，这个过程称为内存访问。为了便于写入或读出数据，存储器中所有的存储单元均按顺序依次编号，每个存储单元的编号称为内存地址。当运算器需要从存储器的某个存储单元中读出或写入数据时，控制器必须提供存储单元的地址。

4）输入设备

输入设备的第一个功能是将现实世界中的数据输入计算机（如输入数字、文字、图形、电信号等），并将它们转换成计算机熟悉的二进制代码；第二个功能是由用户对计算机进行操作控制。常见的输入设备有键盘、鼠标、数码相机等。

5）输出设备

输出设备的功能是将计算机处理的结果转换成用户熟悉的形式，如数字、文字、图形、声音、视频等。常见的输出设备有显示器、打印机、音箱等。

还有一些设备既可以作为输入设备，也可以作为输出设备，如 U 盘、硬盘等。

在现代计算机中，往往将运算器和控制器制造在一个集成电路芯片内，这个芯片称为 CPU。CPU 的主要工作是与内存系统或 I/O 设备进行数据传输，进行算术和逻辑运算，通过逻辑判断控制程序的流向。CPU 性能的高低，往往决定了一台计算机性能的高低。

2. 采用二进制形式表示指令和数据

指令是人们对计算机发出的用来完成一个基本操作的工作命令，它由计算机硬件来执行。指令在计算机中采用二进制形式，使信息数字化容易实现，并可以用二值逻辑元件进行表示和处理。指令和数据在代码形式上并无区别，都是由 0 和 1 组成的二进制代码序列，只是各自约定的含义不同。

3. 存储程序

存储程序是冯·诺依曼设计的核心思想。程序是人们为解决某一实际问题而设计的指令序列，指令的设计及调试过程称为程序设计。存储程序意味着事先将编制好的程序（包含指令和数据）存入计算机存储器（内存）中，计算机在运行程序时就能自动、连续地从存储器中依次取出指令并执行。计算机的功能在很大程度上体现为程序所具有的功能，或者说，计算机的程序越多，计算机的功能越强。

1.3 计算机系统的组成及主要技术指标

一个完整的计算机系统由硬件系统和软件系统两部分组成，如图 1-10 所示。硬件系统是构成计算机系统的各种物理设备的总称，它包括主机和外设两部分。硬件系统可以从系统结构和系统组成两个方面进行描述。软件系统是运行、管理和维护计算机的各类程序和文档的总称，计算机之所以能够应用到各个领域，是由于丰富多彩的软件能够出色地按照人们的意图完成各种不同的任务。通常将没有安装软件的计算机称为“裸机”。

- 计算机系统
  - 硬件系统
    - 主机
      - CPU 系统：CPU、散热装置
      - 主板系统：主板、信号连接线
      - 内存系统：DRAM(如 DDR SDRAM 1/2/3/4 等)
      - 外存系统：硬盘、光盘、固态盘、U 盘
      - 显示系统：显卡、显示器
      - 音频系统：声卡、音箱、话筒
      - 网络系统：网卡、modem(调制解调器)、网线
      - BIOS 系统：BIOS 芯片、CMOS 芯片
      - 常用外设：电源、机箱、键盘、鼠标、散热装置等
    - 外设
      - 输出设备：打印机、刻录机、投影仪等
      - 输入设备：手写笔、触摸屏、扫描仪、数码相机、数码摄像机等
      - 其他设备：电源接线盒、净化电源等
  - 软件系统
    - 系统软件
      - 操作系统：如 Windows、Linux、Android、macOS 等
      - 网络服务：如 IIS、Server-U、Exchange Server 等
      - 数据库系统：如 Oracle、MS SQL、MySQL 等
      - 程序设计语言：如 C++、Java、Python 等
      - 语言处理程序：如 Java 语言虚拟机、语言编译程序等
    - 应用软件
      - 办公自动化软件：如 Office、WPS 等
      - 多媒体应用软件：如 Photoshop、Flash、Premiere Pro 等
      - 辅助设计软件：如 AutoCAD、Visio、Protel 等
      - 企业应用软件：如财务管理软件、企业管理软件、工程管理软件等
      - 网络应用软件：如 QQ、迅雷、浏览器、Dreamweaver 等
      - 安全防护软件：如杀毒软件、防火墙软件、系统补丁等
      - 系统工具软件：如数据恢复软件、优化软件、磁盘工具等
      - 娱乐休闲软件：如游戏软件、电子杂志、电子图书、音频播放器、视频播放器等

图 1-10　计算机系统组成

1.3.1　计算机硬件系统的组成

计算机硬件系统包括 CPU 系统、主板系统、存储器系统、总线和接口、输入输出设备等。

1. CPU 系统

CPU 也称为微处理器(microprocessor)，它是计算机系统中最重要的一个部件。CPU 是整个计算机系统的控制中心，它严格按照规定的脉冲频率工作。一般来说，CPU 的工作频率越高，工作速度越快，能够处理的数据量就越大，性能也就越强。在 CPU 技术上，Intel 公司一直是技术领头人，其他的 CPU 设计和生产厂商主要有 AMD 公司、IBM 公司、ARM 公司等。

从外观上看，CPU 是一个矩形块状物，中间凸起部分是 CPU 核心部分的金属封装壳，在金属封装壳内部是一块指甲大小的、薄薄的硅晶片，称为 CPU 核心。在这块小小的硅晶片上，密布着上亿个晶体管，它们相互配合，协调工作，完成各种复杂的运算和操作。金属封装壳周围是 CPU 基板，它将 CPU 内部的信号引接到 CPU 引脚上。基板下面有许多密密麻麻的镀金

引脚，它们是 CPU 与外部电路连接的通道。目前，大部分 CPU 底部中间还有一些电容和电阻。无引脚 LGA(land grid array)封装的 CPU 外观如图 1-11(a)、(b)所示，CPU 内部结构如图 1-11(c)所示。

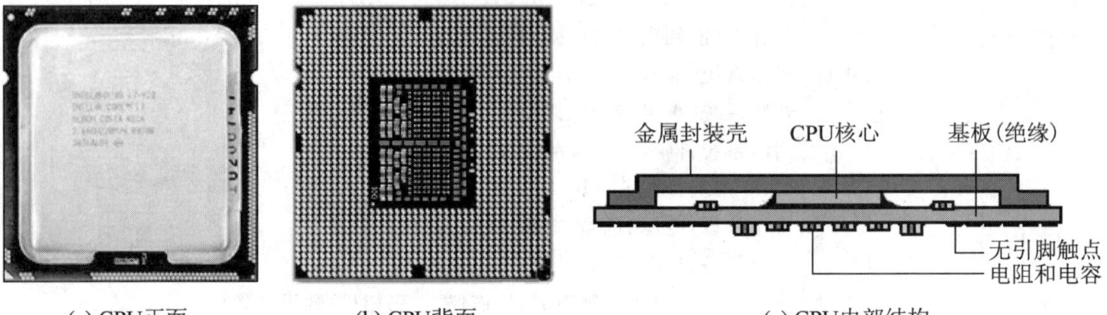

(a) CPU正面　　(b) CPU背面　　(c) CPU内部结构

图 1-11　Intel 公司 CPU 外观和内部结构

2. 主板系统

主板是计算机中重要的部件，计算机的性能是否能够充分发挥，计算机的硬件功能是否足够，计算机的硬件兼容性如何等，都取决于主板的设计。主板的制造质量，也决定了硬件系统的稳定性。主板与 CPU 的关系密切，CPU 的每一次重大升级，必然导致主板的更新换代。

主板一般为矩形电路板，上面安装了组成计算机的主要电路系统和元件，一般包括 CPU 芯片、BIOS 芯片、I/O 控制芯片、各种总线插座和接口、指示灯插接件、扩充插槽、主板及插卡的直流电源供电接插件等。主板的主要功能是支撑和协调主板上的各个功能部件的运行，为它们提供信息通路和数据通道。计算机的主要电路和核心部件都集成在主板上。不同类型的 CPU，往往需要不同类型的主板与之匹配，主板主要有 ATX(标准型)、M-ATX(紧凑型)、MINI-ITX(迷你型)、E-ATX(加强型)等类型。目前的市场主流为 ATX 主板，其组成图如图 1-12 所示。

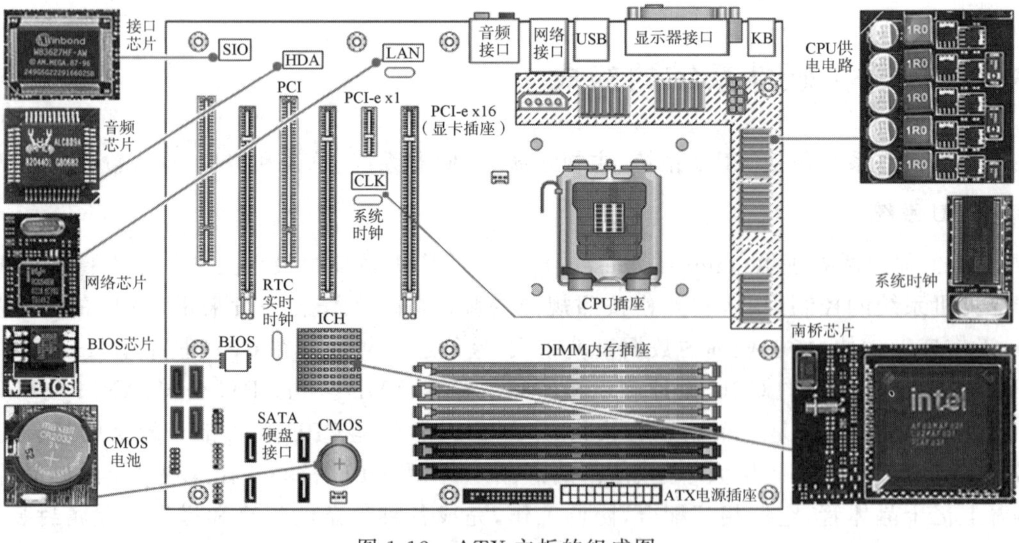

图 1-12　ATX 主板的组成图

3. 存储器系统

随着计算机功能的增强,操作系统和应用软件也越来越庞大,对存储器容量的需求在成比例增长。不同存储器的工作原理不同,性能也不同。计算机中常用的存储器类型如图 1-13 所示。

- 存储器
  - 内存
    - DRAM(动态随机存储器)
      - DDR2 SDRAM(第 2 代 DDR),趋于淘汰
      - DDR3 SDRAM(第 3 代 DDR),常用产品
      - DDR4 SDRAM(第 4 代 DDR),市场主流产品
    - SRAM(静态随机存储器):主要用于高速缓存
  - 外存
    - 半导体存储器
      - EEPROM(电擦除可编程只读存储器):如内存条中的 SPD 芯片
      - Flash Memory(闪存)
        - NAND Flash(与非型闪存):如 U 盘、SSD、SD 卡等
        - NOR Flash(或非型闪存):如 BIOS、手机内存等
    - 磁介质存储器:HDD(硬盘),市场主流外存产品
    - 光介质存储器
      - CD-ROM(光盘):CD-ROM、CD-R、CD-RW、CD-RAM 等(趋于淘汰)
      - DVD-ROM(光盘):DVD-ROM、DVD-R、DVD-RW、DVD-RAM 等
      - BD-ROM(蓝光光盘):BD-ROM、BD-R、BD-RW 等

图 1-13　计算机中常用的存储器类型

计算机的存储器分为内部存储器(又称主存储器,简称内存或主存)和外部存储器(简称外存或辅存)。能够直接与 CPU 进行数据交换的存储器称为内存,与 CPU 间接交换数据的存储器称为外存。

1)内存

内存用于存放计算机进行数据处理所必需的原始数据、中间结果、最后结果及指示计算机工作的程序。内存是计算机的主要技术指标之一,其容量大小和性能直接影响系统运行情况。

现在,计算机内存均采用 DRAM 芯片安装在专用电路板上,称为内存条。目前,内存条的类型有 DDR4 SDRAM 等,内存条容量有 4 GB、8 GB、16 GB 等规格。内存条由 DRAM、SPD(serial presence detect,序列存在检测)芯片、印制电路板(printed-circuit board,PCB)、金手指、散热片、贴片电阻、贴片电容等部分组成,如图 1-14 所示。

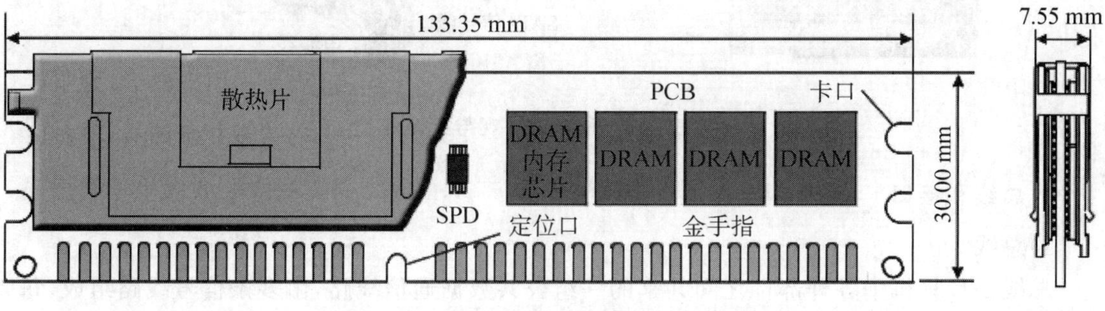

图 1-14　DDR SDRAM 内存条的组成图

2)外存

相对于内存,外存采用的材料和工作原理更加多样化,其存取速度要慢得多,但存储的数据很稳定,停电后数据不会消失。根据材料的不同,外存主要有:采用半导体材料的闪存

(flash memory),如 SSD(solid state disk,固态盘)、U 盘(USB 接口的半导体存储器)、CF(compact flash,小型闪存)卡等;采用磁介质材料的硬盘等;采用光介质材料的 CD-ROM、DVD-ROM、BD-ROM 光盘等。

(1)闪存:具备 DRAM 快速存储的优点,也具备硬盘永久存储的特性,缺点是读写速度较 DRAM 慢,而且擦写次数也有限。以 U 盘为例,它是一种采用闪存为存储介质,通过 USB 接口与计算机交换数据的可移动存储设备。由于 U 盘具有外观小巧、携带方便、抗震性强、容量大等优点,因此受到计算机用户的普遍欢迎。U 盘的外观如图 1-15 所示。

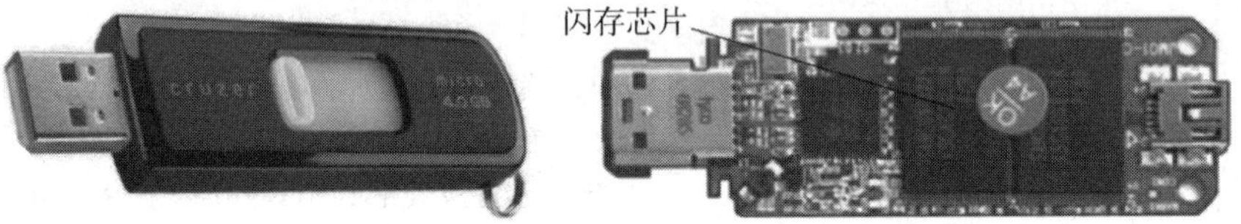

图 1-15　U 盘

(2) 硬盘:利用磁介质存储数据的机电产品,具有存储容量大、数据存取方便等优点,目前已经成为保存用户数据的重要外部存储设备。硬盘中的盘片由铝质合金和磁性材料组成。硬盘的常见存储容量有 320 GB、500 GB、1 TB、2 TB 或更高。按照硬盘尺寸(磁盘直径)分类,有 3.5 in、2.5 in 等规格。硬盘的接口有 SATA(串行先进技术总线附属接口)、SCSI、USB 接口等。SATA 主要用于台式计算机,SCSI 主要用于早期 PC 服务器,USB 接口主要用于移动存储设备。硬盘的外观与接口如图 1-16 所示。

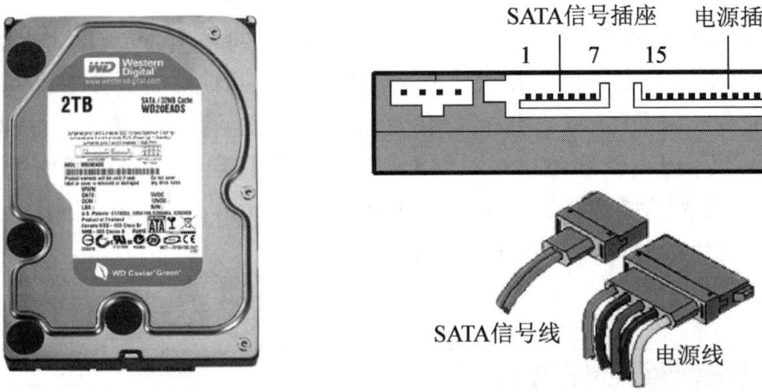

图 1-16　硬盘的外观与接口

4. 总线和接口

1)总线

总线是计算机中各种部件之间共享的一组公共数据通信线路,由多条信号线路组成,每条信号线路可以传输一个二进制信号 0 或 1。例如,32 位的 PCI 总线就意味着有 32 条数据通信线路,可以同时传输 32 位二进制信号。

任何一条系统总线都可以分为 5 个功能组:数据总线、地址总线、控制总线、电源线和地线。数据总线用来在各个设备或者单元之间传输数据和指令,它们是双向传输的。地址总线用于指定数据总线上数据的来源与去向，它们一般是单向传输的。控制总线用来控制对数据总线和地址总线的访问与使用，它们大部分是双向传输的。

总线的性能可以通过总线宽度和总线频率来描述。总线宽度为一次并行传输的二进制位数。例如，32 位总线一次能传输 32 位数据，64 位总线一次能传输 64 位数据。计算机中总线的宽度有 8 位、16 位、32 位、64 位等。总线频率则用来描述总线的传输速度，常见的总线频率有33 MHz、66 MHz、100 MHz、133 MHz、200 MHz、400 MHz、800 MHz、1 066 MHz 等。

2)接口

接口是指计算机系统中，在两个硬件设备之间起连接作用的逻辑电路。接口的功能是在各个组成部件之间进行数据交换。主机与外部设备之间的接口称为输入输出接口，简称 I/O 接口。

计算机的外部设备多种多样，而系统总线上的数据都是二进制数据，且外部设备的处理速度与 CPU 的处理速度相差很大，所以需要在系统总线与 I/O 设备之间设置接口，以进行数据缓冲、速度匹配和数据转换等工作。外部设备与主机之间相互传送的信号有 3 类：数据信号、状态信号和控制信号。接口中有多个端口，每个端口传送一类数据。从数据传送的方式看，接口可分为串行接口(简称串口)和并行接口(简称并口)两大类。

主板上配置的接口有 SATA 串行硬盘接口和光驱接口、COM 串行接口、PS/2 键盘接口和鼠标接口、USB 接口、音箱接口 Line Out、话筒接口 MIC、RJ-45 网络接口等，如图 1-17 所示。

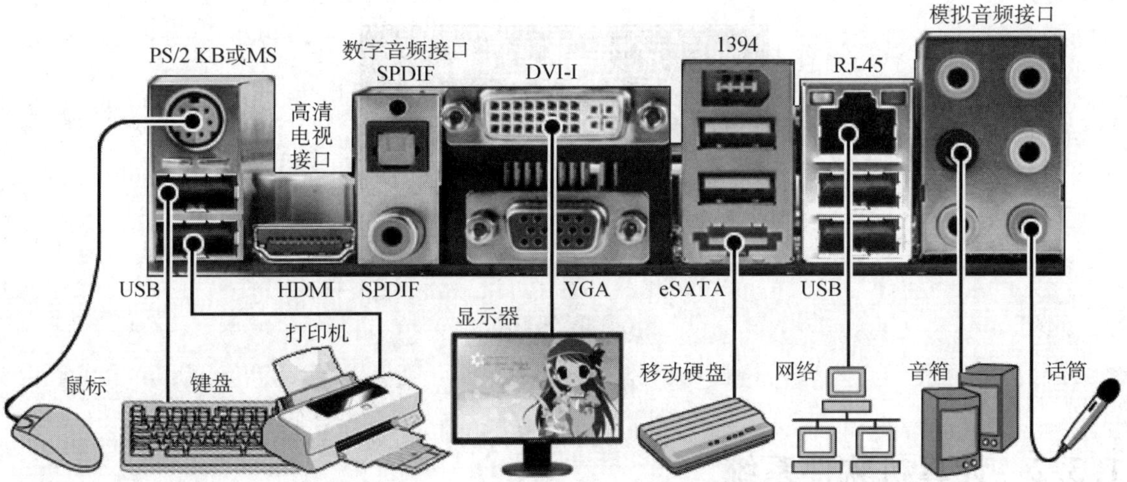

图 1-17　计算机输入输出接口及连接设备

5. 输入输出设备

1)键盘

键盘是向计算机输入数据的主要设备，由按键、键盘架、编码器、键盘接口及相应控制程序等组成，如图 1-18 所示。微机使用的标准键盘通常为 107 键，每个键相当于一个开关。

2)鼠标

鼠标(见图 1-18)也是一种输入设备，广泛用于图形用户界面环境中，一般通过 USB 接口与主机连接。鼠标的工作原理是:当移动鼠标时,它把移动距离及方向的信息转换为脉冲信号送入计算机,计算机再将脉冲信号转换为光标的坐标数据,从而达到指示位置的目的。目前,常用的鼠标为光电式鼠标,上面一般有两三个按键。对鼠标的操作有移动、单击、右击、双击、拖曳等。

图 1-18 键盘及鼠标

3)显示器

显示器主要用于显示输入的程序、数据或程序的运行结果等,它能以数字、字符、图形和图像等形式显示运行结果或信息的编辑状态,其主要技术参数包括屏幕尺寸、点距、显示分辨率、刷新频率等。

目前,微机系统通常采用的显示器是 LCD(liquid crystal display,液晶显示器),如图 1-19 所示。LCD 采用数字显示的方式,其外观尺寸较小,适合移动办公,主要用于笔记本计算机、平板计算机等。

图 1-19 LCD

1.3.2 计算机软件系统

计算机软件可以分为系统软件和应用软件。系统软件的数量相对较少,其他大部分软件都是应用软件。软件也可以分为商业软件与共享软件。商业软件的功能强大,收费也高,售后服务较好;共享软件大部分是免费或少量收费的,一般来说不提供售后服务。

1. 系统软件的基本类型

系统软件是计算机软件系统中最靠近硬件的一层,其他软件一般都通过系统软件发挥作用。系统软件是用于计算机管理、监控、维护和运行的软件,通常包括操作系统、网络服务、数据库系统、程序设计语言处理系统等。

1)操作系统

操作系统是对计算机硬件资源和软件资源进行控制和管理的大型程序,它是最基本的系统软件,其他软件必须在操作系统的支持下才能运行。操作系统一般具有进程管理、作业管理、存储管理、设备管理、文件管理等功能。目前,常用的操作系统有 Windows 10/11、Linux、UNIX 等,网络操作系统有 Windows Server、Linux、Free BSD 等。

2)网络服务

操作系统本身提供了一些小型的网络服务功能,但对于大型的网络服务,必须由专业软件提供。网络服务程序提供大型的网络后台服务,主要供网络服务提供商和企业网络管理人员使用。个人用户在利用网络进行工作和娱乐时,就是由网络服务程序提供服务的。例如,提供网页服务的 Web 服务软件有 IIS、Apache、Domino 等,提供文件下载的网络服务软件有 Server-U 等,提供邮件服务的软件有 Exchange Server、Lotus Notes/Domino、Qmail 等。

3)数据库系统

数据库系统(database system,DBS)主要由数据库(database,DB)和数据库管理系统(database management system,DBMS)组成。数据库可以简单地理解为数据仓库,它是按一定方式组织起来的相关数据的集合。数据库管理系统是对数据库进行有效管理和操作的软件,是用户与数据库之间的接口,它提供了用户管理数据库的一套命令,包括数据库的建立、修改、检索、统计、排序等功能。数据库管理系统是建立信息管理(如财务管理、企业管理等)系统的主要软件工具。常用的数据库软件有 Oracle、MS SQL、MySQL 等。

4)程序设计语言处理系统

程序设计语言处理系统将程序设计语言编写的源程序翻译成机器语言程序,使其能被计算机识别并执行。其中,不同的程序设计语言有不同的翻译程序,这些翻译程序统称为语言处理程序。一般来说,程序设计语言分为机器语言、汇编语言、高级语言,其中高级语言已成为目前普遍使用的语言。图 1-20 所示为 IEEE Spectrum 发布的 2024 年顶级编程语言排名。

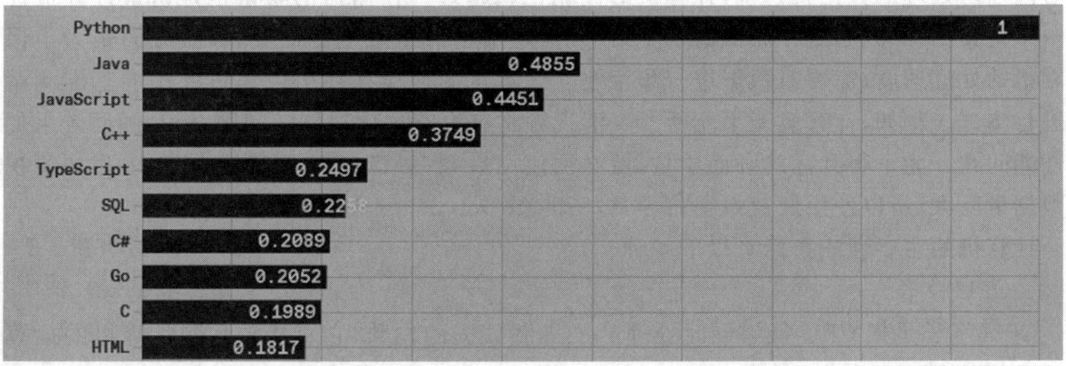

图 1-20 IEEE Spectrum 发布的 2024 年顶级编程语言排名

2. 应用软件的基本类型

应用软件可以分为两类。一类是由计算机专业公司或企业人员针对某个应用领域的具体问题而开发的程序,具有很强的实用性、专业性,但其适用范围小,导致开发成本过高,通用性不强,软件的升级和维护具有很大的依赖性。另一类是一些由大型专业软件公司开发的通用型应用软件,这些软件的功能强大、适用性强、应用广泛,使用人员较多,便于用户之间相互交换文档，但专用性不够强，不适用于某些有特殊要求的用户。

(1)办公自动化软件：应用较为广泛的办公自动化软件有 Microsoft 公司开发的 MS Office，它由文字处理软件 Word、电子表格软件 Excel、演示文稿软件 PowerPoint 等部分组成。国内优秀的办公自动化软件有 WPS Office 等。

(2)多媒体应用软件：多媒体应用软件主要有图像处理软件 Photoshop、音频处理软件 Audition、视频处理软件 Premiere 等。

(3)辅助设计软件：辅助设计软件主要有机械和建筑辅助设计软件 AutoCAD、网络拓扑设计软件 Visio、电子电路辅助设计软件 Protel 等。

(4)企业应用软件：通用的企业应用软件有用友财务管理软件、统计分析软件 SPSS 等。

(5)网络应用软件：网络应用软件主要有网页浏览器软件 Microsoft Edge、即时通信软件 QQ 等。

(6)安全防护软件：安全防护软件主要有 360 杀毒软件、360 防火墙软件等。

(7)系统工具软件：系统工具软件主要有文件压缩与解压缩软件 WinRAR、数据恢复软件 EasyRecovery、系统优化软件 Windows 优化大师、磁盘克隆软件 Ghost 等。

(8)娱乐休闲软件：娱乐休闲软件主要有各种电子杂志、视频播放器、游戏软件等。

1.3.3 计算机的主要技术指标

计算机的主要技术指标有性能、功能、可靠性、兼容性等，技术指标的好坏由硬件和软件两方面因素决定。

1. 性能指标

计算机的性能主要指计算机的运行速度与存储器的容量。计算机的运行速度越快，在某一时间片内处理的数据就越多，计算机的性能也就越好。存储器的容量也是衡量计算机性能的一个重要指标，大容量存储器的产生，一方面是由于海量数据的需要，另一方面是为了保证计算机的处理速度，需要对数据进行预存放。计算机的性能往往可以通过专用的基准测试软件进行测试。例如，计算机能不能播放高清视频是有没有这项功能的问题，但是画面效果如何是性能问题。为了得到好的画面质量，就必须使用高频率 CPU 和大容量内存，因为高清视频的数据量巨大，所以使用低速系统将导致马赛克效果。

计算机的主要性能指标有以下 4 种。

1)CPU 字长

CPU 字长是指 CPU 能够同时处理的二进制数据的位数，它直接关系到计算机的运算速度、精度和性能。CPU 字长有 8 位、16 位、32 位、64 位之分，当前主流产品为 64 位。

2)时钟频率

时钟频率是指在单位时间(s)内发出的脉冲数，通常以兆赫(MHz)为单位。计算机中的时钟频率主要有 CPU 时钟频率(也称为 CPU 主频)和总线时钟频率两种，如某 Core i7 CPU 的主频为 3.4 GHz。主频越高，计算机的运行速度越快。

3)内存容量

计算机的内存容量越大，运行速度越快。一些操作系统和大型应用软件常对内存容量有要求,如 Windows XP 的最低内存配置为 1 GB,建议内存配置为 2 GB;Windows 10 的最低内存配置为 2 GB,建议内存配置为 4 GB。

4)外部设备配置

计算机外部设备的性能对系统也有直接影响,如硬盘的配置、硬盘接口的类型与容量、显示器的分辨率、打印机的型号与速度等。

2. 功能指标

计算机的功能是指它提供服务的类型。随着计算机的发展,3D 图形功能、多媒体功能、网络功能、无线通信功能等,都已经在计算机中实现,语音识别、笔操作等功能也在不断探索解决之中,计算机的功能将越来越多。计算机硬件提供了实现这些功能的基本硬件环境,而功能的多少、实现的方法主要由软件决定。例如,网卡提供了信号传输的硬件基础,而浏览网页、收发邮件、下载文件等功能则由软件实现。对于计算机的所有功能,用户都可以通过软件或硬件进行测试。

3. 可靠性指标

可靠性是指计算机在规定的工作环境下和恶劣的工作环境下稳定运行的能力。例如,计算机经常死机或重新启动,都说明计算机的可靠性不好。可靠性是一个很难测试的指标,往往只能通过产品的工艺质量、产品的材料质量和厂商的市场信誉来衡量。在某些情况下,也可以通过极限测试的方法进行检测。例如,不同厂商的主板,由于采用同一芯片组,它们的性能相差不大,但是不同的工艺流程、电子元件材料及质量管理方法,会使产品的可靠性产生很大差异。为了提高主板的可靠性,有些厂商采用了 8 层印刷电路板、蛇行布线、使用大量贴片电容和高质量的接插件、高温老化工艺等措施。

4. 兼容性指标

软件兼容性是指软件运行在某一个操作系统下时,可以正常运行而不发生错误。我们大致可以将"兼容"理解为:产品符合某一技术规范的特定要求,如果两个不同厂商的产品能够在同一环境下应用,通常说它们是兼容的。例如,某一 DOS 软件可以运行在 Windows XP 下,就说 Windows XP 与 DOS 软件兼容。硬件兼容性是指不同硬件在同一操作系统下运行性能的好坏。例如,A 声卡在 Windows 10 中工作正常,B 声卡在 Windows 10 中不能正常运行,就说 B 声卡的兼容性不好。硬件产品的兼容性不好时,一般可以通过驱动程序或补丁程序解决;软件产品不兼容时,一般可以通过软件补丁或产品升级解决。

习　题　1

1. 现代计算机的发展经历了哪些阶段?
2. 第 4 代计算机主要采用什么元件?
3. 计算机大致可以分为哪些类型?
4. 冯·诺依曼体系结构的计算机包括哪些组成部分?
5. 什么是"程序存储"原理?它在计算机运行中的作用是什么?

6. 计算机硬件系统包含哪些基本部件？简要说明每个部件的功能。

7. 系统软件和应用软件的主要区别是什么？各举两个常见的例子。

8. 操作系统的核心功能是什么？

9. 计算机硬件的主要技术指标有哪些？

10. 什么是字长？字长的大小对计算机性能有何影响？

第 2 章　计算机操作系统

作为计算机系统的核心组件，操作系统（operating system）是一个十分复杂的系统，在某种意义上，它可能是计算机中最复杂且最重要的一个软件系统。本章主要介绍操作系统的类型、基本操作以及文件管理，并重点介绍国产操作系统的典型代表。

知识导航

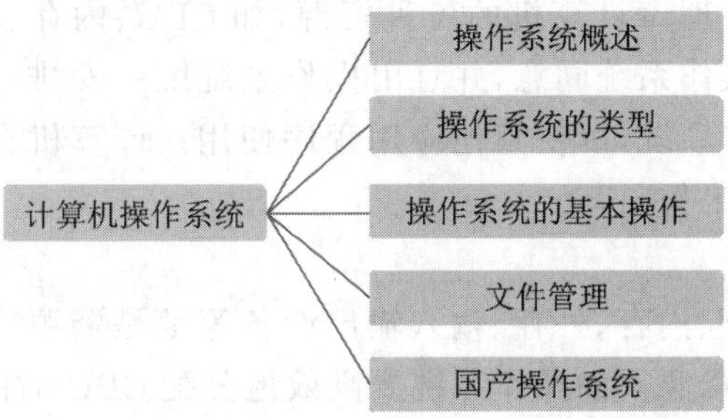

2.1　操作系统概述

操作系统是配置在计算机硬件上的第一层软件，是对硬件系统的首次扩充。它在计算机系统中占据了特别重要的地位，而其他系统软件和应用软件都依赖于操作系统的支持。操作系统已成为现代计算机最基本的必配软件。

1. 操作系统的定义

操作系统是控制计算机硬件和软件资源的一组系统程序。操作系统能有效地组织和管理计算机中的硬件和软件资源，合理地组织计算机的工作流程，控制程序的执行，并向用户提供各种服务功能，使用户能够灵活、方便、有效地使用计算机，并使整个计算机系统能高效地运行。操作系统与计算机软件和硬件的层次关系如图 2-1 所示。

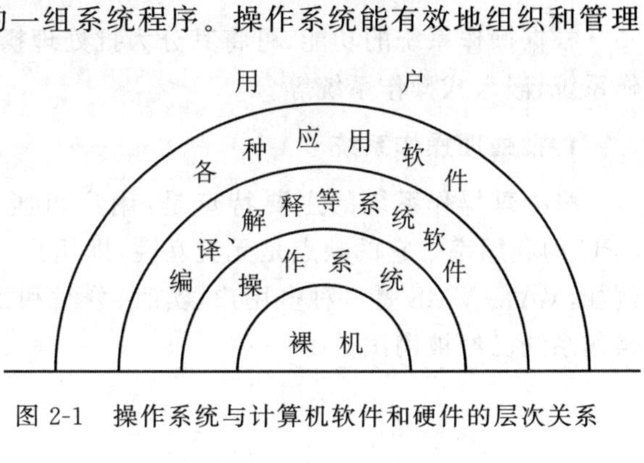

图 2-1　操作系统与计算机软件和硬件的层次关系

2. 操作系统的作用

操作系统是直接运行在“裸机”上的基

本系统软件，任何其他软件都必须在操作系统的支持下才能运行。从用户角度看，操作系统具有以下作用。

1）方便用户使用

在操作系统出现之前，只有计算机专业人员才懂得怎样使用计算机。操作系统出现后，不管用户是不是计算机专业人员，只要经过简单的培训，都能很容易地掌握计算机的使用方法。有了操作系统后，人们不需要直接对计算机硬件设备“发号施令”，只需要把要做的事情“告诉”操作系统，操作系统再把任务安排给计算机去做，等计算机做完工作之后，操作系统再将结果“告诉”人们，这样就省事多了。无论是对用户还是对开发者，操作系统都极大地降低了计算机的使用门槛。操作系统从用户角度提供了交互的能力，从开发者角度提供了底层设备的统一接口、公共程序库等。

2）隔离硬件设备

操作系统为所有应用程序提供了一个运行环境，并将应用程序与具体硬件设备隔离开。操作系统是用户和计算机之间的接口，同时也是计算机硬件和其他应用软件的接口。操作系统就像计算机的大管家，管理着计算机的各种资源，如CPU、内存、磁盘等。应用程序若想使用这些资源，则必须经过操作系统同意，并且由操作系统统一安排运行时间，应用程序用完资源后，必须将其交还给操作系统，以便其他应用程序使用。计算机在操作系统的管理下，以尽可能高的效率有条不紊地工作。

3）提高运行效率

对操作系统而言，CPU、内存、外存、输入输出设备等都是资源，操作系统要考虑如何最大限度地利用计算机的所有资源。如操作系统要高效地分配CPU时间，合理管理内存和外存空间，以及优化输入输出设备的使用，以减少等待时间，提高数据处理速度。

4）增强扩展能力

在不妨碍系统运行的前提下，操作系统为计算机应用和开发提供扩展能力，支持程序的新功能（如支持最新版OpenGL图形程序库，提升游戏程序的用户体验等），支持增加新设备（如触摸屏操作、智能感应操作等），支持新服务（如智能手机与PC的近场通信等）。

2.2 操作系统的类型

根据操作系统的功能，可将其分为批处理操作系统、分时操作系统、网络操作系统、实时操作系统、嵌入式操作系统等。

1. 批处理操作系统

批处理操作系统的主要特点是：用户可脱机使用计算机，操作方便；成批处理，提高了CPU的利用率。它的缺点是无交互性，即用户一旦将程序提交给系统，就失去了对它的控制。例如，VAX/VMS是一种多用户、实时、分时和批处理的多道程序操作系统。目前这种早期的操作系统已经被淘汰。

2. 分时操作系统

分时操作系统是指多个程序共享CPU的工作方式。操作系统将CPU的工作时间划分成若干个时间片,以时间片为单位,轮流为每个程序服务。为了使CPU为多个程序服务,时间片很短(几十纳秒),CPU采用循环方式将这些时间片分配给等待处理的每个程序,由于时间片很短,执行得很快,因此每个程序都能很快得到CPU的响应,好像每个程序都在独享CPU。分时操作系统的主要特点是允许多个用户同时在一台计算机中运行多个程序,每个程序都是独立操作、独立运行、互不干涉。现代通用操作系统都采用了分时处理技术,如Mac OS X、Linux等都是分时操作系统,如图2-2所示。

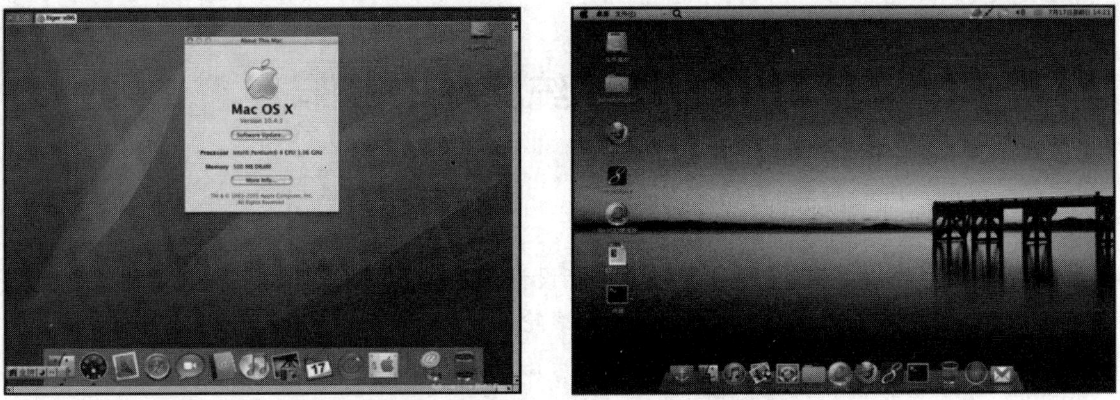

图2-2 Mac OS X操作系统和Linux操作系统桌面

3. 网络操作系统

网络操作系统的主要功能是为各种网络后台服务软件提供支持平台。网络操作系统主要运行的软件有:网站服务软件,如Web服务器、DNS服务器等;网络数据库软件,如Oracle、SQL Server等;网络通信软件,如聊天服务器、邮件服务器等;网络安全软件,如网络防火墙、数字签名服务器等,以及各种网络服务软件。常见的网络操作系统有Linux、FreeBSD、Windows Server等。

4. 实时操作系统

在操作系统理论中,"实时性"通常是指特定操作所消耗时间(及空间)的上限是可预知的。例如,某个操作系统提供实时内存分配操作,也就是说,一个内存分配操作所用的时间(及空间)无论如何不会超出操作系统所承诺的上限。实时操作系统主要用于工业控制、军事控制、语音通信、股市交易等领域。常用的实时操作系统有VxWorks、FreeRTOS、RT-Thread等。Linux经过一定剪裁(定制)后,可以改造成实时操作系统。

5. 嵌入式操作系统

嵌入式操作系统(EOS)主要负责嵌入式系统全部软件和硬件资源的分配、任务调度、控制、协调等活动,通常用于航空航天、军事、工业自动化等领域。如常见的Android系统用于智能手机等领域。嵌入式操作系统在工业控制领域的应用如图2-3所示。

图 2-3　嵌入式操作系统在工业控制领域的应用

2.3　操作系统的基本操作

1. 鼠标的操作方法

通用操作系统的绝大部分操作是基于鼠标设计的，因此使用鼠标是操作计算机较为简便的方式。常见的鼠标有左、右两个按键和一个滚轮。鼠标的外形、握姿和操作如图 2-4 所示。

图 2-4　鼠标的外形、握姿和操作

1）握鼠标的基本姿势

手握鼠标时不要太紧，就像把手放在自己的膝盖上一样，使鼠标的后半部分恰好在掌下，食指和中指分别轻放在鼠标左、右按键上，拇指和无名指轻轻夹住鼠标两侧。

2）用鼠标移动光标

在鼠标垫上移动鼠标时，显示器上的光标也在移动，光标移动的距离取决于鼠标移动的距离，这样就可以通过鼠标来控制显示器上光标的位置。光标的形状如图 2-5 所示。

图 2-5　光标的形状

3）鼠标的单击操作

用食指快速地按一下鼠标左键并立即松开，称为单击；用中指快速按一下鼠标右键，并立即松开，称为右击。右击后，显示器上通常会出现一个快捷菜单，快捷菜单是常用的操作方式之一。

4）鼠标的双击操作

将鼠标移动到指定位置，用食指快速地按两下鼠标左键，然后马上松开，称为双击。

5）鼠标的拖动操作

先移动光标到选定的对象上，按下鼠标左键不要松开，通过移动鼠标将选定的对象拖动到目标位置，然后松开鼠标左键，这样就可以将选定的对象由一个位置拖动到另一个位置。

2. 键盘的快捷操作

键盘操作有三种形式：输入操作、键盘快捷操作和命令操作。输入操作是用户通过键盘向计算机输入文字、数据等信息；键盘快捷操作是利用键盘的功能键或组合键，对系统进行操作；命令操作是在操作系统“命令提示符”窗口下，向计算机发布一些操作命令，让计算机执行指定的操作。Windows 操作系统中常用的键盘快捷键如表 2-1 所示。

表 2-1　Windows 操作系统中常用的键盘快捷键

快捷键	功能说明	快捷键	功能说明
Alt＋F4	关闭当前窗口	Ctrl＋A	选中所有对象
Win＋R	打开“运行”对话框	Ctrl＋X	剪切选中的对象
Win＋D	显示桌面	Ctrl＋C	复制选中的对象
Win＋I	打开“设置”窗口（原“控制面板”窗口）	Ctrl＋V	粘贴对象
Win＋S	打开文件搜索界面	Ctrl＋Z	撤销操作
Win＋E	打开文件管理器	Ctrl＋Home	回到文件或窗口的顶部
PrintScreen	截屏，复制屏幕图像到剪贴板	Ctrl＋End	回到文件或窗口的底部

3. 桌面和图标

桌面是计算机登录操作系统之后看到的主屏幕区域，如图 2-6 所示。桌面主要由图标、任务栏和桌面背景等部分组成。

图 2-6　Windows 和 Android（安卓）操作系统桌面

1）桌面图标

如图 2-7 所示，图标由图像标志和文字组成，它是文件、文件夹、程序等项目的标识。文字用于描述图标所代表的对象，这些对象代表一个文件、文件夹、程序或命令等。

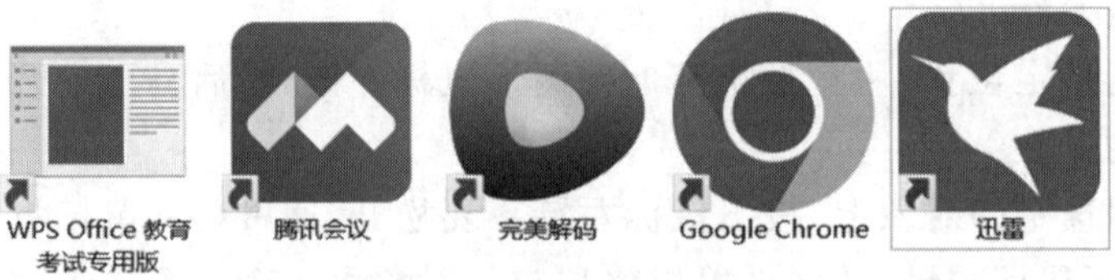

图 2-7　桌面图标示例

图标有助于用户快速执行命令和打开程序文件。双击图标可以启动对应的应用程序或打开文件、文件夹等。右击图标可以打开对象的快捷菜单。

2)在桌面添加快捷图标

快捷图标是一个与某个项目链接的图标,而不是项目本身。双击快捷图标,可以打开该项目。如果删除快捷图标,则只会删除这个快捷图标,而不会删除原始项目。可以通过图标左下角的箭头来识别快捷图标,如图 2-7 所示。

对于一些常用的程序或文件,可以将它们的快捷图标添加到桌面,方法为:找到要创建快捷图标的项目(程序或文件等),右击该项目,在弹出的快捷菜单中依次选择“发送到”→“桌面快捷方式”命令,如图 2-8 所示,该快捷图标就会出现在桌面上。

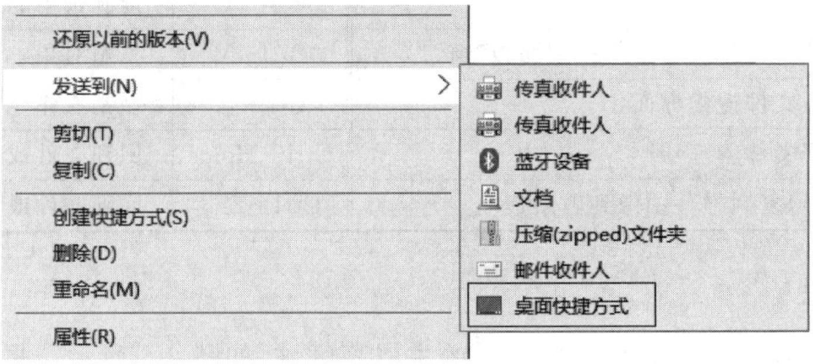

图 2-8　在桌面添加项目快捷图标

4. 窗口操作

操作系统的人机界面由多个窗口组成。每当打开程序、文件或文件夹时,它都会在屏幕上显示一个窗口,如图 2-9 所示,窗口有最小化、最大化、关闭、移动、改变大小等操作。

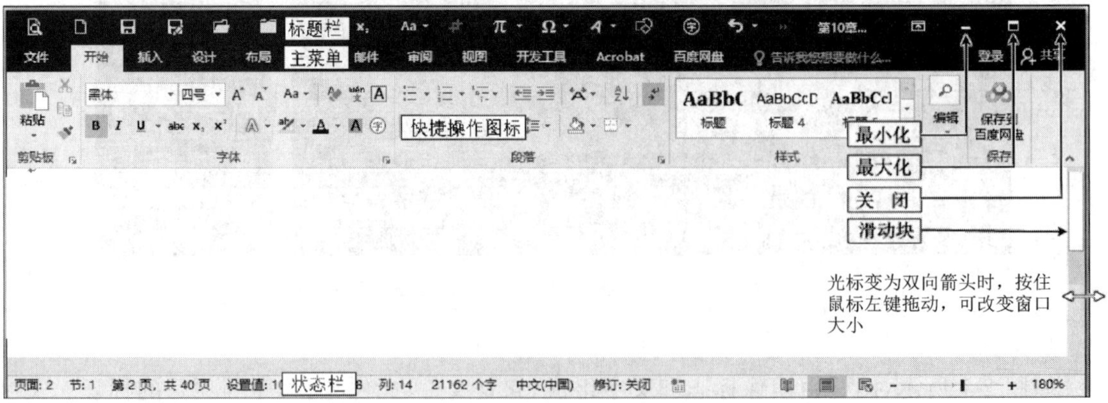

图 2-9　窗口及其操作

5. 对话框操作

对话框是特殊类型的窗口，如图 2-10 所示，它是操作系统和用户进行信息交流的一个界面。系统用对话框向用户提问，用户可以通过输入信息或选择选项的方式来完成对话。与常规窗口不同，大多数对话框无法最大化、最小化或调整大小，但它们可以移动。

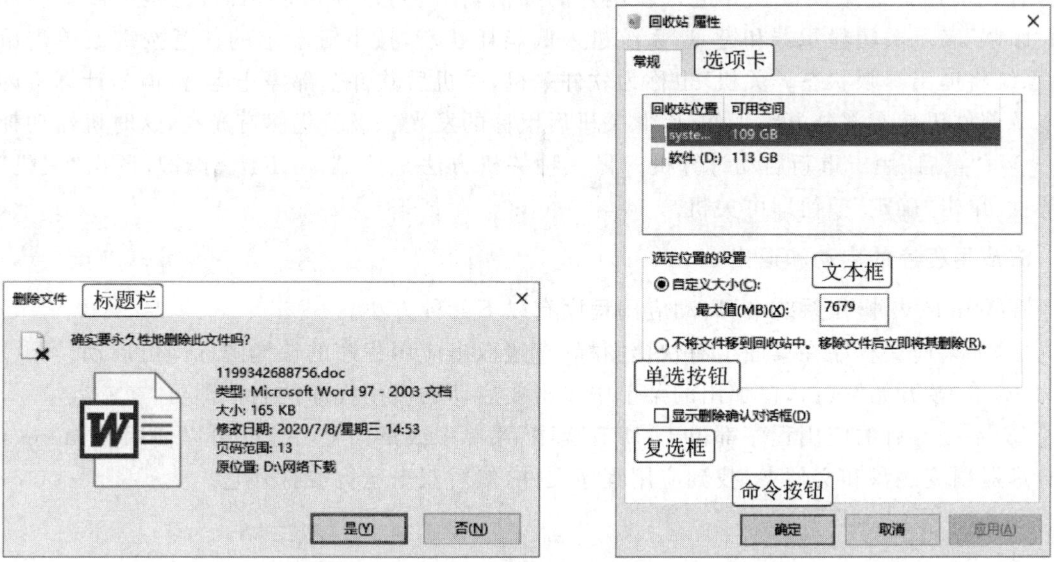

图 2-10　对话框

6. 菜单操作

如图 2-11 所示，菜单是一种将软件可执行命令以阶层方式显示的操作界面。菜单一般位于窗口的最上方，应用程序能使用的所有命令几乎都能放入菜单。菜单的重要程度一般是从左到右，越往右重要程度越低。菜单的层次根据应用程序的不同而异，一般文件操作、编辑功能放在最左侧，其右侧有各种设置操作，最右侧往往是帮助菜单。

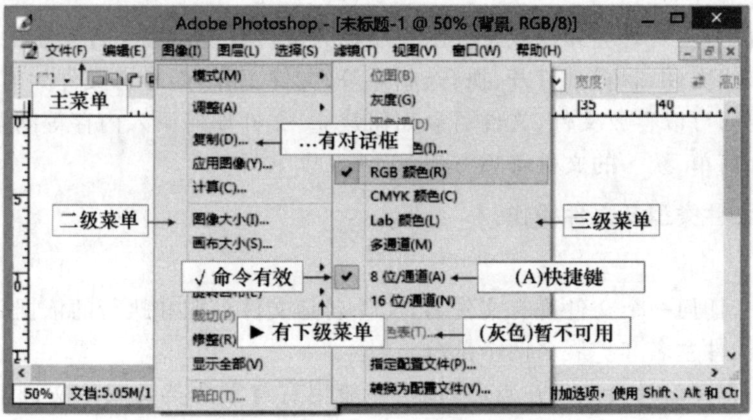

图 2-11　菜单的操作

7. Windows 操作系统的启动和退出

开机后，操作系统可以自行启动，也可以人为控制从 U 盘或网络启动操作系统。

关闭 Windows 操作系统的方法是：单击桌面左下角的“开始”按钮，在弹出的菜单中单击“电源”按钮，选择“关机”命令。关机菜单中有多个选项：“注销”一般用于切换用户，它的功能是保存当前用户的桌面设置并进入新用户的桌面，作用与重新启动相似，但是不需要切断电源；“睡眠”表示关闭显示器和键盘，系统进入低能耗状态，按下键盘上的任意按键或单击鼠标时，系统将退出睡眠状态；“关机”也称为软件关机，关机后软件全部停止运行，但是计算机内部的电源部件仍然有部分电路工作，因此关机后鼠标的发光二极管仍然有光亮，这时机器功耗为 3～5 W；“重启”用于重新启动计算机。另一种关机方法是按 Alt＋F4 快捷键，调出“关机”菜单界面，单击“确定”按钮即可关机。

8. 应用程序的启动和退出

在 Windows 操作系统中，启动应用程序有以下几种方法。

(1)如果应用程序在桌面上有快捷图标，直接双击应用程序的快捷图标即可启动。

(2)单击“开始”按钮，在弹出的菜单中单击要启动的应用程序的名称即可。

(3)不是所有的应用程序都位于“所有程序”菜单中或桌面上。这时可以使用 Windows 资源管理器浏览磁盘和文件夹，找到应用程序文件，然后双击运行或打开它。

2.4 文件管理

文件是一组相关信息的集合。在计算机系统中，所有程序和数据都以文件的形式存放在计算机外存(如硬盘、U 盘等)上。例如，一个 C 语言源程序、一个 Word 文档、一张图片、一段视频、各种可执行程序等都是文件。

1. 文件系统

在操作系统中，负责管理和存取文件的程序称为文件系统。在文件系统的管理下，用户可以按照文件名查找文件和访问(打开、执行、删除等)文件，而不必考虑文件如何保存、硬盘中哪个物理位置有空间可以存放文件、文件目录如何建立、文件如何调入内存等问题。文件系统为用户提供了一个简单、统一的文件管理方法。

2. 文件名、文件类型及文件操作

1)文件名

在计算机中，任何一个文件都有文件名，文件名是文件存取和执行的依据。在大部分情况下，文件名分为文件主名和扩展名两个部分。

文件主名由程序设计员或用户自己命名，一般用有意义的英文或中文词汇、数字命名，以便识别。例如，Windows 操作系统中的 Microsoft Edge 浏览器的文件名为 msedge. exe。

不同的操作系统对文件名命名的规则有所不同。例如，Windows 操作系统不区分文件名的大小写，所有文件名的字符在操作系统执行时，都会转换为大写字符，如 test. txt、

TEST. TXT、Test. TxT 在 Windows 操作系统中都被视为同一个文件；而有些操作系统是区分文件名大小写的，如在 Linux 操作系统中，test. txt、TEST. TXT、Test. TxT 被认为是 3 个不同的文件。

2)文件类型

在大多数操作系统中，文件扩展名表示文件的类型。对不同类型的文件，其处理方法不同。用户不能随意更改文件扩展名，否则将导致文件不能执行或打开。在不同的操作系统中，表示文件类型的扩展名并不相同。Windows 操作系统虽然允许文件扩展名为多个英文字符，但是大部分文件扩展名习惯采用 3 个英文字符。Windows 操作系统中常见的文件扩展名如表 2-2 所示。

表 2-2　Windows 操作系统中常见的文件扩展名

文件类型	扩展名	说明
可执行程序	exe，com	可执行程序文件
文本文件	txt	通用性极强，往往作为各种文件格式转换的中间格式
源程序文件	c，py，asm	程序设计语言的源程序文件
Office 文件	docx，pptx	Microsoft Office 中 Word、PowerPoint 创建的文档
图像文件	jpg，gif，bmp	图像文件，不同的扩展名表示不同格式的图像文件
视频文件	avi，mp4，rmvb	通过视频播放软件播放，视频文件格式不统一
压缩文件	rar，zip	压缩文件
音频文件	wav，mp3，mid	不同的扩展名表示不同格式的音频文件
网页文件	htm，html，asp	一般来说，前两种是静态网页，最后一种是动态网页

3)文件操作

文件中存储的内容可能是数据，也可能是程序代码，不同格式的文件通常会有不同的应用和操作。文件的常用操作有建立文件(通常需要专门的应用软件，如建立一个电子表格文件需要用 Excel 软件)、打开文件(需要专用的应用软件，如打开图片文件需要用 ACDSee 等看图软件)、编辑文件(在文件中写入内容或修改内容称为文件的编辑，这需要专用的应用软件，如修改网页文件需要用 Dreamweaver 等软件)、删除文件(可在操作系统下实现)、复制文件(可在操作系统下实现)、更改文件名称(可在操作系统下实现)等。

3. 目录管理

计算机中的文件成千上万，如果把所有文件存放在一起会有许多不便。为了有效地管理和使用文件，大多数文件系统允许用户在根目录下建立子目录(也称为文件夹)，在子目录下再建立子目录，如图 2-12 所示。

目录(文件夹)由文件和子目录组成，目录也是一种文件。操作系统将目录按树状结构进行管理，用户可以将文件分门别类地存放在不同目录中。这种目录结构像一棵倒置的树，树根为根目录，树中每一个分枝为子目录，树叶为文件。在树状结构中，用户可以将相同类型的文件存放在同一个子目录中，同名文件可以存放在不同的目录中。

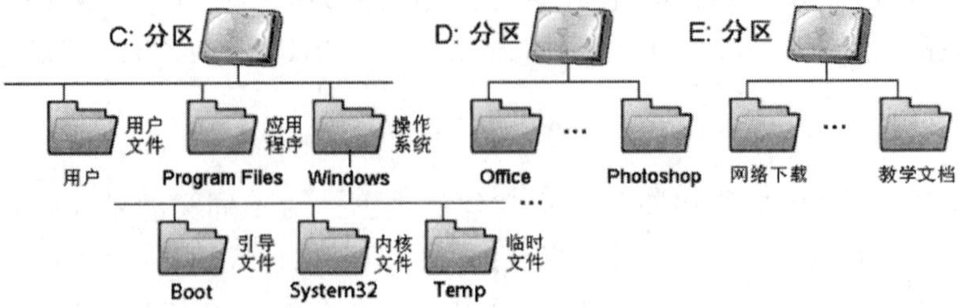

图 2-12　树状目录结构

Windows 操作系统中，每个硬盘分区（如 C 盘、D 盘、E 盘等）都有各自独立的目录树，有几个分区就有几个目录树（与 Linux 操作系统不同）。

用户可以对自行建立的目录进行移动、删除、修改目录名称等操作。在安装操作系统和应用软件时，也会建立一些子目录，如 C:\Windows、C:\Documents and Settings、Office 2019 等。对于这些子目录，用户不能进行移动、删除、修改目录名称等操作，否则将导致操作系统或应用软件不能正常使用。

2.5　国产操作系统

在信息化时代，操作系统作为计算机系统的核心软件，在国家的信息安全和技术创新方面具有举足轻重的作用。作为国产操作系统的杰出代表，银河麒麟和鸿蒙操作系统的发展历程、系统结构和功能应用都体现了中国信息技术领域的自主创新和不断进步。

1. 银河麒麟操作系统

银河麒麟操作系统（Kylin OS）是针对未来的主流网络服务和高性能计算服务的需求，根据国际主流标准，参考 Darwin、FreeBSD、Linux 和其他商用操作系统，借鉴 UNIX 操作系统和微内核操作系统的设计思想，设计并实现的具有自主版权、可支持多种 CPU 芯片和多种计算机体系结构，具有高性能、高可用性与高安全性的服务器操作系统。

2006 年，由中国人民解放军国防科技大学牵头承担的国家 863 计划软件重大专项课题——“服务器操作系统内核”，经过广大科研人员四年多的艰苦攻关与大胆创新，国产操作系统银河麒麟 OS 研发成功；2009 年，国家“核高基”重大专项启动，银河麒麟继续迭代，银河麒麟 3.0 开始使用 Linux 作为内核；2021 年，银河麒麟 V10（见图 2-13）面世，成为国内安全等级最高的操作系统。银河麒麟 V10 突破了一系列核心技术：适应 5G 时代需求，实现手机、平板计算机及 PC 等多个终端的融合；独创 Kydroid 技术，可以原生支持海量安卓应用。

银河麒麟操作系统自主设计并实现了可扩展层次式内核结构，克服了微内核和复杂内核结构的缺陷，具有高安全性、高可用性、跨平台、中文化（具有强大的中文处理能力）等特点。

1）高安全性

银河麒麟操作系统是国际上第一个通过自由标准组织（Free Standards Group）组织 Linux 标准基础（LSB）认证的非 Linux 内核操作系统，采用操作系统与应用一体化的安全框架，是我国第一个通过结构化保护级、EAL3 安全保证级和军队 B＋级安全认证的操作系统，是目前我国通过认证的安全等级最高的操作系统。

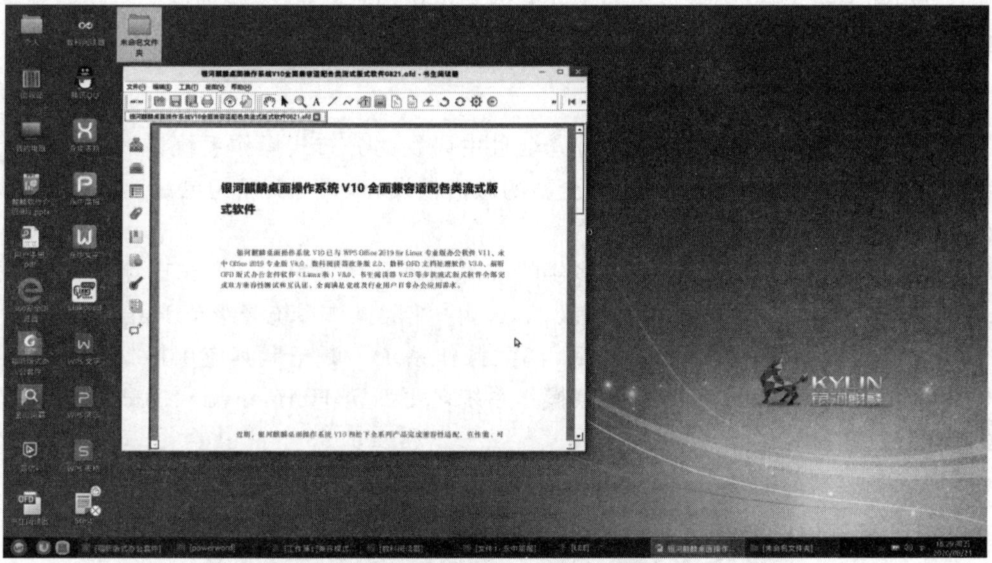

图 2-13　银河麒麟 V10 操作系统

2）高可用性

银河麒麟操作系统采用了软件流水 Web 加速部件、动态重构虚拟环境、Kyth 多线程库等一系列面向网络环境的关键技术，提高了服务器操作系统的实用性能；支持软、硬独立磁盘冗余阵列（RAID），支持 RAID0、RAID1、RAID5、RAID10 等多种模式；支持网络冗余，提供多模式网卡绑定功能，满足不同场景的网络需求；支持全量、增量的备份还原，支持基于 GRUB 的备份还原。银河麒麟操作系统已广泛应用于军工、政府、金融、电力、教育、大型企业等众多领域，为我国的信息化建设保驾护航。

3）跨平台

银河麒麟操作系统支持多种硬件平台，包括但不限于飞腾、鲲鹏、海思麒麟、龙芯、申威、海光、兆芯等国产 CPU，同时也兼容 Intel、AMD 等国际主流平台的 CPU。这种广泛的兼容性使得银河麒麟操作系统能够在多种设备上运行，为用户提供更多的选择和便利。

银河麒麟操作系统还攻克了 Linux 目标码兼容关键技术，通过了美国自由标准化组织的 LSB1.3 标准认证，兼容 Linux 平台上的应用。它符合 POSIX 系列标准，并兼容 Linux 目标代码，Linux 平台上的大型应用（如图形环境、Oracle 数据库服务等）都可以直接运行在银河麒麟操作系统上，解决了应用软件匮乏这一长期制约国产操作系统生存和发展的难题。

4）中文化

银河麒麟操作系统具有完善的中文处理能力（包括多种中文字库和丰富的输入法），严格遵循国家标准《信息技术 中文编码字符集》（GB 18030—2022），达到 GB 18030—2022 检测规范的最高级别 A＋级产品标准，具有强大的中文处理能力。它提供了符合国家相关标准的中文字体，支持符合 GB 18030—2022 标准的打印系统，具有直接使用中文 TrueType 字库进行打印的功能。

银河麒麟操作系统的成功研制，体现了中国信息技术领域的自主创新和不断进步。银河麒麟操作系统不仅服务于人们的日常生活，还在天问一号、嫦娥五号、神舟十六号等大国重器上实现了应用部署。未来，随着技术的不断发展和市场的不断扩大，银河麒麟操作系统将在更多领域得到应用和发展。

2. 鸿蒙操作系统

鸿蒙操作系统(HarmonyOS)是华为完全自主研发的分布式操作系统，旨在提供跨设备、跨平台的无缝协同体验。该系统采用了全新的微内核设计，具有高度的灵活性和可扩展性，能够轻松应对各种复杂的应用场景。

为了打破技术壁垒，华为公司经过多年的技术积累和研发努力，于 2019 年推出鸿蒙操作系统(见图 2-14)。经过不断的迭代和升级，2020 年，鸿蒙操作系统升级至 HarmonyOS 2.0 版本，并开启对外部设备的开源支持。随后，鸿蒙操作系统不断拓展其应用场景，覆盖手机、平板、电视等多种设备。截至 2024 年，鸿蒙操作系统已更新至 HarmonyOS 4 版本，搭载鸿蒙生态的设备数目已超过 8 亿。

图 2-14　鸿蒙操作系统

鸿蒙操作系统在技术上实现了多个重大突破。

首先，鸿蒙操作系统引入了分布式架构与分布式软总线技术，这些技术赋予了它跨设备和跨平台的无缝协同能力。这种创新不仅使鸿蒙操作系统能够轻松连接各类智能终端设备，还实现了数据的无缝共享与流转。无论是手机、平板、电视，还是智能家居设备，它们都能通过鸿蒙操作系统实现无缝连接，为用户带来前所未有的便捷与智能体验。

其次，鸿蒙操作系统通过其独特的确定时延引擎和高性能 IPC(进程间通信)技术，实现了系统的流畅运行。确定时延引擎可以在任务执行前精确地分配任务的优先级和时限，从而优化调度处理，使得高优先级任务得到优先保障，应用响应时延因此降低了 25.7%。此外，鸿蒙操作系统的微内核结构精简而高效，极大地提升了 IPC 的性能，使得进程通信效率相较于现有系统提升了 5 倍，这些技术突破为用户带来了更加流畅和高效的操作体验。

最后，鸿蒙操作系统还具备强大的安全性和可靠性。鸿蒙操作系统采用了更高级别的隐私保护功能，全面保护用户的使用隐私安全，支持开启多设备协同认证，提升了安全性。另外，微内核设计将系统的核心功能进行最小化，提高了系统的安全性和可定制性。同时，鸿蒙操作系统还引入了分布式安全机制，通过数据加密、访问控制等手段保护用户数据的安全。这种强大的安全性和可靠性使得鸿蒙操作系统能够在各种应用场景下为用户提供更加安全、可靠的服务。

鸿蒙操作系统的诞生，标志着中国科技企业在操作系统领域取得了重要突破。随着鸿蒙操作系统的迭代升级，其应用范围更加广泛。在智能手机领域，华为公司生产的手机已经全面搭载了鸿蒙系统，为用户提供了更加智能、流畅的使用体验；在智能家居领域，鸿蒙操作系统作为智能家居的控制中心，能够与各种智能设备无缝连接并协同工作，实现了智能家居的智能化管理和控制。此外，鸿蒙操作系统还在平板、智能穿戴、车载设备等领域得到了广泛应用，为用户提供了更加便捷、智能的服务。

习　题　2

1. 简要说明操作系统的作用。
2. 简要说明操作系统的类型。
3. 批处理操作系统和分时操作系统的主要区别是什么？
4. 简要说明实时操作系统的特点及其典型的应用场景。
5. 简要说明图标、窗口、对话框、菜单的基本功能。
6. 简要说明操作系统的基本组成部分。
7. 文件系统的主要功能是什么？
8. 列举文件管理中的 3 种常见操作。
9. 银河麒麟操作系统的定位是什么？它在哪些领域有重要应用？
10. 鸿蒙操作系统与传统操作系统的核心区别是什么？

第 3 章　计算机网络技术

随着计算机网络的蓬勃发展，我们进入了信息时代，互联网的两面性也愈加明显：一方面，互联网给人们的生活带来了便捷；另一方面，互联网也带来了一些安全风险，如计算机病毒的侵害、信息泄露、网络诈骗等层出不穷。本章主要介绍计算机网络的类型、组成、模型，用安全的概念，讨论网络攻击的防护方法、信息的加密和解密，并系统阐述 5G 等现代通信技术。

知识导航

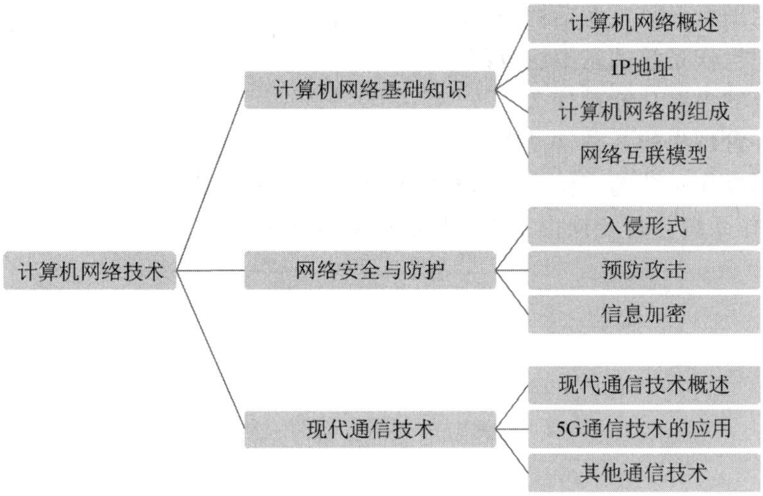

3.1　计算机网络基础知识

3.1.1　计算机网络概述

计算机网络利用通信设备和传输介质，将分布在不同地理位置上的具有独立功能的多台计算机连接起来，在网络协议的控制下进行信息交流，实现资源共享和信息传递。其核心目标是促进设备间的数据通信与资源共享，如文件传输、打印机共享、互联网访问等。

1. 计算机网络的基本类型

计算机网络有多种分类方式，根据功能用途分类，可分为国家主干网、通用网络和专用网络。其中最常用的分类方法是 IEEE 的分类方式，其根据计算机网络地理范围的大小，将网络分为局域网(local area network，LAN)、城域网(metropolitan area network，MAN)和广域网(wide area network，WAN)，如图 3-1 所示。

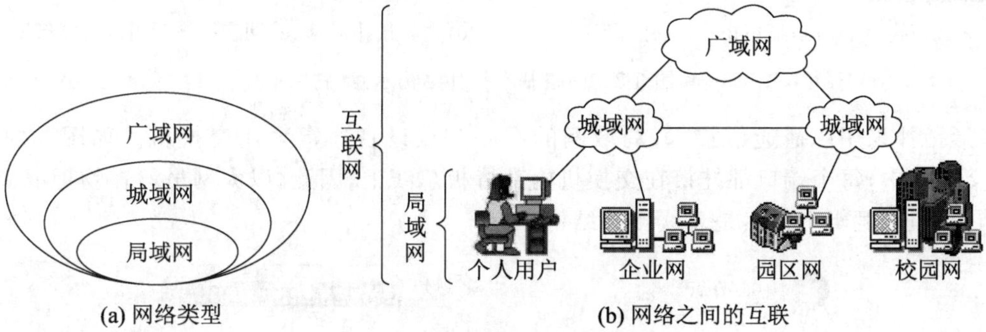

图 3-1 IEEE 定义的网络类型

1)局域网

局域网的覆盖范围通常在一幢建筑物内或相邻几幢建筑物之间，是结构复杂程度最低的计算机网络，也是目前应用最广泛的一类网络，但这并不意味着局域网必定是小型网络。由于光通信技术的发展，局域网的覆盖范围越来越大，辐射直径达数千米的一个连续的园区网(如大学校园网、智能小区网)往往也被归纳到局域网的范围。

2)城域网

城域网的覆盖范围为数百平方千米，通常由许多大型局域网组成。城域网主要为个人用户、企业局域网用户提供网络接入，并将用户信号转发到 Internet(因特网)中。其网络结构较为复杂，往往采用点对点结构、环形结构、树状结构和环形结构相结合的混合模式，信号传输距离比局域网长，信号更加容易受到环境的干扰。

3)广域网

广域网的覆盖范围通常在数千平方千米以上，一般为多个城域网的互联[如 ChinaNet(中国公用计算机互联网)]，甚至是全世界各个国家之间网络的互联(如 Internet)，因此广域网能实现大范围的资源共享。广域网一般采用光纤进行信号传输，网络主干线路的数据传输速率非常快，网络结构较为复杂，往往是一种网状结构和其他拓扑结构的混合模式。

2. 网络拓扑结构的类型

在计算机网络中，如果把计算机、服务器、交换机、路由器等网络设备抽象为“点”，把网络中的传输介质抽象为“线”，这样就可以将一个复杂的计算机网络系统抽象为由点和线组成的几何图形，这种图形称为网络拓扑结构。

如图 3-2 所示，网络基本拓扑结构有总线拓扑、星形拓扑、环形拓扑、树状拓扑、网状拓扑和蜂窝形拓扑。大部分网络是这些基本拓扑结构的组合形式。下面主要介绍星形拓扑和环形拓扑。

1)星形拓扑

星形拓扑是目前局域网中应用最为普遍的一种结构。如图 3-3(a)所示，星形拓扑的每个节点都有一条单独的链路与中心节点相连，所有数据都要通过中心节点进行交换，因此中心节点是星形拓扑的核心。

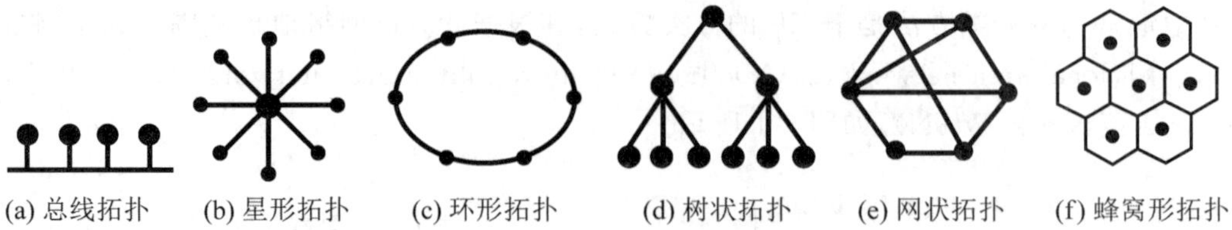

图 3-2　网络基本拓扑结构示意图

星形拓扑采用广播通信技术，局域网的中心节点设备通常采用交换机。如图 3-3（b）所示，在交换机中，每个端口都挂接在交换机内部背板总线上，因此，以太网虽然在物理上呈星形拓扑结构，但在逻辑上仍然是总线拓扑结构。

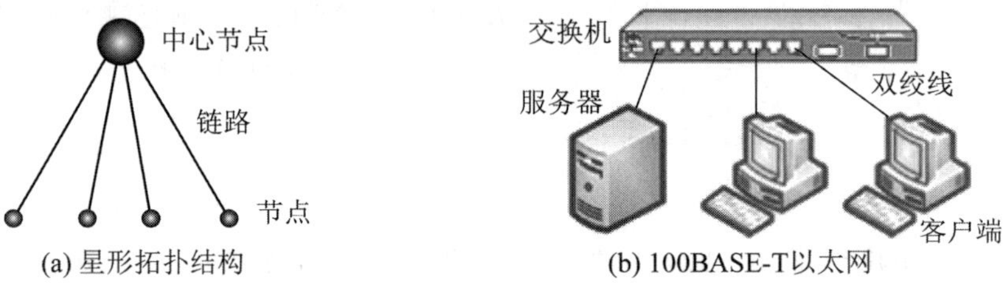

图 3-3　星形拓扑结构和 100BASE-T 以太网

星形拓扑结构简单，建设和维护费用少，一般采用双绞线作为传输介质，中心节点一般采用交换机，这样可集中网络信号流量，提高链路利用率。

2）环形拓扑

如图 3-4 所示，在环形拓扑中，各个节点（如交换中心）通过环接口连接在一条首尾相接的闭合环形通信线路中。环形拓扑有单环、多环、环相切、环内切、环相交、环相连等结构。在环形拓扑中，节点之间的信号沿环路以顺时针或逆时针方向传输。

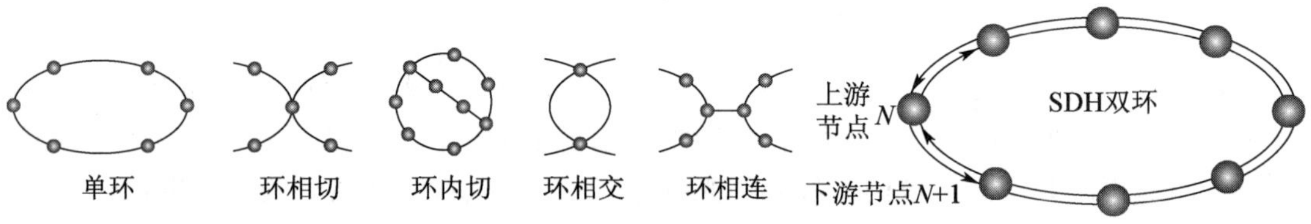

图 3-4　环形拓扑结构

环形拓扑的特点是每个节点都与两个相邻的节点相连，因而是一种点对点通信模式。环形拓扑采用信号单向传输方式，如图 3-4 所示，如果下游节点 $N+1$ 需要将数据发送到上游节点 N，几乎要绕环一周才能到达节点 N。因此，环形拓扑在节点过多时会产生较大的信号时延。

环形拓扑的建设成本较高，不适用于多用户接入，因此，它主要用于城域网和国家大型骨干传输网。

3.1.2　IP 地址

互联网中的每台主机都分配有一个全球唯一的 IP 地址。IP 地址是通信时每台主机的名称（hostname）。

IETF(因特网工程任务组)早期将 IP 地址分为 A、B、C、D、E 这 5 类,其中 A、B、C 类是主类地址,D 类为组播地址,E 类地址保留给将来使用。目前使用的 TCP/IP 为 IPv4(第 4 版互联网协议),它是一个 32 位的标识符,一般采用点分十进制记法表示,如 192.168.255.255。IPv4 地址的网络数和主机数如表 3-1 所示。

表 3-1　IPv4 地址的网络数和主机数

类型	IP 地址格式	IP 地址结构				段 1 取值范围	最大网络个数	每个网络最大主机数
		段 1	段 2	段 3	段 4			
A	网络号.主机.主机.主机	N.	H.	H.	H	1～126	126	1 677 万
B	网络号.网络号.主机.主机	N.	N.	H.	H	128～191	1.6 万	6.5 万
C	网络号.网络号.网络号.主机	N.	N.	N.	H	192～223	209 万	254

说明:表中 N 表示由互联网信息中心指定,H 表示由企业网络工程师指定。

在 IPv4 中,由于标识符为 32 位,因此共有 $2^{32}\approx 43$ 亿个 IP 地址,这几乎可以为地球上三分之二的人提供地址。但由于分配不合理,目前可用的 IPv4 地址已经基本被分配完了。

为解决 IPv4 的固有缺陷,IETF 推出了 IPv6 协议(128 位地址,地址总量达 3.4×10^{38}),其核心优势如下。

(1)海量地址:支持智能设备数量爆发式增长(如物联网终端直连);

(2)高效传输:精简报头结构,提升路由效率与服务质量;

(3)增强安全:内置 IPsec(互联网络层安全协议)加密,强化数据保护;

(4)移动优先:优化对移动通信的支持。

IPv6 采用冒号分隔十六进制表示法(如 69DC:8864:FFFF::1280:8C0A:FFFF),支持缩写简化。由于 IPv6 与 IPv4 互不兼容,因此需通过双栈、隧道等技术逐步过渡。我国自 2005 年起推动 IPv6 部署,中国教育和科研计算机网(CERNET)已率先实现规模化应用,但 IPv6 的全面普及仍需长期投入。

3.1.3　计算机网络的组成

计算机网络由计算机系统、通信线路和通信设备、网络协议、网络软件 4 部分组成,如图 3-5 所示。

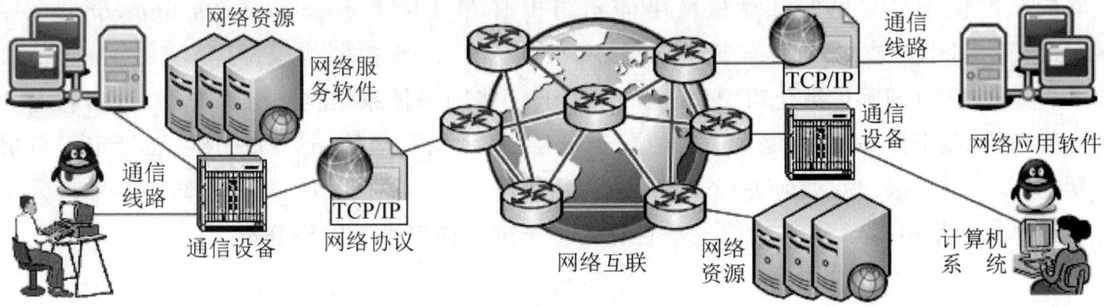

图 3-5　计算机网络系统的基本组成

1)计算机系统

计算机系统主要负责数据的收集、处理、存储、传播,提供资源共享。网络中连接的计算机可以是微机、大型机及其他数据终端设备。

2)通信线路和通信设备

通信线路包括传输介质和连接部件,如光缆(用于长距离主干网)、双绞线(用于短距离局域网)、微波(用于偏远地区无线传输)等。通信设备包括服务器、交换机、路由器、防火墙、中继器及调制解调器等,其中,路由器连接不同网络(如家庭宽带接入互联网),交换机实现局域网内高速互联(如企业内网设备连接)。通信线路和通信设备共同负责控制数据的发送、接收和转发,并进行信号转换、路由选择、信号编码与解码、差错校验、通信控制、网络管理等工作,以完成信息的传输和交换。

3)网络协议

为了实现网络的正常通信,通信双方必须有一套彼此能够互相理解和共同遵守的网络协议。网络协议规定了网络信号的传输方式(如单工或双工传输)、数据传输格式(如数据帧、报文)、数据的分解与重组等。典型的网络协议有 IPv4(32 位地址,依赖 NAT 扩展地址资源)和 IPv6(128 位地址,支持海量设备直连与内置加密)。网络通信双方的主机必须遵守相同的协议,才能正确交流信息。

4)网络软件

网络软件是一种在网络环境下运行或管理网络工作的计算机软件。根据软件的功能,网络软件可分为网络服务器软件和网络客户端软件两大类。

网络服务器软件用于控制和管理网络运行,提供网络通信,分配和共享网络资源,并为用户提供各种网络服务。网络服务器软件包括网络操作系统(如 Linux)、网络通信软件(如 TCP/IP 协议)及各种网络服务软件(如 IIS)等。网络客户端软件是为某一个应用目的而开发的软件,常用的网络客户端软件有 Microsoft Edge 浏览器、QQ、迅雷等。

3.1.4 网络互联模型

1)OSI-RM 网络体系结构

网络协议的层次化结构模型和通信协议的集合称为网络体系结构。网络体系结构是网络互联的基本模型。常见的计算机网络体系结构有 OSI-RM(open systems interconnection reference model,开放系统互连参考模型)和 TCP/IP(传输控制协议/互联网协议)等。如图 3-6 所示,ISO(国际标准化组织)提出的 OSI-RM 将网络体系结构划分为 7 个层次,它们分别是物理层、数据链路层、网络层、传输层、会话层、表示层和应用层。OSI-RM 还规定了每层的功能,以及不同层之间如何进行通信协调。由于各方面的原因,OSI-RM 网络体系结构并没有在计算机网络中得到实际应用,它往往作为一个理论模型用于网络分析。

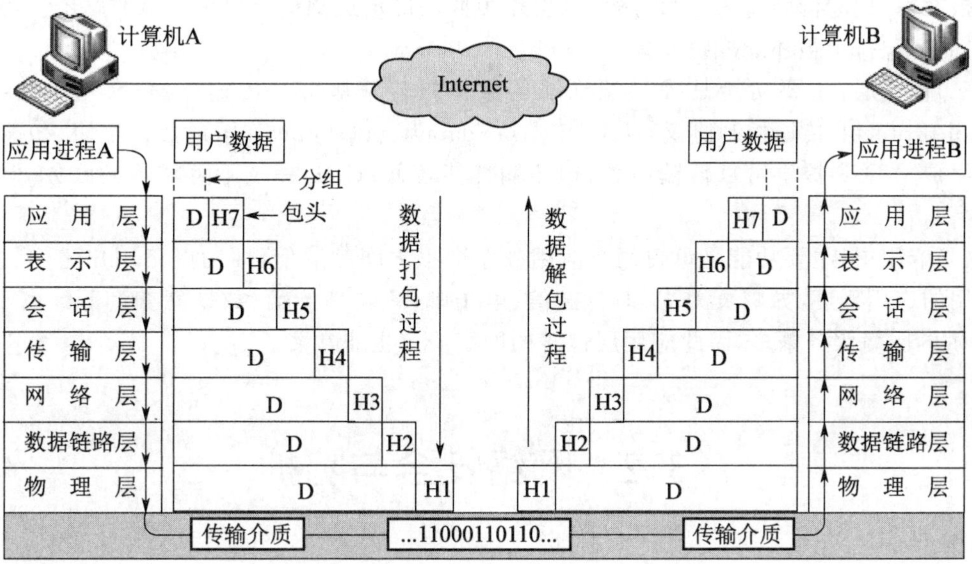

图 3-6　OSI-RM 与信号传输过程

2)TCP/IP 网络体系结构

TCP/IP 是由 IETF 推出的网络互联协议簇,它的性能卓越,并且在因特网中得到了广泛应用。如图 3-7 所示,TCP/IP 网络体系结构定义了 4 个层次,它们分别是网络接口层、网络层、传输层和应用层。TCP/IP 与 OSI-RM 在网络层次上并不完全对应,但是在概念和功能上基本相同。

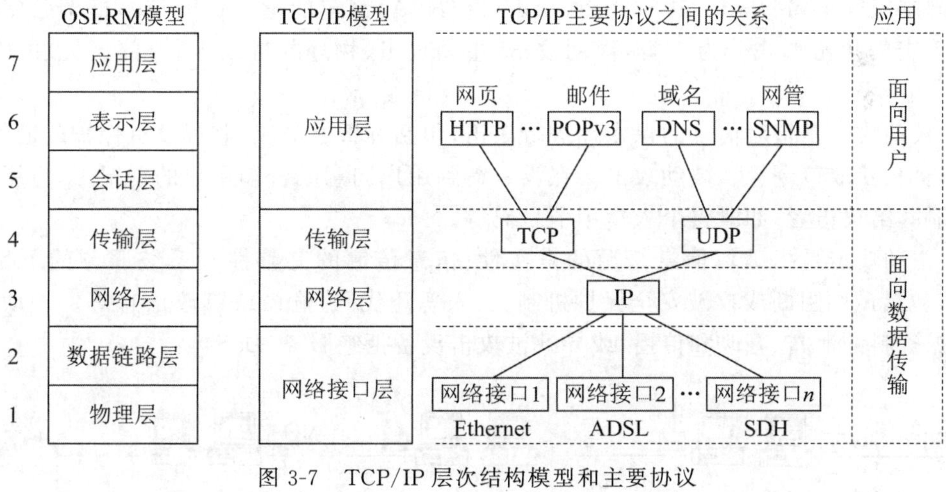

图 3-7　TCP/IP 层次结构模型和主要协议

(1)网络接口层:处于 TCP/IP 模型的底层,其主要功能是为网络提供物理连接,将数据包按比特(bit)一位一位地从一台主机(计算机或网络设备)通过传输介质送往另一台主机,实现主机之间的比特流传送。

(2)网络层:主要功能是为网络内任意两台主机之间的数据交换提供服务,并进行路由选择和流量控制。网络层传输的信息以报文分组为单位,分组是将较长的报文按固定长度分成若干段,每段按规定格式加上相关信息,如路由控制信息和差错控制信息等。网络层接收到主机的报文后，把它们转换为分组，然后根据路由协议确定送到指定目标主机的路由。当分组到达目标主机后，会被还原成报文。

(3)传输层：主要功能是提供端到端的数据报传输服务。传输层由 TCP(transmission control protocol，传输控制协议)和 UDP(user datagram protocol，用户数据报协议)两个主要协议组成。TCP 提供可靠传输服务，但传输性能较低；UDP 提供不可靠传输服务，但传输性能较高。

(4)应用层：主要功能是负责两个应用程序进程之间的通信，即为网络用户之间的通信提供专用的应用程序，如网页浏览、即时通信、电子邮件、文件传输、数据库查询等。由于 TCP/IP 提供的网络服务繁多，因此应用层包含的网络协议也非常多。

3.2 网络安全与防护

信息系统的绝对安全一直是计算机专家努力追求的目标，目前的计算机在理论上还无法避免病毒的破坏和黑客的攻击，最好的方法是尽量减少这些破坏和攻击对系统造成的影响。

3.2.1 入侵形式

1. 黑客攻击

美国国家安全局(National Security Agency，NSA)制定的信息保障技术框架(IATF)中，将黑客攻击的攻击形式分为 5 类：被动攻击、主动攻击、物理临近攻击、内部人员攻击和分发攻击。

(1)被动攻击是指对信息的保密性进行攻击，包括分析通信流、监视没有保护的通信、破解弱加密通信、获取口令等。被动攻击会在没有得到用户同意或告知用户的情况下，将用户信息或文件泄露给攻击者，如泄露个人信用卡号码等。

(2)主动攻击是指破坏信息来源的真实性、信息传输的完整性和系统服务的可用性(见图 3-8)，包括试图阻断或攻破安全保护机制、引入恶意代码、偷窃或篡改信息等。主动攻击会造成数据资料的泄露、篡改和传播，或导致被攻击设备拒绝服务(DoS)。

图 3-8 黑客对网络安全的攻击

(3)物理临近攻击是指未被授权的个人，在物理意义上接近网络系统或设备，试图改变和收集信息，或拒绝他人对信息的访问，如未授权使用计算机、复制 U 盘数据、电磁信号截获后的屏幕还原等。

(4)内部人员攻击可分为恶意攻击或无恶意攻击。前者是指内部人员对信息的恶意破坏或不当使用,或使他人的访问遭到拒绝;后者是指由于粗心、无知及其他非恶意的原因造成的破坏。

(5)分发攻击是指在工厂生产或产品分销的过程中,对硬件和软件进行恶意修改。这种攻击可能是在产品中引入恶意代码,如手机中的后门程序等。

2.计算机病毒

我国颁布实施的《中华人民共和国计算机信息系统安全保护条例》第二十八条中明确指出:"计算机病毒,是指编制或者在计算机程序中插入的破坏计算机功能或者毁坏数据,影响计算机使用,并能自我复制的一组计算机指令或者程序代码。"

计算机病毒(以下简称"病毒")具有传染性、隐蔽性、破坏性、未经授权性等特点,其中最大的特点是具有传染性。病毒可以侵入计算机的软件系统中,而每个受感染的程序又可能成为一个新的病毒,继续将病毒传染给其他程序,因此,传染性成为判定一个程序是不是病毒的首要条件。

所有杀毒软件要解决的首要任务是如何发现被病毒感染的文件。因此,杀毒软件必须对常用的文件类型进行扫描,检查文件是否含有特定的病毒代码字符串。这种病毒扫描软件由两部分组成:一部分是病毒代码库,含有经过特别筛选的各种计算机病毒的特定字符串;另一部分是扫描程序,扫描程序能识别的病毒数目完全取决于病毒代码库内所含病毒种类的数目。这种技术的缺点是,随着硬盘中文件数量的剧增,扫描的工作量急剧变大,而且容易造成硬盘损坏。

3.恶意软件

中国互联网协会2006年公布的恶意软件的定义为:恶意软件是指在未明确提示用户或未经用户许可的情况下,在用户计算机或其他终端上安装运行,侵害用户合法权益的软件,但不包含我国法律法规规定的计算机病毒。

具有下列特征之一的软件可以被认为是恶意软件。

(1)强制安装:未明确提示用户或未经用户许可,在用户计算机或其他终端上安装软件的行为。

(2)难以卸载:未提供程序的卸载方式,或卸载后仍然有活动程序的行为。

(3)浏览器劫持:未经用户许可,修改用户浏览器或其他相关设置,迫使用户访问特定网站,或导致用户无法正常上网的行为。

(4)广告弹出:未明确提示用户或未经用户许可,利用安装在用户计算机或其他终端上的软件弹出广告的行为。

(5)垃圾邮件:未经用户同意,向用户发送某些产品广告的电子邮件。

(6)恶意收集用户信息:未提示用户或未经用户许可,收集用户信息的行为。

(7)恶意卸载:未明确提示用户或未经用户许可,误导、欺骗用户卸载其他软件的行为。

(8)恶意捆绑:在软件中捆绑已被认定为恶意软件的行为。

除此之外,还包括其他侵害用户软件安装、使用和卸载知情权、选择权的恶意行为。

3.2.2 预防攻击

1. 造成网络不安全的主要因素

目前，造成网络不安全的主要因素包括操作系统、网络协议、数据库管理系统等软件自身设计的缺陷，或者人为因素产生的各种安全漏洞。

目前，对于操作系统，在结构设计和代码设计时，偏重于考虑系统使用时的易用性，导致系统在远程访问、权限控制和口令管理等许多方面存在安全漏洞。网络互联一般采用 TCP/IP，它是一个工业标准的协议簇，该协议簇在制定之初对安全问题考虑不多，因此该协议簇中有很多的安全漏洞。同样，数据库管理系统也存在数据的安全性、权限管理及远程访问等方面的问题，在数据库管理系统或应用程序中，可以预先设置受控激发或定时工作的破坏程序。

2. 黑客攻击网络的一般过程

1)收集信息

信息的收集并不对目标产生危害，只是为进一步入侵提供信息。黑客会利用公开的协议或工具软件，收集网络中某个主机系统的相关信息。

2)探测系统的安全弱点

在收集到攻击目标的信息后，黑客就会利用工具软件，对整个网络或子网进行扫描，寻找主机的安全漏洞。

3)建立模拟环境，进行模拟攻击

黑客根据前面所得到的信息，建立一个与目标系统相似的模拟环境，然后对此模拟环境进行一系列的模拟攻击。在模拟攻击过程中，黑客将检查被攻击方的日志，观察模拟环境对攻击的反应，了解攻击过程中留下的“痕迹”，以及被攻击方的状态等，以此来制定一个较为周密的攻击策略。

4)具体实施网络攻击

在进行模拟攻击的实践后，黑客将等待时机，以实施真正的网络攻击。

3. 提高网络安全的主要技术

1)数据加密

数据加密的目的是保护信息系统的数据、文件、口令和控制信息等，同时也可以提高网上传输数据的可靠性。这样，即使黑客截获了网上传输的信息包，一般也无法得到正确的信息。

2)身份认证

通过密码、特征信息、身份认证等技术，确认用户身份的真实性，只对通过确认的用户给予相应的访问权限。

3)访问控制

系统设置入网访问权限、网络共享资源的访问权限、目录安全等级控制、网络端口和节点的安全控制、防火墙的安全控制等访问控制机制，通过各种访问控制机制的相互配合，最大限度地保护系统免受黑客的攻击。

4)审计

可以把系统中和安全有关的事件记录下来,保存在相应的日志文件中。例如,记录网络用户的注册信息(如注册来源、注册失败的次数等),记录用户访问的网络资源等各种相关信息。当遭到黑客攻击时,这些数据可以用来帮助调查黑客的来源,并作为证据来追踪黑客,也可以通过对这些数据的分析来了解黑客攻击的手段,以找出应对的策略。

5)入侵检测

入侵检测技术是近年出现的新型网络安全技术,目的是提供实时的入侵检测并采取相应的防护手段,如记录入侵证据(用于跟踪攻击者、恢复数据)、断开网络连接等。

6)其他安全防护措施

不运行来历不明的软件,不随便打开陌生人发来的电子邮件中的附件;在系统中安装具有实时检测、拦截和查找黑客攻击程序功能的安全工具软件;经常检查用户的系统注册表和系统启动文件中的自启动程序项是否有异常;做好系统的数据备份工作,及时安装系统的补丁程序;等等。

3.2.3　信息加密

信息安全主要包括系统安全和数据安全两个方面。系统安全一般采用防火墙、杀毒软件及其他安全防范技术等措施对系统进行保护;数据安全则主要采用现代密码技术对数据进行安全保护,如数据加密、数字签名、身份认证等技术。

1. 加密技术的原理

加密技术的基本思想就是通过对信息进行一组可逆的数学变换的方式来伪装信息,使非法获取者无法理解信息的真正含义。伪装前的原始信息称为明文,伪装后的信息称为密文,伪装的过程称为加密,用于对信息进行加密的一组数学变换方法称为加密算法。

为了有效控制加密、解密算法的实现,在这些算法的实现过程中,需要某些只被通信双方所掌握的关键信息,这些信息称为密钥。

借助加密手段,信息以密文的方式存储在计算机中或通过网络进行传输,即使发生信息的非法截取或因系统故障和操作人员的误操作而造成信息泄露,未授权者也不能理解信息的真正含义,从而达到信息加密的目的。

2. 加密系统的组成

加密系统是一个复杂的系统,以常用的PGP(pretty good privacy,颇好保密性)加密软件为例,一个加密系统通常包括4部分:软件组件、加密算法、协议和加密密钥。软件组件负责各功能子系统的协调和用户交互;加密算法根据一定的规则对输入的信息进行加密处理;协议为加密系统和运行环境所需;加密密钥是用户加密、解密信息所需的钥匙。加密算法的强度和加密密钥的长度是衡量一个加密系统功能的重要指标。

3. 用户认证

1)对称密钥加密

对称密钥加密(简称"对称加密")是指信息的发送方和接收方使用同一个密钥去加密和解

密,而且通信双方都要拥有这把密钥,并保持密钥的秘密。对称加密的优点在于加密、解密的速度快,且使用长密钥时难以破解,但存在密钥过多和密钥分发问题。

采用对称加密时,两个用户使用对称加密方法交换数据时,最少需要一个密钥。如果企业有 n 个用户,则整个企业共需要 $n(n-1)/2$ 个密钥,如 10 个用户需要 45 个密钥。这么多密钥的管理是一件非常困难的事情。如果整个企业共用一个加密密钥,则整个企业文档的保密性便无从谈起。

如果发送方要与另一方使用对称加密方法进行通信,他首先必须告诉对方通信所使用的密钥,这称为“密钥分发”。这个过程实现起来十分困难,发送方必须安全地把密钥护送到接收方,不能泄露其内容。如果密钥能够被安全地送到接收方,那为何不把通信内容用同一方法安全地发送出去呢?对于普通用户,对称加密只适用于仅自己知道密钥的文件加密,几乎不可能用于日常与他人之间的秘密通信。

2)非对称密钥加密

非对称密钥加密(简称“非对称加密”)是加密和解密使用不同密钥的加密算法。非对称加密技术采用一对匹配的密钥进行加密和解密,它们具有特殊的性质:每个密钥执行一种对数据的单向处理,且每个密钥的功能恰恰与另一个密钥的相反,一个密钥用于加密时,另一个密钥就用于解密。用公钥(公共密钥)加密的文件只能用私钥(私人密钥)解密,而用私钥加密的文件只能用公钥解密。每个用户的公钥都是公开的,而私钥必须保密存放。为发送一份保密报文,发送方必须使用接收方的公钥对数据进行加密,一旦加密,只有接收方才能用私钥解密。与之相反,用户也能用私钥对数据进行处理。换句话说,密钥对可以任选方向。

非对称加密机动灵活,如果企业中有 n 个用户,则企业需要生成 n 对密钥,并分发 n 个公钥。由于公钥可以公开,用户只要保管好自己的私钥即可,因此密钥的分发变得十分简单。同时,每个用户的私钥是唯一的,其他用户除了可以通过信息发送方的公钥来验证信息的来源是否真实外,还可以确保发送方无法否认曾发送过该信息。

非对称加密的缺点是加密、解密速度要远远慢于对称加密,在某些极端情况下,甚至仅为对称加密速度的 1/1 000。所以在实际的应用中,通常将两者结合起来使用。例如,对称加密系统用于大量数据信息的加密,而非对称加密系统则用于加密对称加密的密钥。

常见的非对称加密算法有 RSA、ECC(椭圆曲线密码体制)、DSA(数字签名算法)等,相关协议、标准有 S/MIME(安全多用途互联网邮件扩展)、SSL(传输层安全标准)、SET(安全电子交易)等,这些加密算法和协议都是一些“事实标准”。

3)哈希算法

Hash(哈希)算法(散列算法)是一种单向加密算法,可以通过 Hash 算法对目标信息生成一段特定长度的唯一 Hash 值,却不能通过这个 Hash 值重新获得目标信息。常见的 Hash 算法有 MD5(message digest 5,报文摘要第 5 版)等。MD5 常用于密码校验、数字签名中。

例 3-1 网络中经常采用 MD5 算法进行用户密码校验。在大部分系统中,用户密码经过 MD5(或其他算法)运算后存储在文件系统中。当用户登录系统时,系统将用户输入的密码进行 MD5 运算,然后再与系统中保存密码的 MD5 值进行比较,从而确定输入的密码是否正确。通过这样的步骤,系统在不知道用户密码的情况下,就可以确定用户登录系统的合法性。这样可以避免用户密码被具有系统管理员权限的人员知道。

4)认证技术

认证技术按使用目的可分为消息认证、身份验证和数字签名。消息认证用于接收方验证收到的消息是不是约定的发送者发来的,并且未被篡改;身份验证用于识别用户身份;数字签名用于让发送方留下安全的难以假冒的签名证据。

5)数字签名

数字签名就是信息发送方使用公钥算法技术,产生别人无法伪造的一段数字串。发送方用自己的私钥加密数据并传给接收方,接收方用发送方的公钥解开数据后,就可以确定消息来自谁,同时数字签名也是对发送方发送信息的真实性的一个证明,发送方对所发信息不能抵赖。

数字签名与传统签名的区别在于:数字签名需要将签名与消息绑定在一起,并防止签名的复制、重用。数字签名对安全、防伪、速度的要求比加密高。

3.3　现代通信技术

3.3.1　现代通信技术概述

1. 通信的定义

人类在生产和生活中离不开信息的交流和传递,通信就是传递信息的过程,这些信息必须变换为对应的信号才能有效传递,信号是信息的载体。通信从本质上讲就是实现信息传递功能的一门科学技术,它要无失真、高效率地传输大量有用的信息,还要在传输过程中将无用信息和有害信息抑制掉。当今的通信不仅要有效地传递信息,而且要有采集、处理、存储及显示等功能,通信已成为信息科学技术的一个重要组成部分。

在古代,人们主要通过自然界的基本规律或者人的基础感官可达性建立通信,主要的通信方式有旗语、烽火狼烟、飞鸽传书、快马驿站(见图 3-9)等。到了近代,人们利用电磁波的传播或线路中信号的传输建立通信,主要通信方式有发电报、打电话等。而现代通信通过移动通信和互联网的结合,大大加快了通信的发展速度,使通信能为广大用户提供种类更多、质量更好的服务,从根本上改变了信息科技的结构,使信息的传递不受时空的限制。

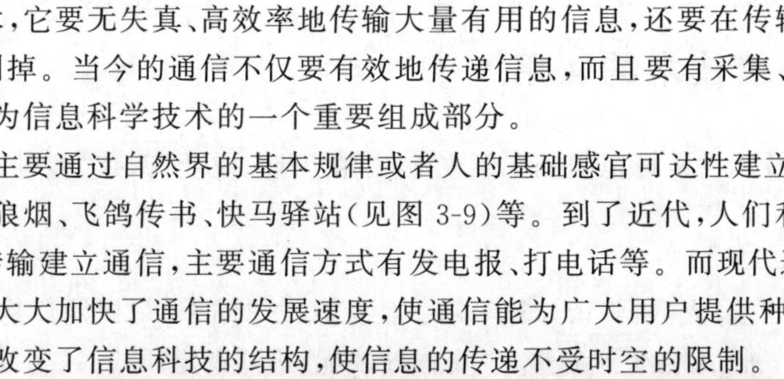

图 3-9　古代通信方式——快马驿站

2. 移动通信的定义

移动通信(mobile communication)是指通信双方至少有一方处于运动中的通信,可以是固定设备与移动设备之间的通信,也可以是移动设备与移动设备之间的通信。移动通信采用的频段遍及低频、中频、高频、甚高频和特高频。由于移动通信具有建网快、投资少、机动灵活的特点,使用户能随时随地、快速可靠地传递语言、数据、电子邮件、传真、图像等消息,因此移动通信已被列为现代通信中的重要新兴通信方式之一。

3. 移动通信技术的发展

移动通信技术经过第一代、第二代、第三代、第四代技术的发展,目前已经进入了第五代,如图 3-10 所示。人们经常谈论的 1G、2G、3G、4G、5G 中的 G 就是指“代”(generation),5G 就是第五代移动通信系统。

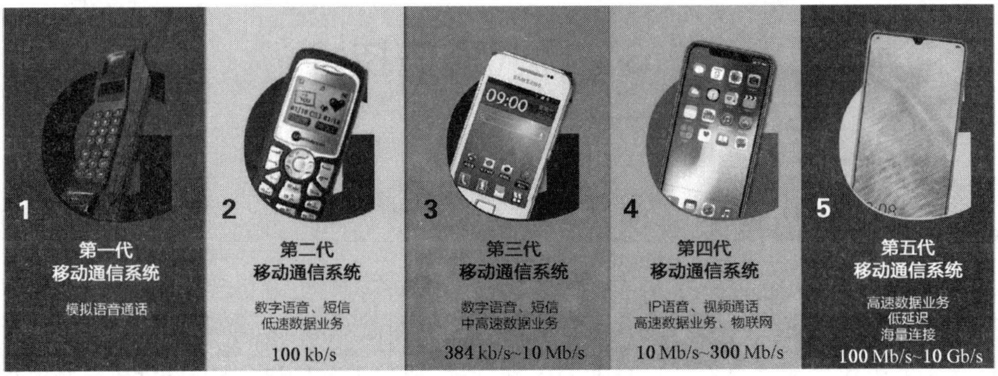

图 3-10　移动通信的发展历程

3.3.2　5G 通信技术的应用

我国 5G 通信技术在全球范围处于领先地位,在工业、农业、医疗、教育、物流、文娱等领域都有广泛应用。

1)5G+工业

将 5G 和人工智能、大数据、云计算等新一代信息技术结合,可以对厂房、车间实现远程设备操控、设备协同作业、柔性生产制造、现场辅助装配、机器视觉质检、设备故障诊断、厂区智能物流、无人智能巡检等。例如,5G 智慧工厂可以在试验环节中加速数据的采集获取,高效模拟,加快建模速度;在生产环节,通过 5G 进行生产要素的全连接,对生产环节全生命周期进行准确监控、预警。

2)5G+农业

将 5G 和智能控制、卫星定位、大数据、农机自动驾驶等技术结合,可以提升农机装备智能化水平。依托 5G 网络广连接、大带宽、低时延的特性,利用接入网络的传感器、高清摄像头对农作物种植环境、生长状态进行实时监测。另外,还可以结合 5G、传感器、机器人、高清摄像头实现养殖环境实时监测和动态调节、家禽生长状况实时监控和疾病预防排查、养殖场远程管理等,提升养殖精细化水平和产出率。

3)5G＋医疗

基于 5G 技术的远程示教、远程诊断、远程手术、远程监护、远程急救、智慧机器人等医疗服务，对提高医疗技术水平、提升诊疗效率、优化医院服务水平起到了重要的推动作用。2019 年 3 月 16 日，中国移动携手华为公司助力中国人民解放军总医院，成功完成全国首例基于 5G 的远程人体手术——帕金森病"脑起搏器"植入手术。

4)5G＋教育

5G 在互动教学、智能考试、综合评价、智慧校园、区域教育管理等方面均有重大价值。利用 5G＋VR/AR、5G＋全息投影、5G＋远程直播等技术，可以打造沉浸式智慧课堂，实现交互式在线教学和虚拟仿真实验教学。另外，还可以远程互动教学，实现跨地域网络教学实时互动；通过构建数字化校园管理平台实现对校园设施、资源、环境等数据的实时采集、分析和管理。

5)5G＋物流

5G 在运输、配送、仓储等物流环节的应用，可以降低物流成本，优化物流效率。例如，传统的自动导向车通过 WiFi 网络与调度系统相连，存在同频干扰、数据丢包、热点切换卡顿、安全性差等问题，而基于 5G 网络的自动导向车可以有效解决 WiFi 网络问题，且实现了路径规划、任务调度、交通管制、智慧避障等功能，提升了厂区内物流的智能化水平。

6)5G＋文娱

5G 丰富了文娱产业的表现形式和传播手段。如 2022 年第 24 届冬季奥林匹克运动会采用 5G 视频辅助系统帮助裁判提高判决精准性，采用 5G＋4K/8K 高清视频、5G＋VR 技术为观众提供了沉浸式多视角的全景观赛体验。在游戏产业，5G 大幅提升了云游戏的可用性，有效缩短了用户游玩延迟；5G＋云游戏结合 VR/AR 实现了虚拟物体与现实场景的交互，给用户带来了沉浸式的游戏体验。

3.3.3　其他通信技术

1. 蓝牙

蓝牙是一种支持设备短距离通信(一般在 10 m 之内)的无线电技术。使用蓝牙技术能在包括移动电话、PDA(掌上电脑)、无线耳机、笔记本计算机等众多设备之间进行无线信息交换，能简化设备与互联网之间的通信。蓝牙在生产生活中的应用十分广泛，包括无线耳机、智能手环、智能门锁、工业自动化控制等。

2. WiFi

WiFi 是一个基于 IEEE 802.11 标准的无线局域网技术，可以将设备与设备相连，从而使整个家庭的家用电器、电子设备相连。

3. ZigBee

ZigBee(蜂舞协议，也称为紫蜂)是一种低速短距离传输的无线网络协议，底层是采用 IEEE 802.15.4 标准的媒体访问层与物理层。ZigBee 技术是一种近距离、低复杂度、低功耗、低速率、低成本的双向无线通信技术，主要用于距离短、功耗低且传输速率不高的各种电子设备之间的数据传输。

4. 卫星通信技术

卫星通信技术利用人造地球卫星作为中继站来转发无线电波，进而进行两个或多个地球站之间的通信。卫星通信具有覆盖范围广、通信容量大、传输质量好、组网方便迅速等众多优点，便于实现全球无缝连接。

5. 光纤通信技术

光纤通信是光导纤维通信的简称，其原理是利用光导纤维传输信号，实现信息传递。目前实际应用中的光纤通信系统使用的不是单根的光纤，而是许多根光纤聚集在一起组成的光缆。

习　题　3

1. 计算机网络的类型有哪些？
2. 简要说明广域网的特点。
3. 计算机网络由什么组成？
4. 简要说明 TCP/IP 网络体系结构各个层次的功能。
5. 简要说明外部对计算机的攻击有哪些形式。
6. 提高网络安全的主要技术有哪些？
7. 简要说明非对称加密的基本特征。
8. 简要说明移动通信技术的发展。
9. 简要说明 5G 通信技术的应用。
10. 简述蓝牙、WiFi、ZigBee、卫星通信和光纤通信的主要特点及典型应用。

第4章　新一代信息技术

计算机新技术研究热点很多，如大数据、云计算、人工智能、量子信息、物联网、区块链、机器学习、虚拟现实、增强现实、无线传感器网络、移动计算等，本章主要讨论几种影响较大的新一代信息技术。

知识导航

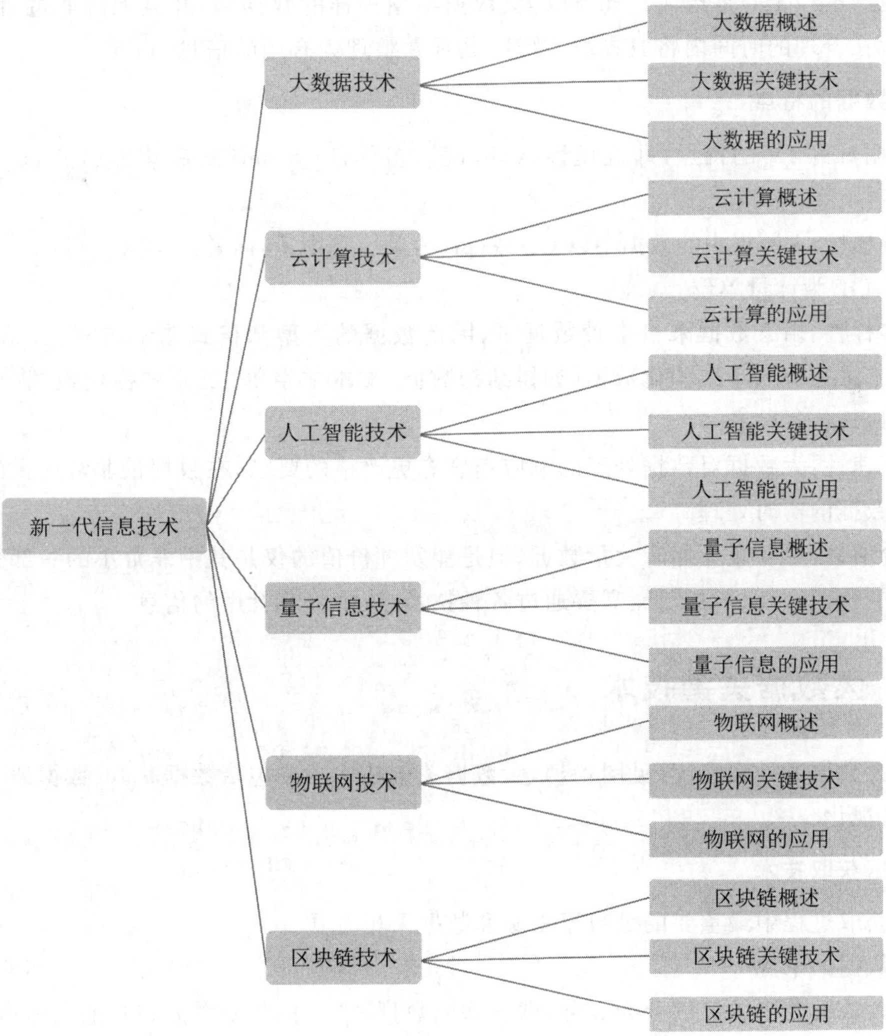

4.1 大数据技术

4.1.1 大数据概述

1. 大数据的定义

随着物联网、社交网络等信息技术的发展，数据呈现爆炸式增长。美国互联网数据中心指出，互联网上的数据每年增长 50%，每两年翻一番，目前世界上 90%以上的数据是最近几年才产生的。数据的爆炸式增长给数据的处理和分析带来了巨大的挑战。

大数据(big data)是指体量规模巨大、数据类型多样的数据集，并且无法通过目前的主流软件工具，在合理的时间内将其提取、管理、处理并整理为有用的信息。

2. 大数据的特点

大数据具有 4V 的特点，即规模性(volume)、多样性(variety)、高速性(velocity)、价值性(value)。

(1)规模性：大数据中的数据不以 GB 或 TB 为单位来衡量，而是以 PB(2^{10} TB)、EB(2^{20} TB)或 ZB(2^{30} TB)为计量单位。

(2)多样性：由于数据来自多种数据源，因此数据的类型和格式非常丰富，有结构化数据(如数组、二维表等)、半结构化数据(如树结构数据、文本文字等)及非结构化数据(如图片、视频、音频、地理位置信息等)。

(3)高速性：大数据对数据处理的响应速度有更严格的要求，在数据量非常庞大的情况下，需要做到数据的实时处理。

(4)价值性：尽管企业拥有大量数据，但是能发挥价值的仅是其中非常小的一部分，原因在于大数据的价值密度相对较低，需要通过各种技术，从中提炼有用的信息。

4.1.2 大数据关键技术

根据大数据的处理流程(见图 4-1)，大数据关键技术主要包括数据获取、数据清洗、数据挖掘、数据可视化。

1. 数据获取技术

数据获取过程中最重要的是数据来源和数据采集方式。

1)大数据的来源

一般大数据的来源可以分为 3 种，即互联网数据、平台自营型数据和其他主体运营数据。

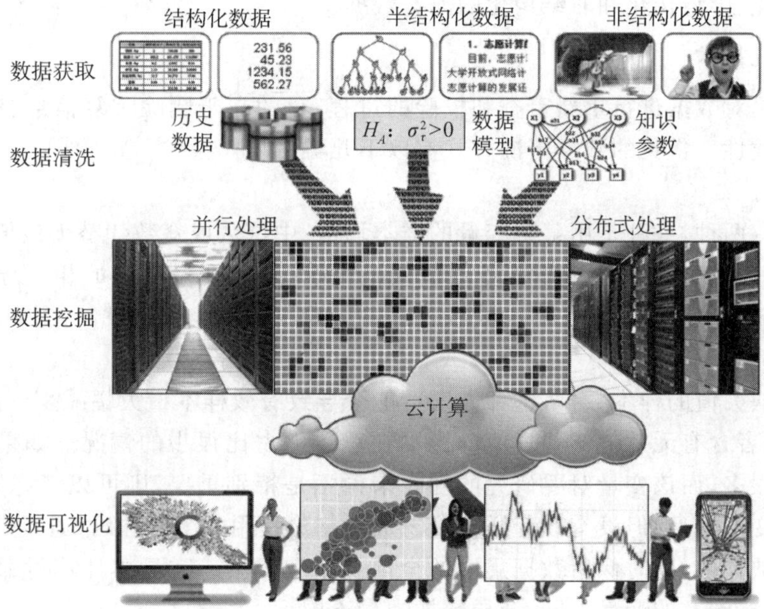

图 4-1　大数据的处理流程示意图

(1)互联网数据:指散布于互联网中的数据,包括通信记录,QQ、微信、微博等社交媒体产生的数据,其数据复杂且难以被利用。这种数据可以通过网络爬虫实现自动获取。

(2)平台自营型数据:指大数据项目建设单位自主运营维护的软件平台所产生的内部数据,包括软件平台生成的结构化数据或非结构化数据,也包括自主运营维护的传感器终端获取的数据。其采集工具都源于平台内部,多用于系统日志采集。

(3)其他主体运营数据:指存储在其他单位服务器上的外部数据。往往需要通过建立在某种商业模式意义下的交换而获得,可在商务合作的基础上通过抽取、转换、加载实现交换,或者通过对方预留数据的访问接口获取。

2)大数据的采集方式

针对不同的数据源,大数据的采集方式有以下几类。

(1)互联网数据采集。利用互联网收集信息是最基本的数据采集方式。这种数据采集方式主要通过网络爬虫或网站公开 API(应用程序接口)等,从网站上获取数据。这样可将非结构化数据、半结构化数据从网页中提取出来,并以结构化的方式存储为本地数据文件。

(2)数据库采集。一些企业会使用传统的关系型数据库 MySQL 和 Oracle 等来存储数据。随着大数据时代的到来,Redis、MongoDB 和 HBase 等 NoSQL(非关系型数据库)也常用于数据的采集。企业通过在采集端部署大量数据库,并在这些数据库之间进行负载均衡和分片,以完成大数据采集工作。

(3)系统日志采集。许多公司的业务平台每天都会产生大量的日志数据。日志收集系统要做的事情就是收集业务日志数据,供离线和在线的分析系统使用。高可用性、高可靠性、可扩展性是日志收集系统所具有的基本特征。日志收集系统采用分布式架构,能够满足每秒数百兆的日志数据采集和传输需求。

(4)其他数据采集。可以通过 RFID(射频识别)、传感器网络、移动互联网等方式,获取各种类型的结构化、半结构化和非结构化的海量数据。

2. 数据清洗技术

数据清洗是对数据进行重新审查和校验的过程，目的在于删除重复信息、纠正错误信息，并保证数据一致性。常见的数据清洗方式有以下几类。

1）估算代替

估算代替有两种，一种是用某个变量的样本均值、中位数或众数代替无效值和缺失值。这种方法简单，但所产生的误差可能较大。另一种方法是通过变量之间的相关分析或逻辑推论进行无效值和缺失值的估计。

2）删除

删除含有缺失值的样本数据，这种方法可能会导致有效样本量大幅减少。因此，只适合关键变量缺失，或者含有无效值或缺失值的样本在总体中占比很小的情况。如果某一变量的无效值或缺失值很多，而该变量对要研究的问题来说不是特别重要，则可以考虑删除该变量，这样虽然减少了变量数目，但没有改变样本量。成对删除是用一个特殊码（通常是 9、99、999 等）代表无效值和缺失值，同时保留数据集中的全部变量和样本。在具体计算时只采用完整的样本，因此不同分析涉及的变量不同，会导致样本量不同。

3）去重处理

对于重复的数据记录，基本的处理方法是"排序与合并"：先将数据记录按一定的规则排序，然后通过比较邻近记录是否相似来检测记录是否重复。这里包含了两个操作，一是排序，二是计算相似度，然后对重复的样本进行简单的删除处理。

4）噪声处理

大部分数据挖掘方法都将离群点视为噪声而将其丢弃，然而在一些特殊应用（如欺诈检测）中，会对离群点做异常挖掘。而且有些点虽然在局部属于离群点，但从全局看是正常的。对噪声的处理主要采用分箱法与回归法。

3. 数据挖掘技术

数据挖掘是从大量数据中通过算法搜索隐藏信息的过程，以此为依据来支持决策和预测。数据挖掘的原则是：要全体不要抽样，要效率不要绝对精确，要相关不要因果。数据挖掘算法包含分类、预测、聚类、关联 4 种类型，如图 4-2 所示。

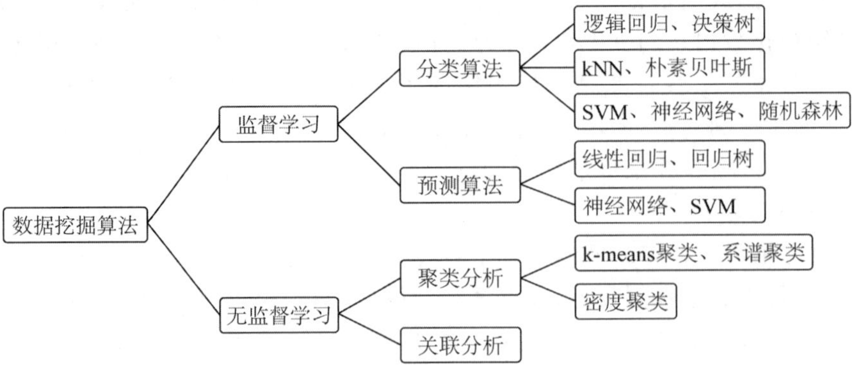

图 4-2　数据挖掘算法的类型

(1)分类算法:目标变量是离散型。离散变量指变量值可以按顺序列举,通常是以整数取值的变量,如职工人数、设备台数、是否逾期、是不是肿瘤细胞、是不是垃圾邮件等。常见的分类算法有 kNN(k 近邻)、朴素贝叶斯、SVM(支持向量机)、决策树、逻辑回归、随机森林、神经网络等。一般来说,分类器需要进行训练,也就是要告诉分类算法每个类的特征是什么,分类器才能识别新的数据。

(2)预测算法:目标变量是连续型。在一定的区间内可以任意取值的变量称为连续变量,连续变量的数值是连续不断的,相邻两个数值之间可取无限个数值。例如,零件的尺寸、人的身高和体重、员工的工资、企业产值、商品销售额等都为连续变量。常见的预测算法有线性回归(见图 4-3)、回归树、神经网络、SVM 等。

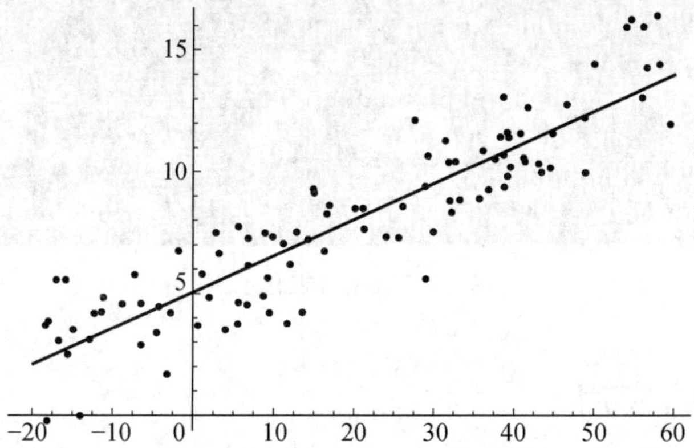

图 4-3　线性回归算法示例图

(3)聚类分析:目的是实现对样本数据的细分,使得同一簇中的样本特征较为相似,且不同簇中的样本特征差异较大。聚类算法有基于层次的聚类算法(如 BIRCH)、基于划分方法的聚类算法[如 k-means 聚类(k 均值聚类)]、基于密度的聚类算法(如 DBSCAN)、基于统计网格的聚类算法(如 STING)等。

(4)关联分析:目的是找出项目之间内在的联系。常用于购物分析,即消费者常常会同时购买哪些产品,从而有助于商家的捆绑销售。

4. 数据可视化技术

数据可视化技术是指通过图表、地图、仪表盘等方式,对数据进行可视化展示(见图 4-4),以便于用户理解和分析数据。常见的数据可视化方式包括以下几种。

(1)图表:通过柱状图、折线图、散点图等方式,展示数据的分布和趋势。

(2)地图:通过地图展示数据的空间分布和相关性。

(3)仪表盘:通过仪表盘展示数据的关键指标和趋势,以便于用户实时监控和决策。

(4)交互式可视化:通过交互式可视化,用户可以自由探索和分析数据,以发现隐藏的信息。

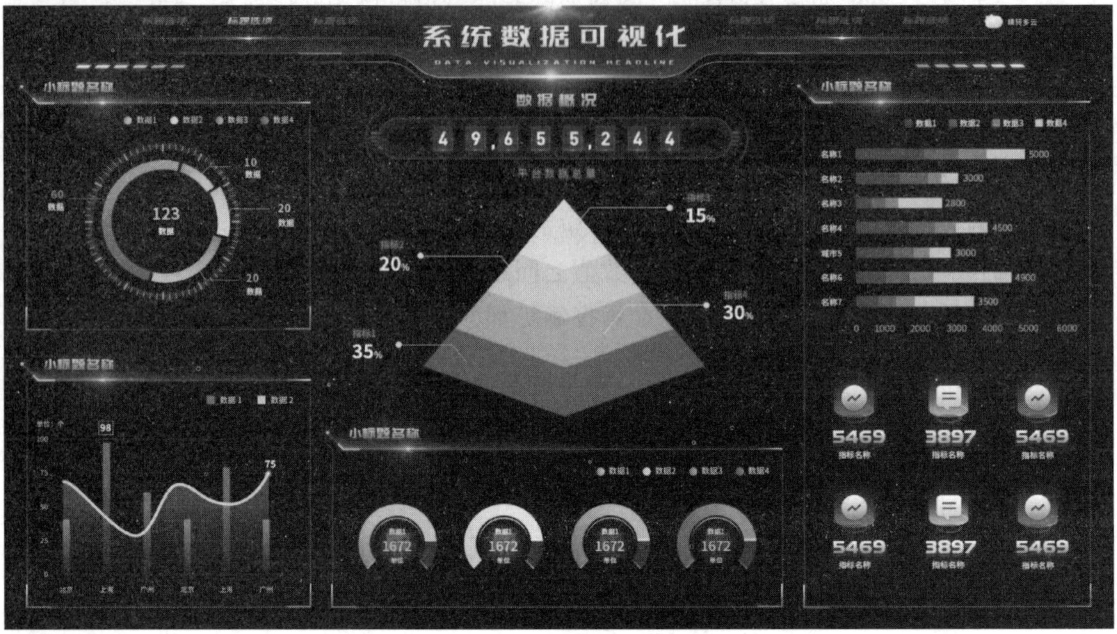

图 4-4 数据可视化示例

4.1.3 大数据的应用

大数据的应用十分广泛,涉及电商、政府、医疗、安防、金融、电信、教育、交通等多个领域。

(1)电商领域:大数据技术在电商领域的应用十分广泛,如淘宝、京东等电商平台利用大数据技术挖掘用户的行为习惯和喜好,从杂乱的数据背后找到符合用户兴趣与习惯的产品和服务,并对这些产品和服务进行针对性的优化。

(2)政府领域:“智慧城市”已经在多地尝试运营,通过大数据,政府部门得以感知社会的发展变化需求,从而更加科学、精准、合理地为居民提供相应的公共服务,并调整资源配置。

(3)医疗领域:临床数据对比、实时统计分析、远程病人数据分析、就诊行为分析等大数据应用,可以辅助医生进行临床决策,规范诊疗路径,提高医护人员的工作效率。

(4)安防领域:利用大数据技术,安防行业可实现视频、图像模糊查询,快速检索,精准定位,并能够进一步挖掘海量视频监控数据背后有价值的信息,从而辅助决策判断。

(5)金融领域:在用户画像的基础上,银行可以根据用户的年龄、资产规模、理财偏好等,对用户群进行精准定位,分析出潜在的金融服务需求。

(6)电信领域:电信行业拥有庞大的数据,大数据技术可以应用于网络管理、客户关系管理、企业运营管理等,并且可以使数据对外商业化,实现单独盈利。

(7)教育领域:通过大数据进行学习分析,能够为每位学生创设一个量身定制的个性化课程,并且可以提供富有挑战性的学习计划。

(8)交通领域:大数据技术可以预测交通情况,为改善交通状况提供优化方案,有助于交通部门提高对道路交通的把控能力,防止或缓解交通拥堵,提供更加人性化的服务。

4.2　云计算技术

4.2.1　云计算概述

1. 云计算的定义

云计算(cloud computing)是一种基于互联网的计算方式,提供了一种在网络上共享计算资源的方式,使得用户可以根据需要获取计算能力、存储空间、应用程序和服务,而不必拥有这些资源的实体。云计算基于虚拟化技术,通过将大量的计算资源(如服务器、存储设备、网络设备等)集中在一起,形成一个巨大的计算资源池,用户可以通过互联网按需使用这些资源,从而获得高效、低成本、高灵活性的计算服务。

2. 云计算的服务模式

云计算的服务模式有 3 种:软件即服务(SaaS)、平台即服务(PaaS)、基础设施即服务(IaaS),如表 4-1 所示。

表 4-1　云计算的 3 种服务模式

服务模式	定义	相关公司及应用
软件即服务	通过互联网提供按需付费的软件服务,云计算提供商托管软件应用程序,并允许其用户通过全球互联网访问应用程序	Salesforce 的 CRM、Workday 的 HRM、微软的在线办公、Google Apps、用友的云 ERP、恒生电子、泛微网络、金山办公等
平台即服务	为开发人员提供通过全球互联网构建应用程序和服务的平台,为开发、测试和管理软件应用程序提供按需开发环境	Google 的 Google App Engine 平台、Salesforce 的 force. com 平台等
基础设施即服务	向个人或组织提供虚拟化计算资源,如虚拟机、存储、网络和操作系统等	IBM 的蓝云、亚马逊的 EC2、阿里云、腾讯云、华为云等

4.2.2　云计算关键技术

1. 虚拟化技术

虚拟化技术是一种通过软件抽象将物理计算资源转换为逻辑资源的技术,目的是简化软件的重新配置过程,减少软件虚拟机相关开销并支持更广泛的操作系统。通过虚拟化技术,可以实现软件应用与底层硬件相隔离,包括将单个资源划分成多个虚拟资源的裂分模式,也包括将多个资源整合成一个虚拟资源的聚合模式。虚拟化技术根据对象的不同可分为存储虚拟化、计算虚拟化、网络虚拟化等，计算虚拟化又可分为系统级虚拟化、应用级虚拟化和桌面虚拟化等。在云计算实现中，计算虚拟化是一切建立在“云”上的服务与应用的基础。虚拟化技术主要应用在CPU、操作系统、服务器等多个方面，是提高服务效率的最佳解决方案。

2. 分布式数据存储技术

云计算系统由大量服务器组成，同时为大量用户服务，因此云计算系统采用分布式存储的方式存储数据；用冗余存储的方式（为同一份数据存储多个副本）保证数据的可靠性；通过任务分解和集群计算，用低配机器替代超级计算机来保证低成本。这种方式保证了分布式数据的高可用性、高可靠性和经济性。

3. 数据管理技术

云计算需要对分布的、海量的数据进行处理、分析，因此，其数据管理技术必须能够高效地管理大量的数据。云计算系统中的数据管理技术主要是Google的Bigtable数据管理技术和Hadoop团队开发的开源数据管理模块HBase。云计算的数据存储管理形式不同于传统的RDBMS（关系数据库管理系统）数据管理方式，如何在规模巨大的分布式数据中找到特定的数据，是云计算数据管理技术所必须解决的问题。同时，由于管理形式的不同，传统的SQL数据库接口无法直接移植到云计算系统中，数据的迁移成为实际应用中面临的一个问题。此外，如何保证数据的安全性和数据访问的高效性也是当下需要研究和关注的重点问题之一。

4. 平台管理技术

云计算资源规模庞大，服务器数量众多且分布在不同的地点，同时运行着数百种应用，如何有效地管理这些服务器，保证整个系统提供不间断的服务成了巨大的挑战。云计算系统的平台管理技术能够使大量的服务器协同工作，便于业务的部署和开通，还可以快速发现和修复系统故障，通过自动化、智能化的手段实现大规模系统的可靠运营。

4.2.3 云计算的应用

目前，我国的云计算市场主要由阿里云、腾讯云、华为云、百度云等云计算服务商占领，它们提供了各种云计算服务，包括云存储、云计算平台、云安全服务、云游戏、云医疗等。

（1）云存储：云存储是云计算的重要应用之一，它可以为用户提供大容量的存储空间和备份服务。例如，阿里云、腾讯云、华为云等云计算服务商都提供了云存储服务，用户可以通过互联网随时随地访问自己的数据。

（2）云计算平台：云计算平台是指基于云计算技术构建的软件开发和运行环境，它可以为开发者提供各种工具和服务，从而实现应用程序的快速开发和部署。例如，阿里云的ECS、腾讯云的CVM、华为云的云服务器等云计算平台，可以为用户提供弹性伸缩、自动化管理、高可用性的服务。

（3）云安全服务：云安全服务可以为用户提供安全防护、数据备份和恢复、身份认证等服务。例如，阿里云的云盾、腾讯云的云安全中心、华为云的云安全服务等云安全服务，可以保障用户的数据安全和隐私安全。

（4）云游戏：云游戏是云计算的新兴应用之一，它可以在云端运行游戏，用户通过互联网访问游戏，无须下载和安装游戏客户端。例如，腾讯云和华为云的云游戏服务，可以为用户提供高品质、低延迟的游戏体验。

(5)云医疗：云医疗可以为医疗机构和患者提供在线诊疗、医学影像存储和分析、远程医疗等服务。例如，华为云、阿里云、腾讯云等的云医疗服务，可以为用户提供便捷、高效、安全的医疗服务。

例 4-1　华为云助力深圳市宝安人民医院全面建设互联网医院，实现心电业务在全国范围内的首次上云，将原本局限于医院内部的心电诊断服务拓展为跨医院、跨区域的远程心电诊疗服务。心电数据会被实时传送到华为云平台上，通过心电数据，医生可以直接进行诊断，诊断结果可以同步更新。同时借助 5G 技术，以华为云 WeLink 和华为云会议宝为基础，宝安人民医院搭建了远程会诊平台，医生可以远程为病人查看病情，并给出诊断意见。

4.3　人工智能技术

4.3.1　人工智能概述

1. 人工智能的定义

人工智能(artificial intelligence，AI)技术是科学技术发展过程中里程碑式的突破，从人脸识别、导航系统、智能搜索、语音助手、智能机器人及无人机等日常生活，到智能工厂、智慧交通、智慧城市及智能社会治理，人类生活和社会的发展已经与人工智能深度融合，不可分离。

人工智能是研究、开发用于模拟、延伸和扩展人的智能的理论、方法、技术及应用系统的一门新技术科学，是计算机科学的一个分支。它试图了解智能的实质，从而使计算机能模拟人的某些思维过程和智能行为(如学习、推理、思考、规划等)。该领域的研究方向主要有机器人、语音识别、图像识别、自然语言处理和专家系统等。

2. 人工智能的发展

人工智能的发展主要经历了以下几个阶段。

(1)形成阶段。人工智能这一概念最初于 20 世纪 50 年代被提出。以 LISP 语言、机器定理证明等为代表的经典技术的产生，标志着人工智能的形成。在这一阶段，虽然人工智能这一概念引起了人们的关注，但由于上述人工智能技术均存在不同程度的缺陷，因此其发展速度相对较慢。

(2)以专家系统为代表的快速发展阶段。专家系统的出现对人工智能发展的关键意义是：专家系统实现了人工智能与实践领域的融合。如智能医疗系统可为医生的诊断提供可靠的数据支持。

(3)以神经网络为代表的高速发展阶段。出现于 20 世纪 80 年代末期的神经网络技术，标志着人工智能又一发展高潮的到来。

(4)普及应用阶段。近年来，互联网与网络技术的出现及发展为人工智能的发展提供了新的动力。网络技术与人工智能的融合加速了人工智能的发展，同时推动了其在家居、教育等多个领域的快速普及。

4.3.2　人工智能关键技术

人工智能技术应用的细分领域包含机器学习、知识图谱、自然语言处理、计算机视觉、生物特征识别、语音识别、智能机器人、人机交互等。

1. 机器学习

机器学习专门研究计算机怎样模拟或实现人类的学习行为，以获取新的知识或技能，重新组织已有的知识结构使之不断改善自身的性能。它通过大样本数据训练出模型，然后用模型进行预测。人类对历史经验的归纳过程与机器学习过程的对比如图 4-5 所示。

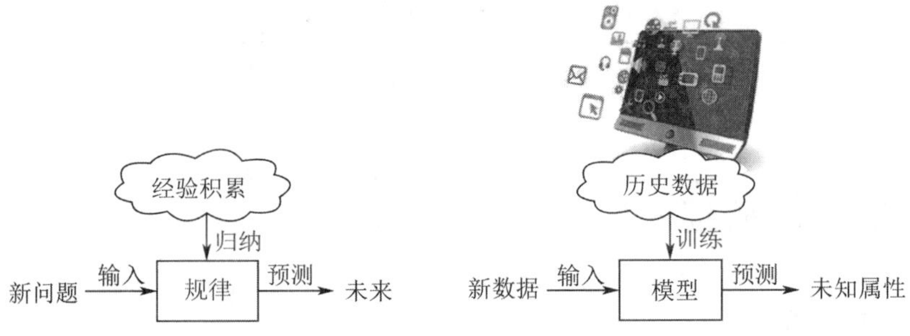

图 4-5　人类对历史经验的归纳过程与机器学习过程的对比

例 4-2　著名的 AlphaGo(阿尔法狗)通过不断学习和更新算法，在人机大战中打败围棋大师李世石(见图 4-6)，这就是机器学习的结果。另外在其他领域，如计算机视觉领域，AlphaGo 能在海量图像中通过不断训练来改进视觉模型，从而不断提高图像识别的准确率。

图 4-6　人机大战：谷歌 AlphaGo 对弈李世石

2. 知识图谱

知识图谱是一种基于语义网络的知识表示与存储方式，用于描述现实世界中的实体、事件、概念及它们之间的关系。它是人工智能技术在语义理解和自然语言处理方向上的重要进展，具有丰富的表达能力和高效的推理能力，可以支持语义搜索、智能问答、可视化辅助决策等应用场景。知识图谱的搭建需要海量数据的建设和知识表示方法的研究,目前已经在谷歌、百度、微软等公司以及学术界得到广泛应用和研究。基于知识图谱的军事信息搜索同样具有广泛的应用场景,能支撑情报保障、作战筹划和辅助决策等多种应用场景。

3. 自然语言处理

自然语言处理是一种用自然语言与计算机进行交流的技术,旨在让计算机理解和使用人类语言,从而执行各种任务,它是人类和计算机之间沟通的桥梁(见图 4-7),是人们在日常生活中接触得较多的领域。自然语言处理主要分为两个部分:自然语言理解和自然语言生成。自然语言理解是使用一组方法来转换、处理和理解语言,利用函数来理解文本含义的过程;自然语言生成是生成包含意义和结构的短语、句子和段落的过程。

图 4-7　沟通的桥梁——自然语言处理

例 4-3　由人工智能研究实验室 OpenAI 发布的全新聊天机器人模型 ChatGPT,就具有强大的自然语言处理功能。它能够通过学习和理解人类的语言来进行对话(见图 4-8),还能根据聊天的上下文进行互动,做到了像人类一样交流,甚至能完成撰写邮件、视频脚本、文案,以及翻译文本、编写代码等任务。

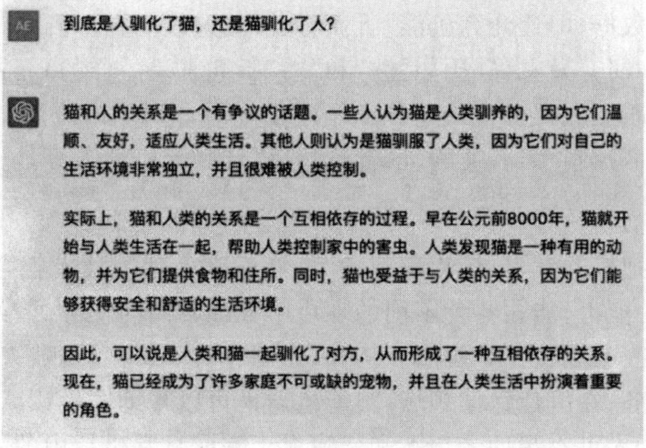

图 4-8　向 ChatGPT 提问

4. 计算机视觉

计算机视觉的主要任务是让计算机对采集的图片或视频进行处理,以获得相应场景的信息,也就是给计算机安装上“眼睛”(照相机)和“大脑”(算法),让计算机能够感知环境。计算机视觉包括图像识别、场景分析、图像理解等。像人脸识别、智能分拣、自动驾驶、智能机器人、智能医疗等领域均需要应用计算机视觉技术,以便从视觉信号中提取信息并处理信息。

5. 生物特征识别

生物特征识别是指根据人的生理或行为特征对人的身份进行识别、认证，它采用自动化技术对生物特征进行测量，并将这些特征数据与数据库中的特征模板进行对比后确认身份信息。生物特征识别涉及的内容十分广泛，包括指纹、人脸、虹膜、静脉、掌纹、步态、声纹等，如图 4-9 所示，其识别过程涉及计算机视觉、语音识别、机器学习等多项技术。目前，生物特征识别作为重要的智能化身份认证技术，在金融、安防、交通等领域得到广泛应用。

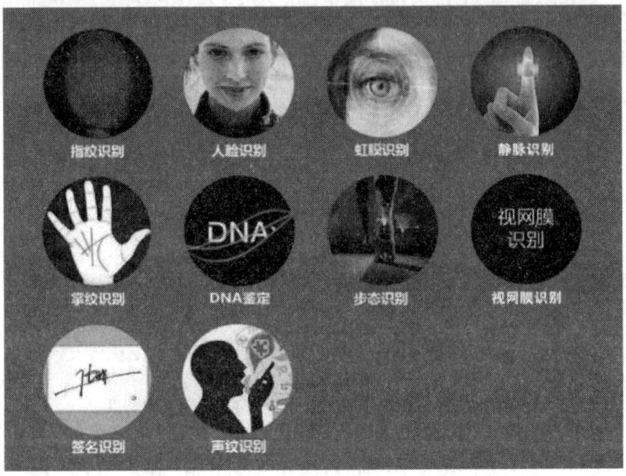

图 4-9　生物特征识别

6. 语音识别

语音识别技术要求计算机自动且准确地转录人类的语音，将人类语音中的词汇内容转换为计算机可以理解的数据，即让计算机能"听懂"人话。该技术在不同口音的处理、背景噪声消除、区分同音异形词和同音异义词(比如"波"和"播"听起来是一样的)等方面存在一些困难，同时还需要计算机具有跟上人类正常语速的工作速度。语音识别的应用包括语音助手、语音拨号、语音导航、智能家居控制、语音搜索、语音购物、语音聊天机器人等。

7. 智能机器人

智能机器人技术把机器学习、计算机视觉、自然语言处理等技术整合到机器人中，使得机器人拥有判断、决策的能力，能在各种不同的环境中处理不同的任务。智能机器人技术可以应用于制造业、医疗保健、家庭服务等领域。例如，在制造行业，智能机器人可以协作完成重复性的工作和高风险的任务；在医疗保健领域，智能机器人可以帮助医生诊断疾病、协助手术；在家庭服务领域，智能机器人可以帮助老年人和残障人士完成日常生活中的一些活动。

8. 人机交互

人机交互技术是指人和计算机之间进行信息交流与合作的方式和技术，是与认知心理学、人机工程学、多媒体技术、虚拟现实技术等密切相关的综合技术。传统的人机交互主要依靠交互设备进行，交互设备包括键盘、鼠标、操纵杆等输入设备，以及打印机、显示器、音箱等输出设备。现代的人机交互技术除了传统的基本交互和图形交互外，还包括语音交互、情感交互、体感交互及脑机交互等技术，被广泛应用于智能家居、智能助手、虚拟现实等领域。

4.3.3　人工智能的应用

随着数字化时代的到来，人工智能逐渐进入人们的生活，并应用于各个行业和领域。

(1)医疗行业：人工智能在医疗行业的应用有辅助医生进行诊断和治疗、预测疾病风险、辅助手术等，还可以帮助医生提高诊断能力、提高治疗效果、降低医疗成本等。例如，基于人工智能的医疗诊断和治疗系统可以根据患者的病情、病史和检查结果等信息，提供个性化的诊断和治疗方案，同时，该系统还可以根据患者的反馈和治疗效果等数据，不断优化诊断和治疗方案，提高治疗效果。

(2)金融行业：人工智能在金融行业的应用有助于银行和保险公司提高风险控制能力、提高客户体验、降低运营成本等。例如，中国银行利用人工智能技术开发了一套基于大数据和深度学习的金融风险控制系统，该系统可以通过分析客户的消费行为、信用记录和资产状况等数据，识别潜在的风险，并采取相应的控制措施。

(3)零售业：人工智能在零售业的应用有智能导购、自动化物流等，可以帮助零售商提高销售额、提高客户满意度、降低运营成本。例如，一些大型超市利用人工智能技术开发了一套基于机器学习的自动化物流系统，该系统可以通过分析订单和库存等数据，实现自动化的物流调度和配送，降低运营成本，提高运营效率。

(4)制造业：人工智能在制造业的应用有智能制造、智能机器人、质量检测、设备维护等，可以帮助企业提高生产效率、提高产品质量、降低生产成本。ABB 利用人工智能技术开发了一个基于机器学习的机器人控制系统，该系统可以通过分析机器人的运动轨迹和传感器数据等信息，实现智能化的机器人控制，提高生产效率和生产质量。

4.4　量子信息技术

4.4.1　量子信息概述

1. 量子力学

量子力学和相对论是 20 世纪的两大科学革命，其中量子力学听起来似乎遥不可及，但你或许听过“薛定谔的猫”(见图 4-10)，这是量子力学中最为著名的思想实验。其实，人们的日常生活也与量子力学紧密相关，电源、芯片、存储器的工作原理，钢铁、纤维、橡胶的性质，飞机、轮船、汽车等燃料的燃烧过程等都是由量子力学决定的。

量子是微观世界中离散变化的最小单元，例如，光的最小离散粒子是光子，所以光子就是光的量子。量子力学就是一门准确描述微观世界的物理学理论，而宏观物质的性质又是由其微观结构决定的。因此，量子力学的研究对象包括原子、分子等微观粒子，它还研究宏观物质的导电性、导热性、硬度、晶体结构等性质。

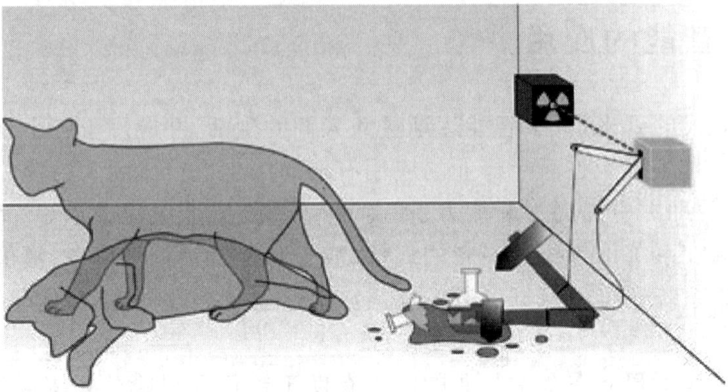

图 4-10　薛定谔的猫

2. 量子信息的定义

20 世纪 80 年代，科学家将量子力学应用到信息领域，从而诞生了量子信息技术（quantum information technology，QIT）。量子信息技术是以量子力学基本原理为基础，利用量子的各种相干特性来处理、存储、传输和保护信息的新型技术，是量子力学与信息科学的交叉学科。利用量子信息技术，可以获得更高的安全性和更快的计算速度。

4.4.2　量子信息关键技术

量子信息关键技术主要包括量子通信、量子计算、量子精密测量等。

1. 量子通信

量子通信是利用量子叠加态和纠缠效应进行信息传递的新型通信方式，它基于量子力学中的不确定性、测量坍缩和不可克隆三大原理，提供无法被窃听和计算破解的绝对安全性保证，可应用于保密通信领域。

量子通信主要包括量子隐形传态、量子密钥分发等技术。量子隐形传态中的光量子存储可以构建量子中继，能够解决大规模量子网络建设的信道损耗问题。量子密钥分发基于量子物理的基本原理和一次一密的加密方式，可实现无条件安全通信，使量子保密通信成为未来保障网络信息安全的一种非常有潜力的技术手段。与传统的通信方式相比，量子通信具有更高的安全性和更大的通信带宽，能够有效地保护敏感信息的传输并加速信息的交流，可以从根本上解决国防、金融、政务、商业等领域的信息安全传输问题。2022 年，我国实现了 833 km 无中继光纤量子密钥分发最远距离，打破了世界纪录。

2. 量子计算

量子计算是一种遵循量子力学规律调控量子信息单元进行计算的新型计算模式，其计算能力主要取决于量子比特的数量和质量。量子计算机的运算速度远超传统计算机的运算速度，主要是因为它们的基本原理不同。传统计算机采用的是二进制，它的基本单元是比特（bit），用 0 和 1 表示，如硬币的正、反两面或者开关的开、关两个状态；而量子计算机的基本单元是量子比特（qubit），它不是一个“开关”，而是一个可连续调节的“旋钮”，如图 4-11 所示。

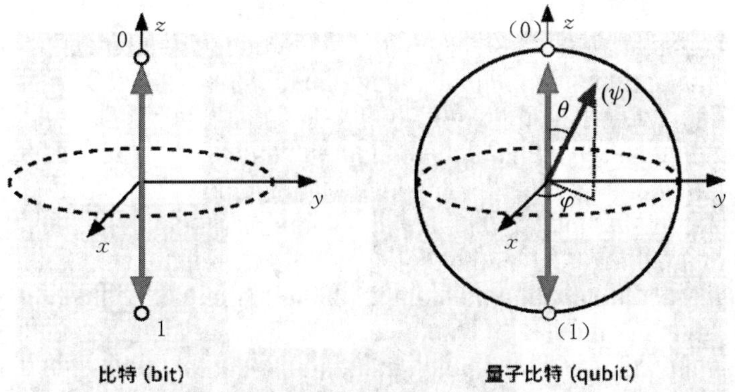

图 4-11　传统计算机(左)和量子计算机(右)基本单元的区别

量子计算最本质的特征是量子的叠加性和相干性，它具有超越传统计算机的巨大信息携带能力和超强并行处理能力，能够在特定计算困难问题上提供指数级加速，可应用于天气预报、药物研制、交通调度、保密等场景。

3. 量子精密测量

量子精密测量是利用量子力学规律，特别是基本量子体系的一致性，对一些关键物理量进行高精度与高灵敏度的测量，是原子物理、物理光学、电子技术、控制技术等多学科交叉融合的综合技术。与经典的测量方法相比，量子精密测量在测量范围、灵敏度、特异性、统计或系统不确定性、可追溯性、校准间隔、寿命、功耗和安全性等方面有着突出优点。量子精密测量主要包括时间测量、惯性测量、重力测量、磁场测量、探测成像、量子导航和目标识别等方向，在国防、军工、工业等多个领域具有广泛的应用。

4.4.3　量子信息的应用

以量子计算、量子通信和量子精密测量为代表的量子信息技术在量子通信网络、量子计算机、量子传感器等诸多领域具有重要应用。

1. 量子通信网络

量子通信网络是一种将多个量子通信节点连接起来的网络，其基本要素包括量子节点和量子信道，所有节点通过量子纠缠相互连接，远程信道需要量子中继。量子通信网络将信息传输和处理融合在一起，量子节点用于存储和处理量子信息，量子信道用于各节点之间的量子信息传送，以实现更加复杂和广泛的通信需求，为城际、城域用户提供安全的量子密码。因此，量子信息网络成为信息安全的重要基础设施，也是未来信息通信领域的重要发展方向之一。

我国作为率先部署大规模量子保密通信网络的国家，在 2016 年成功发射全球首颗量子科学实验卫星“墨子号”后，于 2017 年成功建立了国际上首个长距离量子保密通信网络“京沪干线”，干线全长超 2 000 km，实现了北京、上海、合肥等城市之间的量子通信。该网络采用了基于单光子的量子密钥分发技术，能够有效地保护信息传输的安全性，为敏感信息的传输提供了有力保障。结合“墨子号”与“京沪干线”，我国构建了首个天地一体化广域量子通信网络，实现了跨越 4 600 km 的量子保密通信，如图 4-12 所示。

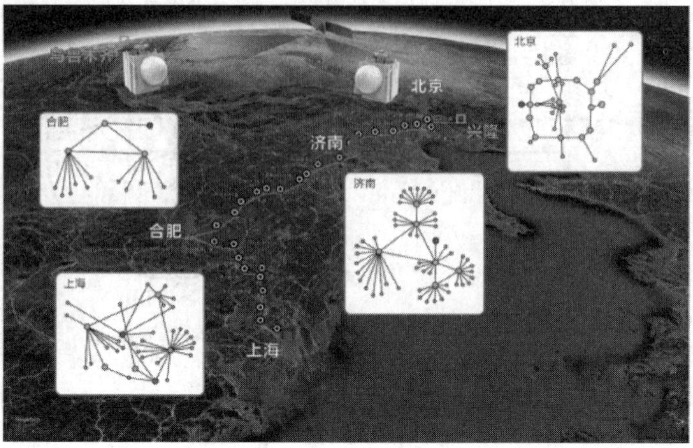

图 4-12　量子通信网络示意图

2. 量子计算机

量子计算机是一类遵循量子力学规律进行高速数学和逻辑运算、存储及处理量子信息的物理装置。量子计算机的优点：一是能够实现并行计算，加快解题速度；二是大大提高了存储容量；三是可以对任意物理系统进行高效率模拟仿真；四是量子计算机的发热量极小。

量子计算机也存在一些问题：一是对微观量子态的操作非常困难，需要在超低温环境下进行；二是量子计算的本质是利用了量子纠缠的性质，但是在实际系统中，受到环境的影响，量子的纠缠状态只能维持几十毫秒；三是量子编码纠错复杂，效率不高。

2020 年年底，我国构建了 76 个光子的量子计算原型机“九章”，“九章”中的光量子干涉实物图如图 4-13 所示。根据现有最优的经典算法，“九章”处理更为复杂的高斯玻色取样问题的速度，比超级计算机“富岳”快 100 万亿倍，其等效速度比谷歌的量子计算原型机“悬铃木”快 100 亿倍。2021 年，在“九章”的基础上，我国构建了 113 个光子 144 模式的量子计算原型机“九章二号”，并实现了相位可编程功能，其处理高斯玻色取样问题的速度比目前最快的超级计算机快 10^{24} 倍。

图 4-13　“九章”中的光量子干涉实物图

3. 量子传感器

量子传感器是基于量子传感技术，通过量子态操控及测量实现量子态感知的一类传感器。量子传感器通过识别物理信息产生电信号、磁异常、惯性导航等多种精确信息，主要应用包括量子陀螺仪、量子重力仪、量子磁力计、量子雷达、量子时钟和量子定位导航系统等。量子效应非常容易受到外界干扰，量子传感器正是利用了量子效应的这一特点，实现了远超传统传感器所拥有的灵敏度、准确率和稳定性。

量子传感器可用于测量地磁、电磁等各类物理量，在工业精度测量、医学诊断、地球观测、地质和储层勘探、国防技术和导航等领域有广泛的应用。2022 年，我国科学家利用量子磁传感器——金刚石中的氮-空位色心（见图 4-14），自主建立了宽场磁成像装备，结合量子精密测量与免疫磁标记技术，实现了微米分辨率的肿瘤组织磁成像，并用于肺癌等疾病的检测。2023 年，我国科学家通过展示碳化硅中室温自旋缺陷作为原位高压传感器的使用，在国际上首次实现了基于碳化硅中硅空位色心的原位高压磁探测。

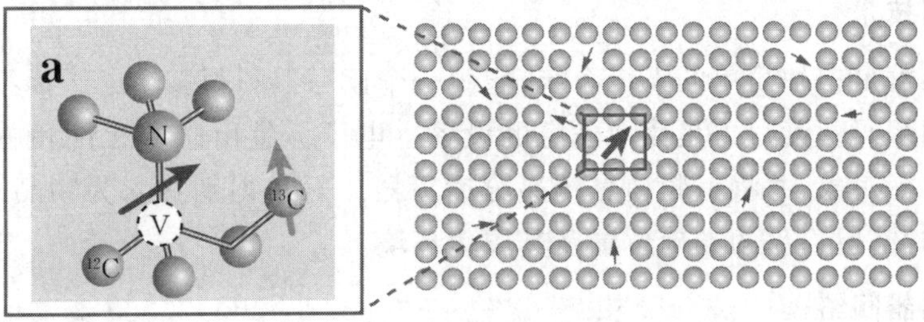

图 4-14　金刚石中的氮-空位色心

4.5　物联网技术

4.5.1　物联网概述

1. 物联网的定义

2005 年，ITU（国际电信联盟）发布了《ITU 互联网报告 2005：物联网》报告，正式提出了物联网（internet of things，IoT）的概念。ITU 报告指出：无所不在的“物联网”通信时代即将来临，世界上所有的物体，从轮胎到牙刷，从房屋到纸巾，都可以通过物联网主动进行信息交换。通俗地说，物联网就是物物相连的互联网，在互联网和通信网络的基础上，物联网利用传感器、通信网络、软件、控制系统等将物品与网络互联，实现对现实世界的数字化和自动化。物联网中的“物”要满足以下条件：要有相应信息的接收器；要有数据传输通路；要有一定的存储功能；要有专门的应用程序；要有数据发送器；遵循物联网的通信协议；在网络中有被识别的唯一编号；等等。

2. 物联网的技术特征

(1)全面感知：通过射频识别、传感器、二维码、卫星定位等相对成熟的技术感知、采集、测量物体信息。

(2)可靠传输：通过无线传感器网络、短距无线网络、移动通信网络、城域网等网络实现物体信息的分发和共享。

(3)智能处理：利用计算机服务器或云计算设备，通过分析和处理采集到的物体信息，针对具体应用提出新的服务模式，实现决策和控制智能。

由物联网技术的特征可知，物联网是一个交叉学科，它涉及传感技术、通信技术、网络技术、嵌入式系统技术等多个技术领域。

4.5.2　物联网关键技术

1. 射频识别技术

射频识别技术是一种简单的无线系统，它由一个读写器和很多个电子标签组成，每个电子标签具有唯一的编码。读写器是读取信息的设备。电子标签由感应元件和芯片组成，它附着在物体上标识目标对象，并将射频信息传递给读写器。射频识别技术为物品赋予了可跟踪特性，人们可以随时掌握物品的准确位置及其周边环境。

2. 无线传感器网络

无线传感器网络(WSN)综合了传感器技术、嵌入式技术、无线通信技术、分布式信息处理技术，能够通过各类集成化微型传感器实时监测、感知和采集各种环境信息，这些信息通过无线方式发送，并以自组多跳的网络方式传送到用户终端，实现物理世界、计算世界的连通。

无线传感器网络的三要素是传感器、感知对象和观察者。无线传感器可探测电磁场、温度、湿度、噪声、光照、压力、土壤成分等环境信息，以及移动物体的大小、速度和方向等，被广泛用于军事、智能交通、智能家居、环境监控、医疗卫生、精细农业、工业自动化等领域。

例 4-4　矿井环境监测的无线传感器网络由传感器节点和中心节点组成，不同的监测区域均有中心节点。每个中心节点负责处理本区域内传感器节点传送过来的数据，而基站模块负责接收来自各个监测区域内中心节点发送的无线信号，基站模块可接入互联网，使得无线传感器网络的信息能够被远程终端访问。矿井无线传感器网络的系统结构如图 4-15 所示。

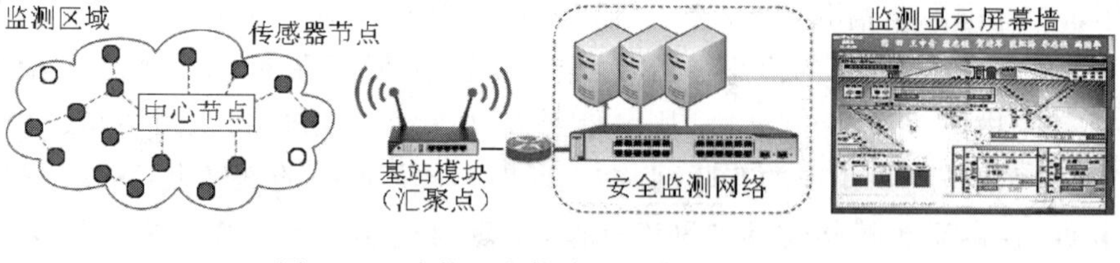

图 4-15　矿井无线传感器网络的系统结构

3. M2M 技术

M2M(机器到机器)是一种以智能终端为核心,以无线传感网络进行数据传输,使设备实现智能化控制的系统框架。M2M 技术的重要组成部分是机器、M2M 硬件、通信网络、中间件、应用。例如,在一个智能停车场中,当车辆驶入或离开通信区域时,天线通过微波通信方式与电子识别卡进行双向数据交换。系统从电子车卡中读取车辆的相关信息,同时在司机卡上获取司机的相关信息,自动识别电子车卡和司机卡,并判断电子车卡的有效性及司机卡的合法性。随后,系统核对车道控制计算机显示的车牌号码与该电子车卡和司机卡一一对应的驾驶员信息等资料。车道控制计算机自动将通行时间、车辆及驾驶员的相关信息存入数据库,并根据读取的数据判断卡片是否正常,据此给出相应的提示。

4.5.3　物联网的应用

随着物联网的快速发展,物联网的应用越来越广泛,主要集中在以下领域。

(1)智慧城市:物联网技术可以通过传感器、摄像头等设备,实现对城市环境(如交通状况、空气质量、公共设施等)的实时监控和智能化管理,对城市进行全方位的信息化、智能化建设,提升城市的管理和服务水平。智慧城市的主要应用场景包括智慧交通、智慧环保、智慧公共安全、智慧能源等方面。例如,深圳通过智慧城市(见图 4-16)管理平台实现了城市公共资源的共享,包括城市交通、医疗、教育、旅游等方面,提高了城市管理的效率和服务水平。

图 4-16　深圳智慧城市

(2)智慧农业:智慧农业指的是利用物联网、人工智能、大数据等现代信息技术与农业进行深度融合,实现农业生产全过程的信息感知、精准管理和智能控制的一种全新的农业生产方式,可实现农业可视化诊断、远程控制和灾害预警等功能。例如,通过传感器、气象站等设备,监测农作物生长状况、土壤湿度和气象条件等信息,以提高农作物产量和质量(见图 4-17),还可以对动物的健康状况、饲养环境等方面进行实时监测和管理,提高动物的养殖效率和品质。

图 4-17　智慧农业

(3)智能交通:智能交通利用信息技术将人、车和路紧密地结合起来,改善交通运输环境、保障交通安全以及提高资源利用率(见图 4-18)。智能交通的主要应用领域包括智能公交车、共享单车、车联网、充电桩监测、智能红绿灯以及智慧停车等。例如,对道路交通状况进行实时监控,并将信息及时传递给驾驶员,便于驾驶员及时作出出行调整,进而有效缓解交通压力;在高速路口设置道路自动收费系统(ETC),免去进出口取卡、还卡的时间,提升了车辆的通行效率;在公交车上安装定位系统,使乘客能及时了解公交车的行驶路线及到站时间,减少不必要的等待时间。

图 4-18　智能交通

(4)智能家居:智能家居是指利用物联网、人工智能等技术手段,对家庭生活进行智能化管理和优化,提高家庭生活的质量和舒适度。智能家居的主要应用场景包括智能家电、智能安防、智能环境等方面(见图 4-19)。智能家居市场已经在全国范围内快速发展,如国内的小米智能生态链和华为智能家居,均通过智能家居设备和智能家居控制中心,实现了对家庭环境、家电等方面的智能化控制和管理，提高了家庭生活的便利性和舒适度。像智能摄像头、窗户传感器、智能门铃、烟雾探测器、智能报警器等设备都是家庭的安全监控设备，通过物联网，用户可以在任意时间和地点查看家中的实时状况。

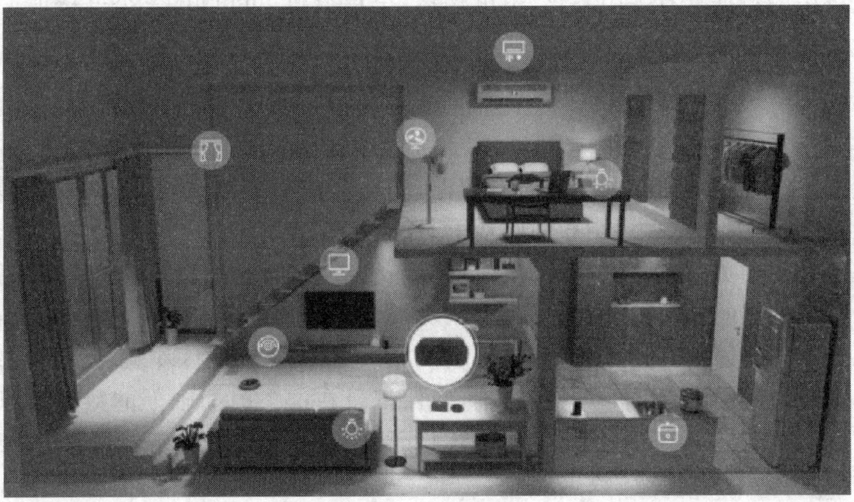

图 4-19　智能家居

(5)智能医疗：智能医疗是指将物联网技术应用于医疗、健康管理、老年健康照护等领域。医学物联网中的"物"是指各种与医学服务活动相关的事物，如健康人、亚健康人、病人、医生、护士、医疗器械、检查设备、药品等。医学物联网中的"联"即信息的传输和共享。医学物联网可感知医疗服务对象，并且实现各种数据的交换，达到对医疗卫生保健服务的实时动态监控、连续跟踪管理和精准的医疗健康决策。例如，通过传感器连续监测高血压患者的人体特征参数、周边环境信息，以及医疗设备和人员情况等；然后对感知到的数据进行分析，例如，测量得到高血压患者连续的血压值之后，计算机会自动分析并判断他的血压状况是否正常，如果不正常，就会生成警报信号，通知医生知晓情况，以便调整用药，加以处理。

4.6　区块链技术

4.6.1　区块链概述

1. 区块链的定义

区块链（blockchain）起源于比特币，2008 年 11 月 1 日，一位自称中本聪（Satoshi Nakamoto）的人发表了《比特币：一种点对点的电子现金系统》一文，阐述了基于 P2P 网络技术、加密技术、时间戳技术、区块链技术的电子现金系统构架理念，这标志着比特币的诞生。两个月后，第一个序号为 0 的创世区块诞生，几天后出现了序号为 1 的区块，并与序号为 0 的创世区块相连接形成了链,这标志着区块链的诞生。

区块链指的是一种去中心化的分布式账本技术,其本质是一个共享数据库,区块链通过密码学技术保障存储在其中的数据的安全和隐私,通过共识机制保障数据的一致性和完整性。存储在区块链中的数据具有去中心化、不可伪造、全程留痕、可以追溯、公开透明、集体维护等特征。

2. 区块链的结构与原理

区块链采用了特定的"块-链"存储结构,如图 4-20 所示,区块链的"区块"就是保存信息的地方。区块链系统会检验期间产生的所有数据,如交易记录以及该区块何时被编辑或创建的记录等,并将这些数据存储在一个新的区块上,这个区块会与前一个区块连接,每个区块都必须包含前一区块的相关信息才能生效,从而形成一根链条,因此称为区块链。区块链结构的这种特点可以保证数据的完整性,因为每一个区块都会存储它被创建之前的所有价值交换信息;还可以保证数据的严谨性,因为一旦新的区块被加入链中,之前的区块就再也不能修改。从技术角度看,区块链相当于定义了一条时间轴,确保记录在这条时间轴上的数据可以查询,但是不可更改。区块链建立了一种基于算法、可被验证的信任,实现了从记录到传输再到存储的全面分布式的模式,将数据传输、数据验证、数据存储都去中心化,由所有参与者共同构建数据库。

图 4-20 "块-链"存储结构

3. 区块链的类型

区块链分为三类:公有区块链、行业区块链、私有区块链。

(1)公有区块链:公有区块链是世界上任何个体或者团体都可以发送交易的去中心化分布式账本系统,任何人都可以参与其共识过程。公有区块链是最早的区块链,也是应用最广泛的区块链,各大虚拟数字货币均基于公有区块链,世界上有且仅有一条该币种对应的区块链。

(2)行业区块链:行业区块链由某个群体内部指定多个预选的节点为记账人,每个块的生成由所有的预选节点共同决定(预选节点参与共识过程),其他接入节点可以参与交易,但不过问记账过程。任何人都可以通过行业区块链开放的 API 进行限定查询。

(3)私有区块链:私有区块链仅仅使用区块链的总账技术进行记账,它可以是一个公司,也可以是个人,独享该区块链的写入权限。私有区块链的应用产品还在摸索之中。

4.6.2 区块链关键技术

1. 分布式账本

分布式账本指交易记账由分布在不同地方的多个节点共同完成,而且每一个节点记录的是完整的账目,因此它们都可以参与监督交易的合法性,同时也可以共同为其作证。

区块链的分布式存储体现在两个方面:一是区块链的每个节点都按照"块-链"式结构存储

完整的数据;二是区块链的每个节点都是独立的、地位等同的,依靠共识机制存储。没有任何一个节点可以单独记录账本数据,从而避免了单一记账人被控制或记假账的可能。由于记账节点足够多,理论上讲除非所有节点都被破坏,否则账目就不会丢失,从而保证了账目数据的安全。

2. 加密技术

存储在区块链上的交易信息是公开的,但是账户的身份信息和交易信息被高度加密,只有在数据拥有者授权的情况下才能被访问,从而保证了数据的安全和个人的隐私。区块链技术中所使用的常见加密算法有哈希算法、非对称加密算法。

3. 共识机制

共识机制是指所有记账节点之间通过某种方式达成共识,去认定一个记录的有效性的机制。这既是认定的手段,也是防止数据被篡改的手段。区块链提出了四种不同的共识机制,适用于不同的应用场景,便于在效率和安全性之间取得平衡。

4. 智能合约

智能合约基于可信的不可篡改的数据,可以自动化地执行一些预先定义好的规则和条款。以保险为例,如果每个人的信息(如医疗信息等)都是真实可信的,就很容易在一些标准化保险产品中进行自动化理赔。

例 4-5 浙江省利用区块链多节点参与、分布式数据处理架构、智能合约等技术,以及区块机制,建立区块链电子票据平台,实现财政电子票据申领、开具、接收、查验和报销环节的数字化流转,提升了财政部门财政票据信息化管理的水平和服务能力。

4.6.3 区块链的应用

区块链作为一种底层协议或技术方案,可以有效地解决信任问题,实现价值的自由传递,在金融、能源、公共服务、数字版权、公益、物联网和物流等领域具有广阔的前景。

(1)金融领域:区块链具有的信息透明、不可篡改的特点,使其在贸易融资、跨境金融、支付清算等应用场景有巨大的价值,可以降低金融交易的成本和风险。例如,将区块链技术应用于跨境支付领域,汇款通道变得透明,交易历史数据可追溯,不仅让交易更安全、放心,还降低了成本,同时大大提高了交易效率。2022年1月,亚洲开发银行与东盟10个成员国、日本、中国、韩国组成联盟,基于区块链实现在"10+3"地区的中央银行和证券存管机构数据互联互通。

(2)能源领域:区块链技术应用于碳排放溯源、分布式能源管理等场景,赋能能源主体转型升级。2022年4月,全球首例基于区块链技术的I-REC(国际可再生能源证书)跨国交易在数字化碳资产OTC(场外交易市场)平台上完成10万张交割。

(3)公共服务领域:区块链在数字身份、司法存证、疫情防控、城市治理等领域有着重要的应用价值,支撑服务透明化、平等化、精准化。2020年,信阳市推出政务区块链项目首个应用场景"区块链+不动产登记",通过公安、民政、税务部门的户籍信息、婚姻登记信息、购房发票、契税完税等"上链"数据,实现不动产登记8项材料免提交,公积金贷款6项材料免提交,不动产证出证时间由3天减至0.5天。之后,全国多个城市如厦门、南京、宁波等陆续推出区块链技术在不动产登记领域的应用成果。

(4)数字版权领域:区块链技术可以实现数字版权的管理和保护,防止盗版和侵权。通过区块链,可以对版权所有者和其版权产出的数据进行存储,实现对所有权的溯源,保证权属的真实性、唯一性,从而达到保护版权的目的。作品在区块链上被确权后,后续交易和版权变更都会进行实时记录,实现数字版权全生命周期管理,也可作为司法取证中的技术性保障。

(5)公益领域:区块链技术可以大大提高慈善领域的信息透明度。社会公益中的相关信息,如捐赠项目、募集明细、资金流向、受助人反馈等,都可以存放在区块链上,让捐赠者有权对慈善体系和流程进行监督,进而鼓励捐赠者放心捐助,形成良性循环。

(6)物联网和物流领域:在去中心化的物联网愿景中,区块链是互动的设备间促进交易处理和协作的框架,网络上的每个设备都可以作为一个独立、微型的商业主体运行。另外,区块链可以降低物流成本,追溯物品的生产和运送过程,并且提高供应链管理的效率。

习　题　4

1. 简要说明大数据的特点。
2. 简要说明大数据关键技术。
3. 简要说明什么是云计算。
4. 简要说明云计算的服务模式。
5. 简要说明人工智能的关键技术。
6. 简要说明人工智能的应用。
7. 简要说明量子信息的关键技术。
8. 简要说明物联网的技术特征。
9. 简要说明物联网的关键技术。
10. 简要说明区块链的类型。

第5章　文字编辑处理——WPS 文字

WPS Office 是由金山公司打造的一款专业、实用的办公文档软件，能为用户提供包括 WPS 文字、WPS 表格、WPS 演示在内的文档的创建和编辑的功能服务。WPS Office 中的 WPS 文字是使用较为广泛的中文文字处理软件之一，用它可以方便地进行文本输入、编辑和排版，实现段落的格式化处理、版面设计和模板套用，生成规范的办公文档和可供印刷的出版物等。

本章将以 WPS Office 教育考试专用版中的 WPS 文字组件为例，介绍文字编辑处理的基本功能和使用方法。

知识导航

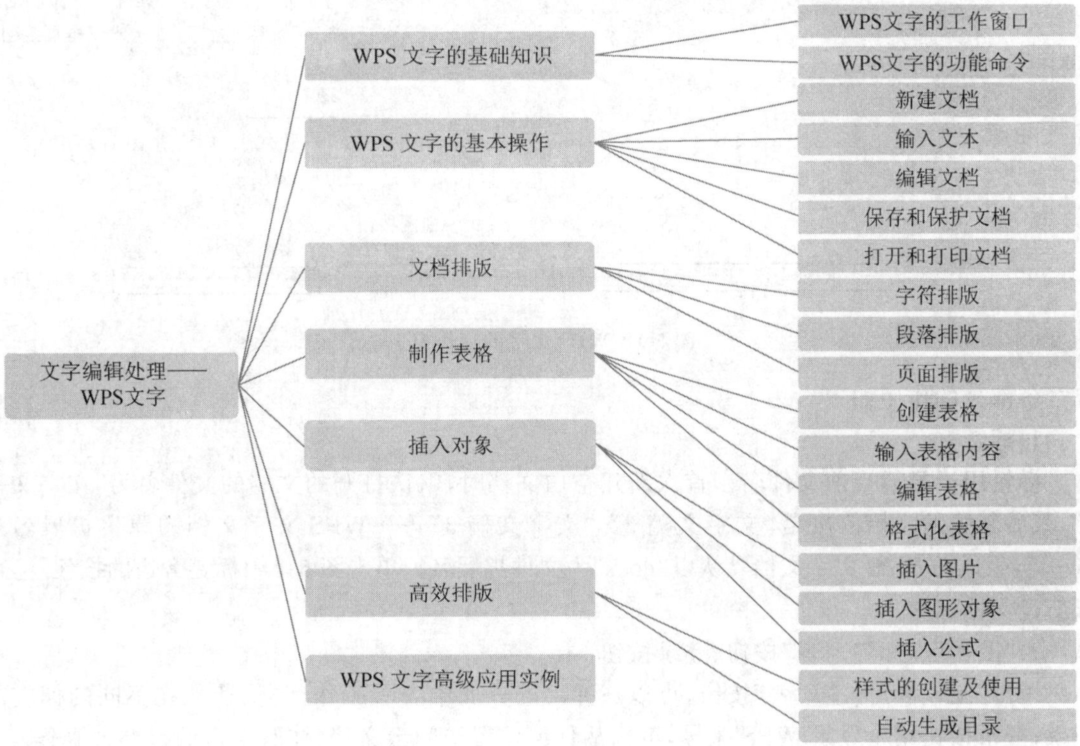

5.1 WPS 文字的基础知识

5.1.1 WPS 文字的工作窗口

单击“开始”按钮，在“开始”菜单中选择“WPS Office”→“WPS Office 教育考试专用版”命令，在 WPS Office 窗口的“首页”选项卡中单击“新建”按钮，打开“新建”界面，在窗口上方选择新建的程序类型为“文字”类型，单击“新建空白文档”按钮，就进入了 WPS 文字的工作窗口，如图 5-1 所示，主要包括快速访问工具栏、选项卡、功能区、编辑区等部分。

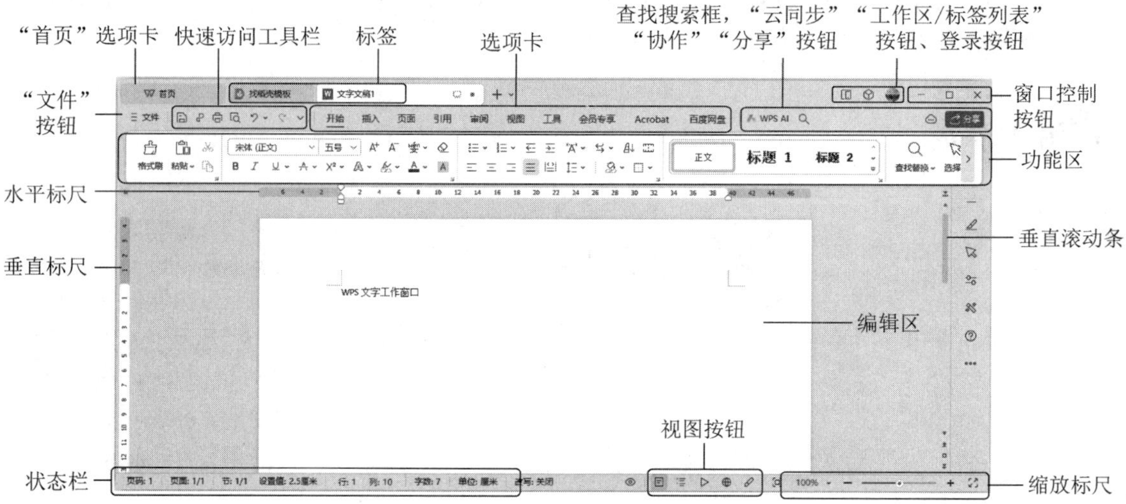

图 5-1 WPS 文字的工作窗口

各部分的作用如下。

1)标签

标签用于显示当前文件名。首次新建空白文档时，默认打开的文档的文件名为“文字文稿1”，其后新建的文档依次是“文字文稿 2”“文字文稿 3”等。WPS 文字文档的原生扩展名是“wps”，生成的 WPS 文字文档默认以“docx”为文件扩展名。单击图 5-1 中标签旁边的按钮 + ，可以新建文档标签。

2)“工作区/标签列表”按钮、登录按钮

单击“工作区/标签列表”按钮，可以在弹出的界面中查看工作区，快速地在不同的标签间切换；登录按钮用于登录 WPS 账号，可以从任何位置访问云文档，体验丰富的云办公服务。

3)窗口控制按钮

窗口控制按钮包括“最小化”“最大化”/“向下还原”和“关闭”3 个按钮，用于对文档窗口的大小和关闭进行相应控制。

4)“文件”按钮

“文件”按钮用于打开“文件”菜单，该菜单中包括“新建”“打开”“保存”等命令。

5)快速访问工具栏

快速访问工具栏用于放置一些常用按钮，默认情况下包括“保存”“输出为 PDF”“打印”“打印预览”“撤销”“恢复”6 个按钮，用户可以根据需要在快速访问工具栏中添加或删除按钮。

6)选项卡

选项卡将命令归类，单击选项卡就可以展示编辑文档时需要的功能按钮。选项卡内，WPS Office 程序还会将各功能按钮划分为一个一个的组。

7)查找搜索框，“云同步”“协作”“分享”按钮

● 查找搜索框：在查找搜索框中输入想要执行的操作，即可轻松获得帮助。

● “云同步”按钮：开启云同步后，保存文件时会自动保存到云文档，可追踪文档的历史版本，还可以多地、多设备同步查看和修改文件。

● “协作”按钮：切换到协作模式，可以进行远程协助、多人编辑。

● “分享”按钮：将文件以链接方式发送给他人，以免因文件过大使得传输时间过长。还可以设置对方的编辑权限、链接有效期、自定义关闭文件的分享权限等，这样可以大大提高文件的安全性。

8)水平和垂直标尺、滚动条、编辑区

水平和垂直标尺用于显示或定位文档的位置。

拖动水平滚动条，可向左、向右查看工作窗口中未显示的内容；拖动垂直滚动条，可向上、向下查看工作窗口中未显示的内容。

编辑区是用于显示或编辑文档内容的工作区域。编辑区中闪烁着的垂直条称为光标或插入点，它代表文字或其他对象当前的插入位置。

9)状态栏、缩放标尺

状态栏用于显示当前文档的页码、页面(当前页/总页数)、节、设置值(距页面顶端的垂直位置)、行数、列数、字数、拼写检查、文档校对等信息。

缩放标尺用于对编辑区的显示比例和缩放尺寸进行调整。缩放标尺左侧显示缩放的具体数值。

10)视图按钮

视图按钮用于切换文档的查看方式。默认情况下显示的是 6 种常用的视图模式：全屏显示、阅读版式、写作模式、页面视图、大纲、Web 版式。在需要时，用户可以在各个视图模式间进行切换。切换视图模式并不会改变文档的格式，只是改变了文档的显示方式。

● 全屏显示( )：全屏显示文档，界面上除文档内容外的所有部分会暂时被隐藏，单击右上角浮动工具栏中的“退出”按钮或按 Esc 键可以恢复到前一种视图模式。

● 阅读版式( )：用于阅读和审阅文档。这种视图模式以书页的形式显示文档，页面被设计为正好填满屏幕，可以在阅读文档时使用目录导航、显示批注、突出显示文字、查找内容、设置分栏等。

● 写作模式( )：专门为写作开发的模式。在这种视图模式下，可以使用目录导航，通过设置账号、密码对文档进行加密，保留、查看文档的各种历史版本，统计字数和稿费等。

● 页面视图( )：页面视图是 WPS 文字默认的视图模式，也是制作文档时常用的一种视

图模式。在这种视图模式下，可以显示各种格式化的文本、页眉、页脚、图片及分栏排版，格式化操作的结果也都出现在合适的位置上，文档在屏幕上的显示效果与文档的打印效果完全相同，真正做到了“所见即所得”。

● 大纲(☰)：以大纲形式查看文档。大纲是指文章的层次，由章、节的标题提挈内容。每个章节的标题都可以设置级别，用户可以根据需要对文档的各个层次有针对性地进行操作，大纲对于创建标题和移动整个段落非常有用。

● Web 版式(🌐)：用于显示文档在 Web 浏览器中的外观，文档不再分页，文本和表格将自动换行以适应窗口的大小。在这种视图模式下，可以方便地浏览和制作 Web 网页。

5.1.2　WPS 文字的功能命令

要熟练使用 WPS 文字，关键是学会使用 WPS 文字的功能命令。应着重掌握两点：一是在哪里可以找到需要的命令；二是怎样执行命令，包括先做什么、后做什么及注意事项。WPS 文字的功能命令包括选择命令、撤销命令、恢复命令。

1. 选择命令

选择命令有 3 种方法。

● 从功能区中单击相应的功能按钮或打开功能组对话框进入操作。其中，功能组对话框是通过单击功能组右下角的对话框启动器按钮⌟打开的。简单的操作可以通过单击功能按钮完成，复杂的操作使用对话框更为方便。

● 使用快捷菜单。快捷菜单是选择命令的一种常用方式。在 WPS 文字中，选定某些内容后，右击，将弹出快捷菜单，快捷菜单中列出的命令与选定的内容有关。

● 使用快捷键。

2. 撤销命令

WPS 文字具有记录近期完成的一系列操作步骤的功能。若用户操作失误，则可以通过单击快速访问工具栏中的“撤销”按钮↶(也可以按 Ctrl+Z 快捷键)，取消对文档所做的修改，使操作回退一步。WPS 文字还具有多级撤销功能，如果需要取消再前一次的操作，可继续单击“撤销”按钮。也可以单击“撤销”按钮右侧的下拉按钮，打开一个下拉列表，该下拉列表按从后向前的顺序列出可以撤销的所有操作，只要在该下拉列表中选定需要撤销的操作步数，就可以一次撤销多步操作。图 5-2 所示为撤销最近的两步操作。

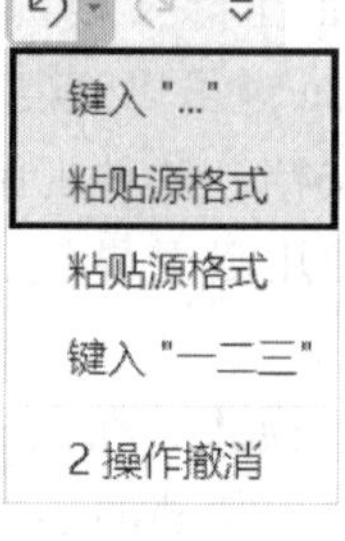

图 5-2　撤销最近的两步操作

3. 恢复命令

快速访问工具栏中还有一个“恢复”按钮 ↻，其功能与“撤销”按钮的功能正好相反，利用它可以恢复被撤销的一步或任意多步操作。

5.2　WPS 文字的基本操作

WPS 文字的基本操作主要包括新建文档、输入文本、编辑文档、保存和保护文档以及打开和打印文档等。这些操作可以通过单击“文件”按钮，在弹出的菜单中选择相应的命令，以及通过单击“开始”选项卡中相应的按钮来实现。

5.2.1　新建文档

新建空白文档有两种常用方法。

● 在快速访问工具栏中添加“新建”按钮后，单击该按钮。

● 单击“文件”按钮，在弹出的菜单中选择“新建”命令，选择新建的程序类型为“文字”类型，单击“新建空白文档”按钮。

其中，前一种方法是建立空白文档的最快捷的方法，后一种方法的命令功能要强一些，可以根据模板来新建文档。所谓模板，就是一种特殊文档，它具有预先设置好的外观框架，用户不必考虑格式，只要在相应位置输入文字就可以快速建立具有标准格式的文档。模板为某类形式相同、具体内容有所不同的文档的建立提供了便利，利用模板可以方便、快速地完成某一类特定文档的文字处理工作。

5.2.2　输入文本

空白文档创建好后，接下来的工作就是输入文本。

1. 输入文本的途径

● 键盘输入：指利用输入法软件通过键盘输入文本，是最常用的输入方法。输入法软件主要有以拼音为主的和以字形为主的两类。以拼音为主的输入法软件主要有搜狗拼音输入法、微软拼音输入法等；以字形为主的输入法软件主要有万能五笔、陈桥五笔等。

● 语音输入：指利用语音代替键盘输入文字或发出控制命令，即利用语音识别技术使计算机具有“听懂”语音的能力。

● 联机手写输入：指利用输入设备（如输入板或鼠标）模仿一支笔进行书写。例如，在搜狗拼音输入法的状态栏中单击“输入方式”按钮，在展开的面板中单击“手写输入”按钮，如图 5-3 所示，出现如图 5-4 所示的“手写输入”窗口，在中间手

图 5-3　搜狗拼音输入法中的“输入方式”和“手写输入”按钮

写框中输入手写字后,右侧的候选字框中就会显示相似的汉字供用户选择。

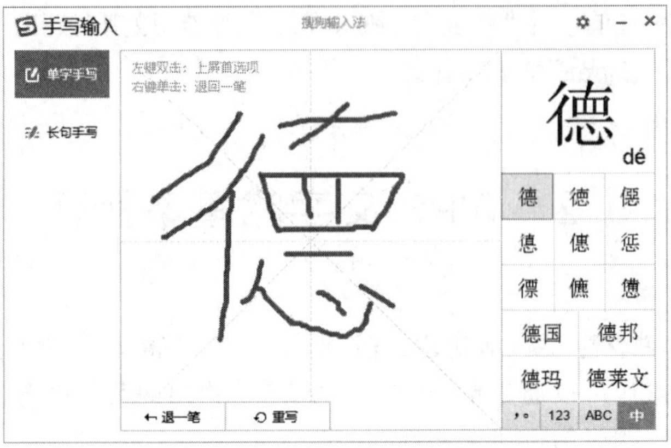

图 5-4　“手写输入”窗口

● 扫描输入:指利用扫描仪将纸介质上的字符转换成数字化图形后输入计算机,再经过光学字符识别(optical character recognition,OCR)软件对输入的字符图形进行判断,转换成文字并以.txt 格式的文件保存。

2. 切换输入状态

通过键盘输入文本有两种状态:插入和改写。在插入状态下,输入的字符插在光标所在的位置,不影响前后字符,这也是输入文本时最常用的状态;在改写状态下,输入的字符将一一替代光标后的字符。可以单击 WPS 文字状态栏中的“改写”按钮或按键盘上的 Insert 键在两种状态之间切换。

3. 输入文字

选择相应的输入法后,在文档窗口下方就会出现一个如图 5-5 所示的输入法状态栏(此处以搜狗拼音输入法为例)。状态栏最左边的是“自定义状态栏”按钮,其右侧是常用的 5 个默认按钮,名称从左至右依次为“中/英文(Shift)”“全/半角(Shift + Space)”“中/英文标点(Ctrl+.)”“语音”“输入方式”,可单击各按钮实现不同模式和功能的切换。

图 5-5　输入法的状态栏

其中的半角(半月形)、全角(满月形)状态用来控制字母和数字的输入效果。在半角状态下,输入的字母和数字仅占半个汉字(一个英文字符)的宽度;在全角状态下,输入的字母和数字占一个汉字的宽度。

4. 输入符号

文档中除了普通文字外,还经常需要输入一些符号。各种符号的输入方法如下。

(1)输入常用的标点符号。在中文标点符号状态下,直接按键盘上对应的按键,如按英文句号“.”键,会显示为中文句号“。”;按“\”键,会显示为顿号“、”;按小于和大于符号“＜”和“＞”键,会显示为书名号“《”和“》”;按“Shift+^”组合键会显示省略号“……”;等等。

（2）输入特殊的标点符号、数学符号、单位符号、希腊字母等。可以利用输入法状态栏中的软键盘完成相应操作。方法是：右击输入法状态栏中的“输入方式”按钮，在弹出的快捷菜单中单击“符号大全”按钮，再在打开的“符号大全”对话框中选中需要输入的符号即可。

（3）输入特殊的图形符号，如✂、🕮等。可以在“插入”选项卡中单击“符号”组中的“符号”下拉按钮，在下拉列表中选择“其他符号”命令，在打开的“符号”对话框中进行相应操作。

5. 插入日期和时间

如果需要快速地在文档中加入各种标准的日期和时间，则可以在“插入”选项卡中单击“日期”按钮，打开“日期和时间”对话框，选择需要的日期和时间格式即可。如果希望每次打开文档时所插入的时间自动更新为打开文档的时间，则需要在“日期和时间”对话框中勾选“自动更新”复选框。

6. 插入文件

有时需要将另一个文件的全部内容插入当前文档，可以单击“插入”选项卡中的“对象”下拉按钮，在下拉列表中选择“文件中的文字”命令，打开“插入文件”对话框，在其中选择需要插入的文件。

7. 插入网络文字素材

有时需要在文档中引用从 Internet 上找到的信息，这时可以将网络文字素材复制到文档中。首先在浏览器窗口中选定所需文字并右击，在弹出的快捷菜单中选择“复制”命令，所选文字被放入“剪贴板”；然后打开 WPS 文档，定位光标，单击“开始”选项卡中的“粘贴”下拉按钮，在下拉列表中选择“选择性粘贴”命令，在打开的“选择性粘贴”对话框的“作为”列表框中选择“无格式文本”命令，如图 5-6 所示，就可以将不带任何格式的文字插入文档。

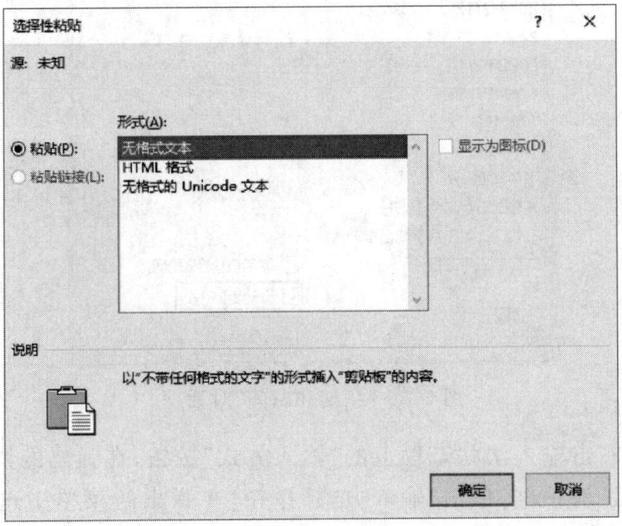

图 5-6　“选择性粘贴”对话框

注意：不要在“开始”选项卡中直接单击“粘贴”按钮，否则会把网页中文字的许多排版格式（如表格边框）带到文档中，这些格式信息将给文档后续的排版操作带来困难，增加许多工作量。

例 5-1 创建一个新文档，写一则通知，内容如下（要求末尾的日期有自动更新功能）。

> 为了弘扬中华民族优秀的书法文化，营造浓厚的文化氛围，进一步丰富全体师生的校园文化生活，书法社将举办以『弘扬书法文化，陶冶艺术情操』为主题的交流会活动，有关事项如下。
>
> 一、会议主题🕭：弘扬书法文化，陶冶艺术情操
>
> 二、会议时间✍：2023 年 6 月 18 日上午 9 点
>
> 三、会议地点🏳：学校操场
>
> 四、参加人员✍：全体师生
>
> 书法社
>
> 2023 年 6 月 6 日

操作步骤如下。

新建一个空白文档，输入文档内容。其中，日期和一些特殊符号使用下面的方法输入。

①插入日期：单击“插入”选项卡中的“日期和时间”按钮，打开“日期和时间”对话框，确保“语言(国家/地区)”下拉列表框中显示“中文(中国)”，在“可用格式”列表框中选择需要的格式，并勾选“自动更新”复选框，如图 5-7 所示。当计算机系统的日期发生变化时，该文档的日期也会相应地进行更改。

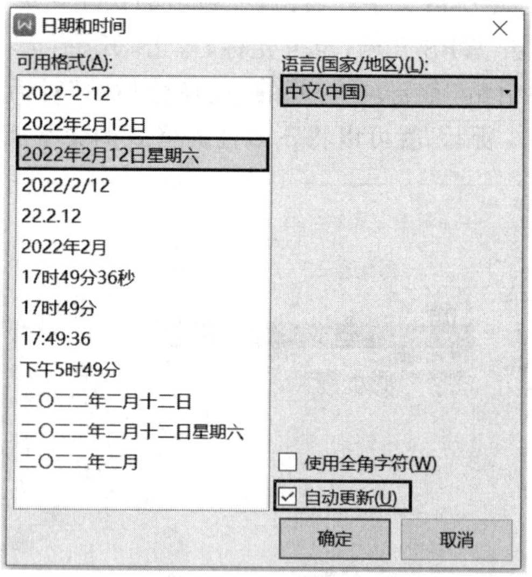

图 5-7 “日期和时间”对话框

②插入『、』符号：右击输入法状态栏上的“输入方式”按钮，在弹出的快捷菜单中选择“软键盘”命令，打开“软键盘”对话框，单击“输入方式”按钮，在弹出的菜单中选择“标点符号”命令，找到相应的符号后单击完成输入，最后单击输入法状态栏上的“输入方式”按钮关闭软键盘。

③插入🕭、✍、🏳、✍符号：单击“插入”选项卡中的“符号”按钮，打开“符号”对话框，在“符号”选项卡的“字体”下拉列表中选择“Wingdings”命令，如图 5-8 所示，然后从相应的符号集中选择需要的符号，单击“插入”按钮或直接双击该符号完成输入。

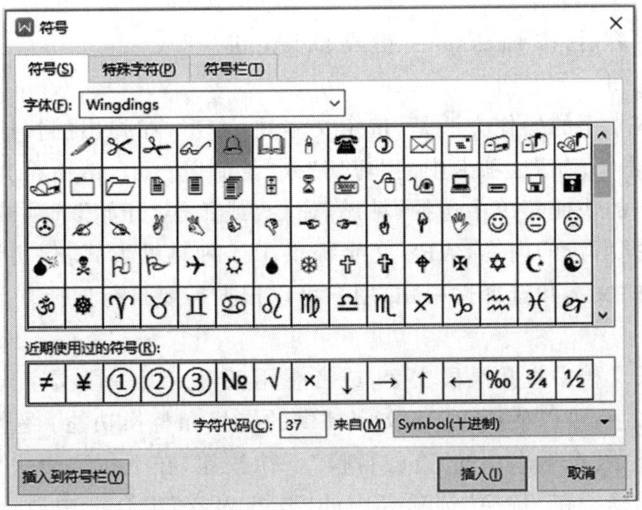

图 5-8　“符号”对话框

5.2.3　编辑文档

对于输入的内容，经常要进行插入、删除、移动、复制、替换、拼写和语法检查等编辑工作，这些操作都可以通过单击“开始”选项卡的“剪贴板”组和“编辑”组中的相应按钮来实现。文档编辑遵守的原则是“先选定，后执行”。被选定的文本一般以高亮显示，便于与未被选定的文本区分开。

1. 选定文本

选定文本有两种方法，即基本的选定方法和利用选定区选定。

1)基本的选定方法

● 鼠标选定：将光标移到欲选取的段落或文本的开头，按住鼠标左键拖动，使其经过需要选定的内容后松开鼠标左键。

● 键盘选定：将光标移到欲选取的段落或文本的开头，同时按住 Shift 键和方向键来选定内容。

2)利用选定区选定

在文本区的左边有一竖直的长条形空白区域，称为选定区。当鼠标指针移动到选定区时，鼠标指针变为指向右上角的箭头，在该区域单击，可选中鼠标指针所指的一整行文字；在该区域双击，可选中鼠标指针所在的段落；在该区域三击，可选中整个文档。另外，在选定区中拖动鼠标指针，可选中连续的若干行。

WPS 文字还提供了同时选定多块区域的功能，可以通过按住 Ctrl 键再加选定操作来实现。若要取消选定，在文本窗口的任意位置单击或按方向键即可。

2. 编辑文档的方式

1)插入

在插入状态下，将光标移到想要插入字符的位置，输入字符即可。如果要插入一个空行，只需要将光标移到需要产生空行的行首位置，按 Enter 键即可。

2)删除

选定要删除的内容后,按 Backspace 键或 Delete 键。

3)移动或复制

移动或复制文本常用的操作方法是,选定文本块,右击,在弹出的快捷菜单中选择“剪切”或“复制”命令(或单击“开始”选项卡中的“剪切”或“复制”按钮),然后将光标移到要插入文本的位置,右击,在弹出的快捷菜单中选择“粘贴”命令(或单击“开始”选项卡中的“粘贴”按钮)。执行粘贴操作时,根据所选的内容,WPS 文字提供了 4 种粘贴方式:保留源格式(默认方式)、匹配当前格式、只粘贴文本和选择性粘贴,用户可以根据需要自行选择。

4)查找和替换

如果想在一篇长文档中查找某段文字,或者想用新输入的一段文字代替文档中已有的且出现在多处的特定文字,可以使用 WPS 文字提供的查找和替换功能。例如,当文档中空格比较多时,可以单击“开始”选项卡中的“查找替换”下拉按钮,在下拉列表中选择“替换”命令,打开“查找和替换”对话框。在“替换”选项卡中的“查找内容”组合框中通过空格键输入一个空格,在“替换为”组合框中不进行任何字符的输入,单击“全部替换”按钮将多余的空格删除。

例 5-2　对例 5-1 中的“一则通知”文档进行如下编辑处理。

①在通知的最前面插入一行标题“关于举办硬笔书法交流会活动的通知”。

②在标题后面再插入一段内容。

③将所有的“会议”替换为带着重号的“活动”。

修改后的文档内容如下。

关于举办硬笔书法交流会活动的通知

书法是中国特有的一种传统艺术,其中硬笔书法是书法艺术百花园中一颗璀璨的明珠。

为了弘扬中华民族优秀的书法文化,营造浓厚的文化氛围,进一步丰富全体师生的校园文化生活,书法社将举办以『弘扬书法文化,陶冶艺术情操』为主题的交流会活动,有关事项如下。

一、活动主题🔔:弘扬书法文化,陶冶艺术情操

二、活动时间✍:2023 年 6 月 18 日上午 9 点

三、活动地点🏳:学校操场

四、参加人员✍:全体师生

书法社

2023 年 6 月 6 日

操作步骤如下。

①将光标置于第一段段首,按 Enter 键,产生一个空行,在空行中输入“关于举办硬笔书法交流会活动的通知”。

②将光标置于标题末尾,按 Enter 键,产生一个空行,然后输入需要的内容。

③单击“开始”选项卡中的“查找替换”下拉按钮,在下拉列表中选择“替换”命令,打开“查找和替换”对话框,在“查找内容”组合框中输入文字“会议”,在“替换为”组合框中输入文字“活动”,单击“格式”下拉按钮,选择“字体”,在“字体”对话框中设置着重号为“.”,单击“确定”按钮,返回“查找和替换”对话框,如图 5-9 所示。

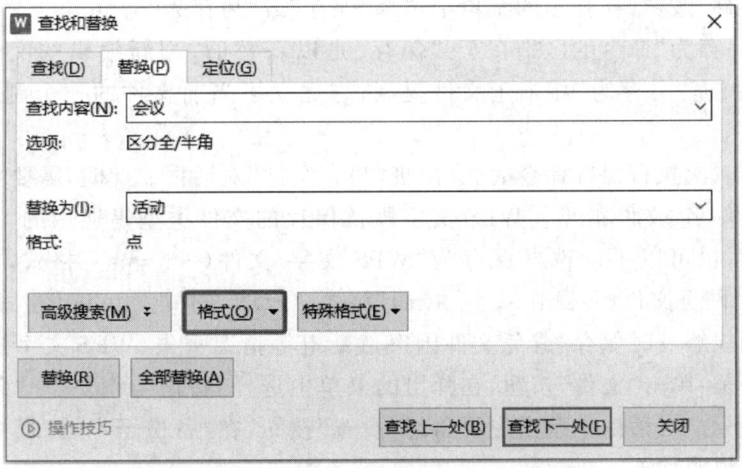

图 5-9　“查找和替换”对话框

④单击“全部替换”按钮，文档中所有满足条件的文字均被替换成目标文字。

注意：在单击“格式”下拉按钮进行设置前，光标应定位在“替换为”组合框中，如果不小心对“查找内容”组合框中的文字进行了格式设置，则可以在“格式”下拉按钮的下拉列表中选择“清除格式设置”命令来取消该格式，然后重新操作。

5)检查拼写和语法

WPS 文字提供了自动拼写和语法检查功能，这是由其拼写检查器和语法检查器来实现的。单击“审阅”选项卡中的“拼写检查”下拉按钮，在下拉列表中选择“拼写检查”命令，拼写检查器就会使用拼写词典检查文章中的每一个词。如果某个词在拼写词典中，拼写检查器就认为它是正确的，否则就会在该词下方加红色波浪线来提示错词，并根据拼写词典中能够找到的相似的词给出修改建议。如果 WPS 文字指出的错误不是拼写错误或语法错误(如人名、公司或专有名词的缩写等)，可以单击“忽略”或“全部忽略”按钮忽略错误提示，继续文档其余内容的检查工作。也可以把这些内容添加到拼写词典中，避免以后再出现同样的报错。语法检查器会根据当前语言的语法结构，指出文章中潜在的语法错误，并给出解决方案供用户参考，帮助用户校正句子的结构或词语。

用户可以设置拼写检查语言为“中文＋英语(美国)”或者“英语(美国)”，拼写检查引擎会自动使用所选择的语言进行拼写检查。

5.2.4　保存和保护文档

用户输入和编辑的文档是存放在内存中的，如果不执行保存操作，一旦死机或断电，未保存的工作成果就可能随内存数据一同丢失，所以当完成文档的编辑工作后，应及时把工作成果保存到外存上。

1. 保存文档

保存文档的常用方法有以下两种。

(1)单击快速访问工具栏中的“保存”按钮。

(2)单击“文件”按钮,在弹出的菜单中选择“保存”或“另存为”命令。

“保存”和“另存为”命令的区别在于:“保存”是以新替旧,用新编辑的文档取代原文档,原文档不再保留;而“另存为”相当于文件复制,它建立了当前文件的一个副本,原文档依然存在。

对新文档第一次执行保存命令时,会出现“另存文件”对话框。此时,需要指定文件的三要素:保存位置、文件名、文件类型。WPS文字默认保存的文件类型是通用的“Microsoft Word文件(*.docx)”,也可以手动选择保存为“WPS文字 文件(*.wps)”格式,或者“文本文件(*.txt)”格式、“网页文件(*.html;*.htm)”格式、“PDF文件(*.pdf)”格式等。

为了使文档能够及时保存,避免文件因突然断电等情况丢失,WPS文字提供了自动保存功能。操作方法是:单击“文件”按钮,在弹出的菜单中选择“备份与恢复”→“备份中心”命令,在打开的“备份中心”对话框中单击左下角的“设置”按钮,在“备份至本地”栏中选择需要的选项。这些选项的说明如下。

● 智能模式:当软件崩溃或异常退出时进行备份,可以在计算机崩溃或死机后重新启动以找回文件。如果计算机或WPS没有发生异常,就不会对文档进行备份。

● 定时备份:不管计算机是否发生异常,都定时对文档进行备份,设置好自动保存的时间间隔即可。需要注意的是,应在输入文档内容之前设置好定时备份的时间间隔。

● 增量备份:记录文件操作的步骤,读取备份文件时,将这些步骤在原文件上快速重现,从而达到备份的目的。

2. 保护文档

当用户所编辑的文档属于机密文件时,为了防止被其他用户随便查看,可设置密码将其保护起来。操作方法是:单击“文件”按钮,在弹出的菜单中选择“文档加密”→“密码加密”命令,打开“密码加密”对话框,在“打开权限”和“编辑权限”栏中各输入两次密码,然后单击“应用”按钮。也可以根据需要只设置打开权限或编辑权限的密码。

设置密码的另一种方法是:单击“文件”按钮,在弹出的菜单中选择“另存为”命令,打开“另存文件”对话框,然后单击该对话框中的“加密”按钮,打开“密码加密”对话框后进行相应设置。

如果要取消文档的密码保护,操作步骤与设置密码的一样,不同的是,在打开“密码加密”对话框后将密码文本框中设置的密码删除即可。

5.2.5 打开和打印文档

打开文档的常用方法是:单击“文件”按钮,在弹出的菜单中选择“打开”命令,可以打开最近使用过的文档、我的云文档、此计算机上的文档以及其他外存设备(如U盘、移动硬盘)上的文档等。

如果想把计算机中编辑排版好的文档变成纸质文档,为计算机连接并添加打印机就可以将其打印输出。在输出前,可以对文档进行预览和相应的设置,如设置打印份数、纸张大小、打印方向等。这些可以通过单击“文件”按钮,在弹出的菜单中选择“打印”命令来实现。

5.3 文档排版

文档编辑好后，就可以按要求对文本外观进行修饰，使其变得美观易读、丰富多彩，这就是文档排版。按照操作对象从小到大的顺序，文档排版包括字符排版、段落排版和页面排版。文档排版一般在页面视图下进行，它与文档编辑一样，同样需要遵守“先选定，后执行”的原则。

5.3.1 字符排版

字符是指文档中输入的汉字、字母、数字、标点符号和其他符号。字符排版有两种：字符格式化和中文版式。字符格式化包括字符的字体、字号、字形（加粗和倾斜等）、字符颜色、下画线、着重号、删除线、上下标、文本效果、字符缩放、字符间距、字符和基准线的上下位置等。对于中文字符，还有中文版式。

1. 字符格式设置

对字符进行格式设置需要先选定文本，否则设置的格式只对光标处新输入的字符有效。字符格式设置主要包括以下几个方面。

● 字体：指文字在屏幕或纸张上呈现的书写形式。字体包括中文字体和西文字体，西文字体只对西文字符起作用，而中文字体则对汉字、西文字符均起作用。字体的数量取决于计算机中安装的字体的数量。

● 字号：指文字的大小。字号有汉字数码表示和阿拉伯数字表示两种。其中，汉字数码越小字体越大，阿拉伯数字越小字体越小。

默认状态下，WPS 文档中，文字的字体为宋体，字号为五号。

● 字形：指常规、倾斜、加粗、加粗倾斜等形式。

● 字符颜色：指字符的颜色。

● 字符缩放：指对字符的横向尺寸进行缩放，以改变字符横向和纵向的比例。

● 字符间距：指两个字符之间的间隔距离，标准的字符间距为 0。当规定了一行的字符数后，可通过加宽或缩紧字符间距来进行调整，保证一行能够容纳规定的字符数。

● 字符位置：指字符在垂直方向上的位置，包括字符提升和降低。

● 特殊效果：指根据需要进行特殊设置，包括加删除线、上下标，设置文字效果等。其中，设置文字效果，可以为文档中的普通文本应用多彩的艺术字效果，使文本更加美观。设置时，可以直接使用 WPS 文字中预设的外观效果，也可以从阴影、倒影、发光等方面进行自定义设置。

字符格式化一般通过“开始”选项卡的“字体”组中的相应按钮（见图 5-10）及“字体”对话框来实现。单击“字体”组的对话框启动器按钮，打开“字体”对话框（见图 5-11），其中有“字体”和“字符间距”两个选项卡。

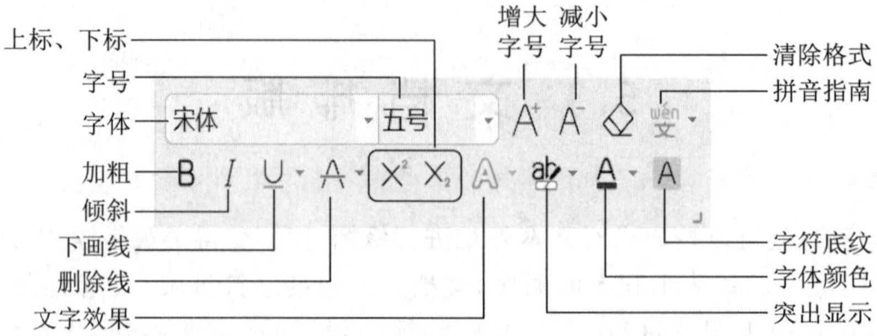

图 5-10　“字体”组中各按钮的功能

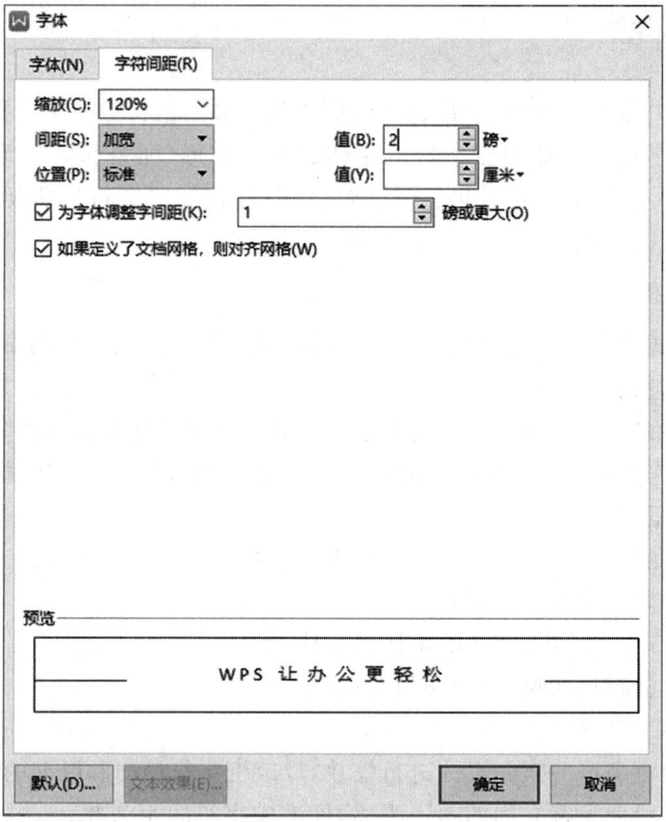

图 5-11　“字体”对话框

- “字体”选项卡:用于设置字体、字号、字形、字体颜色、下画线、着重号和效果等。
- “字符间距”选项卡:用于设置字符的缩放、间距、位置等。

注意:选中文本后,文本右上角会出现“字体”浮动工具栏,也可以通过单击该工具栏中的按钮快速设置字符格式。

2. 中文版式

对于中文字符,WPS 文字提供了具有中国特色的特殊版式,如简体和繁体的转换、加拼音、加圈、纵横混排、双行合一、合并字符等,其效果如图 5-12 所示。

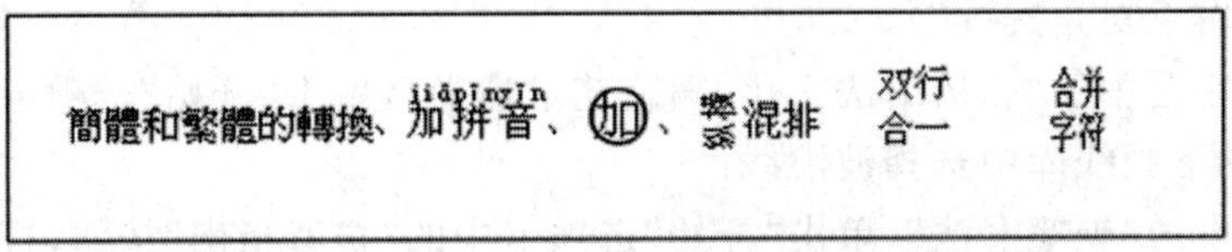

图 5-12　中文版式效果

其中,简体和繁体的转换可以通过单击“审阅”选项卡中的“繁转简”按钮或“简转繁”按钮实现;加拼音和加圈可以通过单击“开始”选项卡中的“拼音指南”下拉按钮,在下拉列表中选择“拼音指南”和“带圈字符”命令实现;其他功能则可以通过单击“开始”选项卡中的“中文版式”下拉按钮,在下拉列表中选择相应的命令来完成。

例 5-3　打开例 5-2 中的“一则通知”文档,进行字符排版。

①将标题“关于举办硬笔书法交流会活动的通知”设置为华文楷体、四号、加粗;字符缩放 120%,加宽 2 磅。

②使用喜欢的文本效果预设样式设置标题“关于举办硬笔书法交流会活动的通知”,并为其设置阴影效果。

③给活动主题中的“弘扬书法文化,陶冶艺术情操”加波浪线。

④为标题中的“硬笔书法”添加拼音。

最终效果如图 5-13 所示。

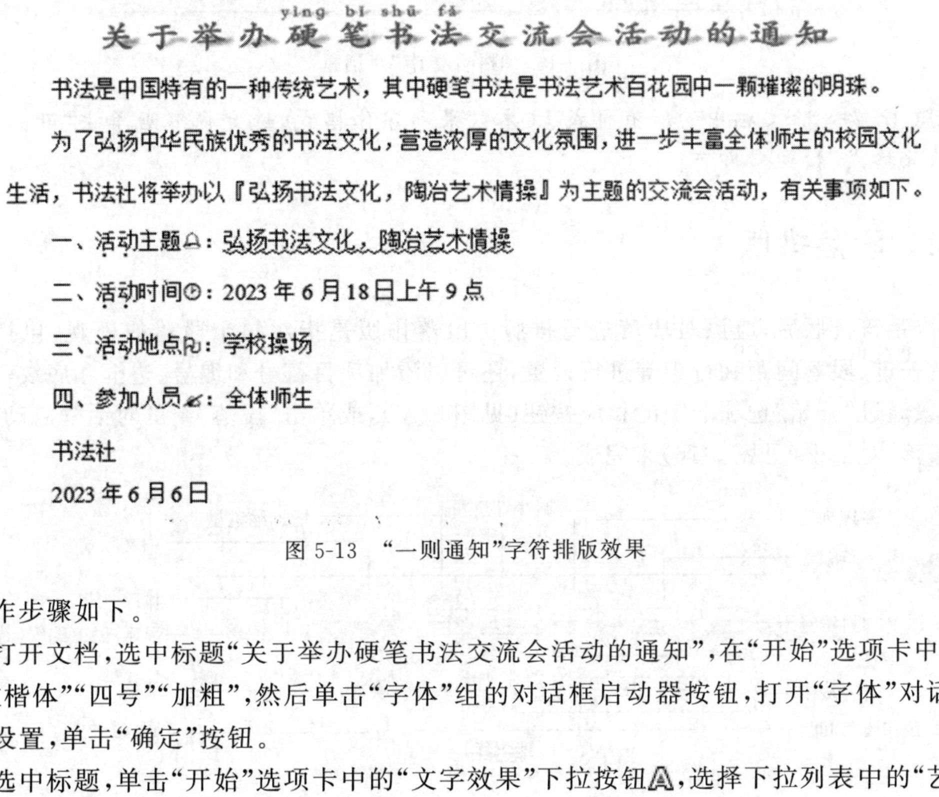
yìng bǐ shū fǎ
关于举办硬笔书法交流会活动的通知

书法是中国特有的一种传统艺术，其中硬笔书法是书法艺术百花园中一颗璀璨的明珠。

为了弘扬中华民族优秀的书法文化，营造浓厚的文化氛围，进一步丰富全体师生的校园文化生活，书法社将举办以『弘扬书法文化，陶冶艺术情操』为主题的交流会活动，有关事项如下。

一、活动主题：弘扬书法文化，陶冶艺术情操

二、活动时间：2023 年 6 月 18 日上午 9 点

三、活动地点：学校操场

四、参加人员：全体师生

书法社

2023 年 6 月 6 日

图 5-13　“一则通知”字符排版效果

操作步骤如下。

①打开文档,选中标题“关于举办硬笔书法交流会活动的通知”,在“开始”选项卡中分别设置“华文楷体”“四号”“加粗”,然后单击“字体”组的对话框启动器按钮,打开“字体”对话框,进行相应设置,单击“确定”按钮。

②选中标题,单击“开始”选项卡中的“文字效果”下拉按钮,选择下拉列表中的“艺术字”命令,在展开的预设样式库中选择喜欢的样式(如“填充-矢车菊蓝,着色 1,阴影”)。再次单击“文字效果”下拉按钮,选择下拉列表中的“阴影”命令,在展开的阴影效果库中选择一种效果

（如“透视”栏的“右上对角透视”）。

③选中活动主题中的“弘扬书法文化，陶冶艺术情操”，单击“开始”选项卡中的“下画线”下拉按钮，在展开的下画线库中选择波浪线。

④选中标题中的“硬笔书法”，单击“开始”选项卡中的“拼音指南”按钮，打开“拼音指南”对话框，选择合适的字体、字号等，如图 5-14 所示，单击“确定”按钮。

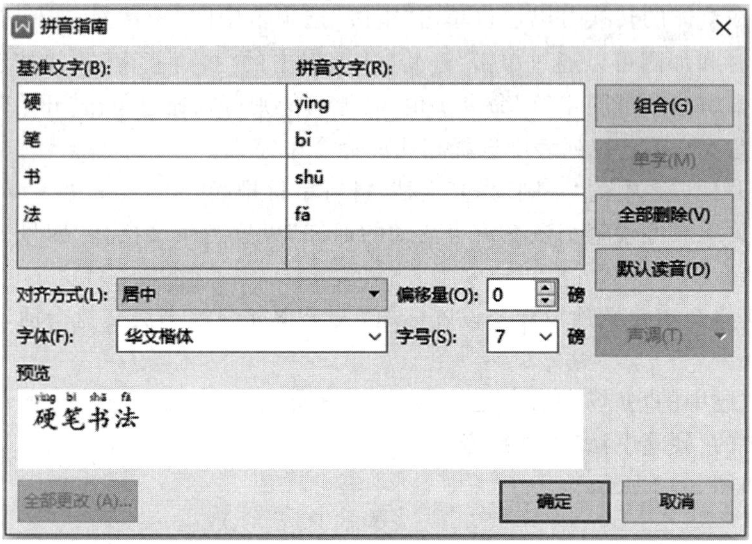

图 5-14　“拼音指南”对话框

注意：若要清除文档中的所有样式、文本效果和字体格式，选定内容后单击“开始”选项卡中的“清除格式”按钮即可。

5.3.2　段落排版

完成字符排版后，应该对段落进行排版。段落排版是指对整个段落的外观，包括对齐方式、段落缩进、段落间距和行距等进行设置，还可以添加项目符号和编号、边框和底纹等。段落排版一般通过“开始”选项卡中的相应按钮（见图 5-15），或单击“段落”组的对话框启动器按钮，打开“段落”对话框（见图 5-16）来完成。

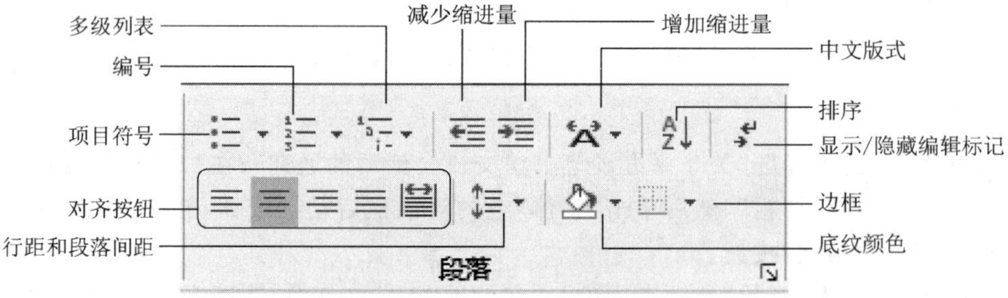

图 5-15　“段落”组中各按钮的功能

图 5-16　“段落”对话框

段落排版主要是从以下几个方面进行设置的。

1. 对齐方式

在文档中对齐文本可以使文本清晰易读。对齐方式一般有 5 种:左对齐、居中对齐、右对齐、两端对齐和分散对齐。其中两端对齐是以词为单位,自动调整词与词之间空格的宽度,使正文沿页面的左、右边界对齐,这种方式可以防止出现英文文本中一个单词跨两行的情况,但对于中文文本,其效果等同于左对齐。分散对齐是使字符均匀地分布在一行上。

2. 段落缩进

段落缩进是指段落各行相对于页面边界的距离。一般情况下会将段落缩进设定为首行缩进两个字符;为了强调某些段落,有时可以适当进行更改。WPS 文字提供了 4 种段落缩进方式。

- 首行缩进:段落第一行的左边界向右缩进一段距离,其余行的左边界不变。
- 悬挂缩进:段落第一行的左边界不变,其余行的左边界向右缩进一段距离。
- 左缩进(文本之前):整个段落的左边界向右缩进一段距离。
- 右缩进(文本之后):整个段落的右边界向左缩进一段距离。

可以使用水平标尺来快速缩进段落,具体方法是:将光标移至目标段落中,然后将标尺上的缩进符号拖动到合适的位置,被选定的段落会随缩进标尺的移动重新排版。要显示标尺,需要在“视图”选项卡中勾选“标尺”复选框。

注意:最好不要按 Tab 键或空格键来设置文本的缩进,这样做可能会使文本之间无法对齐。

3. 段落间距与行距

段落间距指当前段落与相邻段落之间的距离，分为段前间距和段后间距，加大段落间距可使文档显示得更清晰。行距指段落中行与行之间的距离，有单倍行距、1.5 倍行距等常用选项，如果选择其他选项如“最小值”“固定值”“多倍行距”，则可以在“设置值”微调框中选择或输入磅数。固定值的行距必须大于 0.7 磅，多倍行距的最小倍数必须大于 0.06。用得最多的是“最小值”选项，当文本高度超过最小值时，WPS 文字会自动调整行距以容纳较大的文本。当选择“固定值”选项时，如果文本高度大于设置的固定值，则该行的文本不能完全显示出来。

设置段落缩进和间距时，单位有“磅”“英寸”“厘米”“毫米”“字符”等，可以直接单击微调框右侧的度量单位下拉按钮，在下拉列表中进行选择。还可以单击“文件”按钮，在弹出的菜单中选择“选项”命令，打开“选项”对话框，然后单击“常规与保存”选项卡，在“常规选项”栏的“度量单位”下拉列表中进行度量单位的设置。

4. 项目符号和编号

在文档处理中，为了准确、清楚地表达某些内容之间的并列关系、顺序关系等，经常要用到项目符号和编号。项目符号可以是字符，也可以是图片；编号是连续的数字或字母。WPS 文字具有自动编号功能，当增加或删除段落时，系统会自动调整相关的编号顺序。

创建项目符号和编号的方法是：选定需要添加项目符号或编号的若干段落，然后单击“开始”选项卡中的“项目符号”按钮或“编号”按钮。

(1)“项目符号”按钮：用于为选中的段落加上合适的项目符号。单击“项目符号”下拉按钮，弹出项目符号库，可以选择预设的项目符号，也可以自定义新项目符号。选择下拉列表中的“自定义项目符号”命令，打开“项目符号和编号”对话框，在“项目符号”选项卡中任选一种项目符号，单击“自定义”按钮，打开“自定义项目符号列表”对话框。在该对话框中，可以选择项目符号的样式以及进行格式化设置等。

(2)“编号”按钮：用于为选中的段落加上需要的编号样式。单击“编号”下拉按钮，弹出编号库，可以选择预设的编号样式，或选择下拉列表中的“自定义编号”命令，打开“项目符号和编号”对话框，在“编号”选项卡中任选一种编号样式，单击“自定义”按钮，打开“自定义编号列表”对话框。在该对话框中，可以设置编号的字体、样式、起始编号、对齐方式等。

如果需要使用多级编号，可以在“项目符号和编号”对话框的“多级编号”选项卡中完成操作。多级编号用于创建多级列表，可以清晰地表明各层次的关系。创建多级编号时，需要先确定多级编号样式，然后选定内容，再单击“开始”选项卡中的“减少缩进量”按钮或“增加缩进量”按钮确定层次关系。图 5-17 显示了项目符号、编号和多级编号的设置效果。

项目符号	编号	多级编号
字符排版	A. 字符排版	1 字符排版
段落排版	B. 段落排版	1.1 段落排版
页面排版	C. 页面排版	1.1.1 页面排版

图 5-17　项目符号、编号和多级编号的设置效果

若要取消项目符号、编号和多级编号，只需要按同样的步骤打开“项目符号和编号”对话框，在相应的选项卡中单击“无”按钮即可。

5. 边框和底纹

给段落加上边框和底纹，可以起到强调和美观的作用。

简单地添加边框和底纹，可以通过单击“开始”选项卡中的“字符底纹”按钮，以及单击“拼音指南”下拉按钮，在下拉列表中选择“字符边框”命令来完成。较复杂的效果则需通过“边框和底纹”对话框来完成。

选定段落，单击“开始”选项卡中的“边框”下拉按钮，在下拉列表中选择“边框和底纹”命令，打开“边框和底纹”对话框，如图 5-18 所示，其中有“边框”“页面边框”“底纹”3 个选项卡。

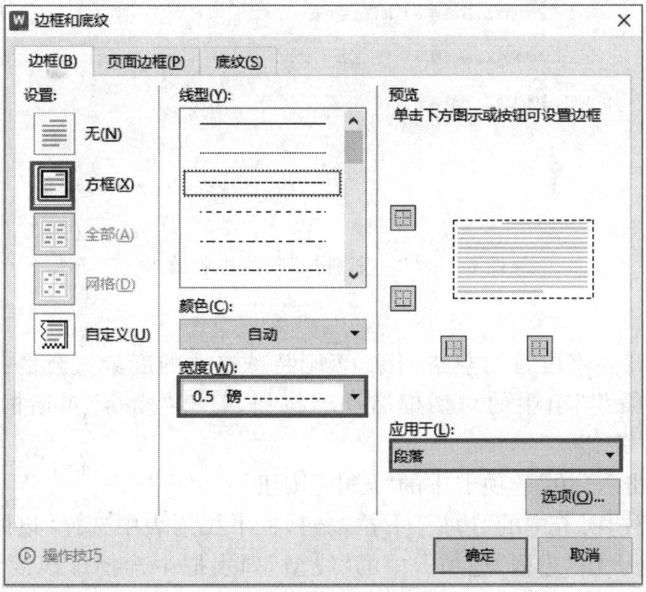

图 5-18　“边框和底纹”对话框

● “边框”选项卡：用于为选定的段落或文字加边框。可以设置边框的样式、线型、颜色和宽度等。如果需要对某些边设置边框线，如只对段落的上、下边框设置边框线，则可以单击预览栏中的上、下边框按钮，再单击“确定”按钮。

● “页面边框”选项卡：用于为页面或整个文档加边框。它的设置与“边框”选项卡的设置类似，但增加了“艺术型”下拉列表。

● “底纹”选项卡：用于为选定的段落或文字加底纹。其中，“填充”下拉列表用于设置底纹的背景色；“样式”下拉列表用于设置底纹的图案样式(如“浅色上斜线”)；“颜色”下拉列表用于设置底纹图案中点或线的颜色。

注意：设置段落的边框和底纹时，要在“应用于”下拉列表中选择“段落”命令；设置文字的边框和底纹时，要在“应用于”下拉列表中选择“文字”命令。

例 5-4　打开例 5-3 中的“一则通知”文档，进行段落排版。

①将全文设置首行缩进 0.8 cm，行距为 1.5 倍行距，段后间距为 8 磅。

②将标题设置为居中对齐，添加一个细虚线的边框和“白色，背景 1，深色 5%”的底纹。

③将最后两段“书法社”和“2023 年 6 月 6 日”设置为右对齐，并给整个页面添加一个艺术型页面边框。

最终效果如图 5-19 所示。

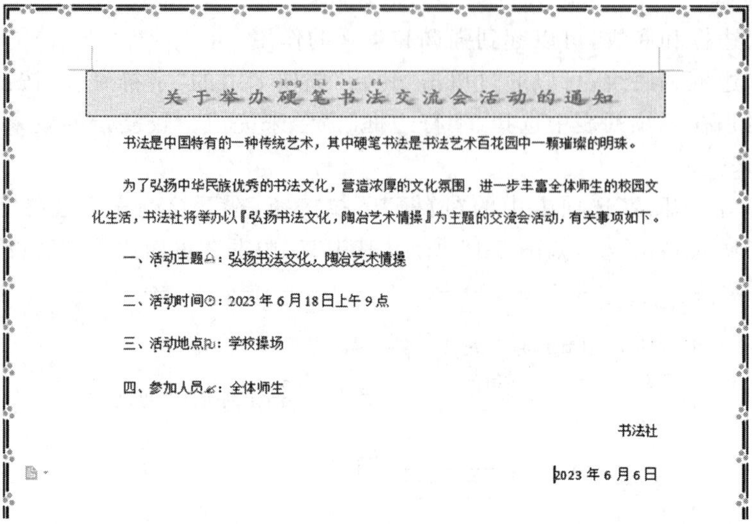

关于举办硬笔书法交流会活动的通知

书法是中国特有的一种传统艺术，其中硬笔书法是书法艺术百花园中一颗璀璨的明珠。

为了弘扬中华民族优秀的书法文化，营造浓厚的文化氛围，进一步丰富全体师生的校园文化生活，书法社将举办以『弘扬书法文化，陶冶艺术情操』为主题的交流会活动，有关事项如下。

一、活动主题：弘扬书法文化，陶冶艺术情操

二、活动时间：2023 年 6 月 18 日上午 9 点

三、活动地点：学校操场

四、参加人员：全体师生

书法社

2023 年 6 月 6 日

图 5-19 “一则通知”段落排版效果

操作步骤如下。

①选中全文(注意要将段首的空格删除,否则特殊格式的度量值会是字符而不是厘米),单击“开始”选项卡的“段落”组中的对话框启动器按钮,打开“段落”对话框,进行相应设置(见图 5-16),单击“确定”按钮。

②选中标题,单击“开始”选项卡中的“居中”按钮。

然后单击“开始”选项卡中的“边框”下拉按钮,在下拉列表中选择“边框和底纹”命令,打开“边框和底纹”对话框。在“边框”选项卡中的“线型”列表框中选择虚线线型,在“应用于”下拉列表中选择“段落”命令(见图 5-18),再切换至“底纹”选项卡,在“填充”选项中选择“白色,背景 1,深色 5%”,然后单击“确定”按钮。

③选中最后两段,单击“开始”选项卡中的“右对齐”按钮。

将光标置于文档中的任意位置,如步骤②所述打开“边框和底纹”对话框,在“页面边框”选项卡中的“艺术型”下拉列表中选择喜欢的类型,然后单击“确定”按钮。

6. 格式刷

有时候需要对多个段落使用同一格式,可以利用“开始”选项卡中的“格式刷”按钮,快速地复制格式,提高效率。该按钮也可以用来实现字符格式的快速复制。

格式刷的使用方法:选定作为格式模板的文本或段落(如果是段落,在该段落的任意处单击即可),单击“开始”选项卡中的“格式刷”按钮,按住鼠标左键拖动经过要应用此格式的文本或段落(如果是段落,在该段落的任意处单击即可)。

如果要多次复制同一格式,可在选定模板文本后双击“格式刷”按钮,逐一进行格式应用。若需要退出多次复制操作,可再次单击“格式刷”按钮或按 Esc 键。

5.3.3 页面排版

页面排版可反映文档的整体外观和输出效果,页面排版主要包括页面设置、页眉和页脚设

置、脚注和尾注设置、特殊格式设置等。

1. 页面设置

页面设置通常包括设置页边距、纸张大小、每页容纳的行数和每行容纳的字数等，可以通过“页面布局”选项卡中的相应按钮来实现，或单击“页面布局”选项卡的“页面设置”组中的对话框启动器按钮，在打开的“页面设置”对话框中进行相应设置，如图5-20所示，该对话框有5个选项卡。

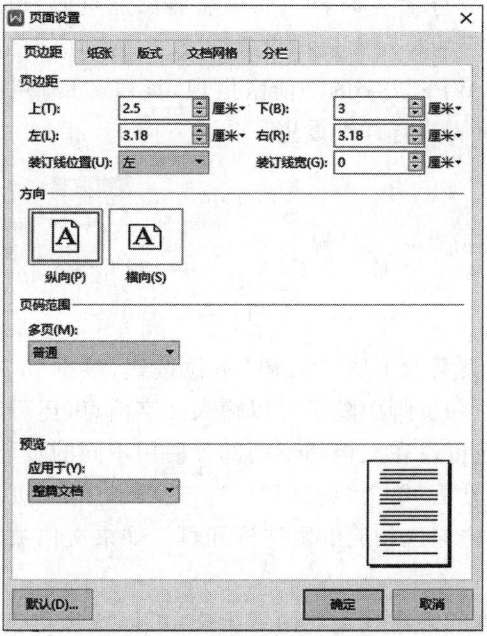

图5-20 “页面设置”对话框

- “页边距”选项卡：用于设置文档内容与纸张四边的距离，从而确定文档版心的大小。通常，正文显示在页边距以内，包括脚注和尾注，而页眉和页脚显示在页边距以外。页边距包括上边距、下边距、左边距和右边距。通过“页面设置”对话框设置页边距的同时，还可以设置装订线位置或选择纸张方向等。可以通过“页面布局”选项卡中的“页边距”下拉按钮快速设置页边距，在下拉列表中提供了“普通”“窄”“适中”“宽”4种预设方式。纸张方向也可以通过单击该组中的“纸张方向”下拉按钮快速设置。
- “纸张”选项卡：用于选择纸张的大小，一般默认为A4。如果当前使用的纸张为特殊规格的，可以选择“纸张大小”下拉列表中的“自定义大小”选项，并通过“宽度”和“高度”微调框定义纸张的大小。纸张大小也可以通过单击“页面布局”选项卡中的“纸张大小”下拉按钮快速设置。
- “版式”选项卡：用于设置节的起始位置、页眉和页脚的特殊选项(如奇偶页不同、首页不同、到边界的距离)、度量单位等。
- “文档网格”选项卡：用于设置每页容纳的行数和每行容纳的字数、文字排列方向以及是否指定行、列网格等。
- “分栏”选项卡：用于设置文档的分栏方式、分隔线、栏的宽度和间距等。

通常页面设置作用于整个文档,如果要对部分文档进行页面设置,应在“页面设置”对话框的“应用于”下拉列表中选择范围。

2. 页眉和页脚设置

在文档排版时,每页的顶部和底部加入的一些说明性信息称为页眉和页脚。这些信息可以是文字、图形、图片等,还可以是用来生成各种文本的域代码(如日期、页码等)。

单击“插入”选项卡中的“页眉和页脚”按钮,或者双击页眉或页脚区域,即可进入页眉或页脚的编辑状态,在页眉或页脚处输入内容。如果需要添加页码,单击页眉或页脚旁边浮动的“插入页码”下拉按钮,在展开的界面中选择页码样式、位置和应用范围即可。此时正文呈现浅灰色,表示不可编辑。同时 WPS 文字的功能区出现“页眉和页脚”选项卡,如图 5-21 所示,在该选项卡中可以对页眉和页脚进行详细设置。

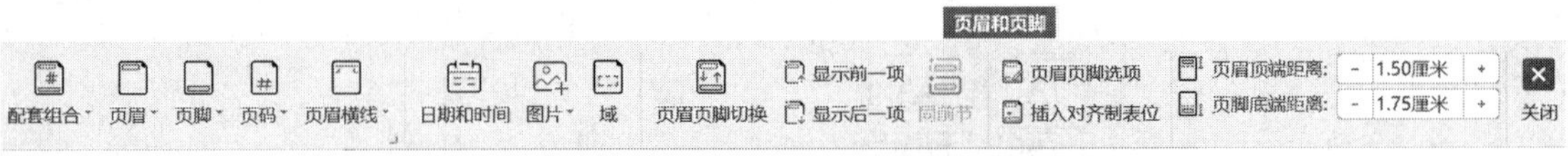

图 5-21 “页眉和页脚”选项卡

可以分别单击其中的“页眉”“页脚”“页码”下拉按钮,根据 WPS 推荐的样式设置个性化的页眉、页脚、页码。在页眉和页脚中除了可以输入文字信息,还可以根据需要插入图片、日期或时间、域等内容。另外,还可以在文档的不同部分使用不同的页眉和页脚,例如,可以设置首页不同、奇偶页不同。操作方法:单击“页眉和页脚”选项卡中的“页眉页脚选项”按钮,打开“页眉/页脚设置”对话框,在其中勾选相应的复选框即可。如果文档被分为多节,也可以单独设置节与节之间的页眉和页脚。

如果要关闭页眉和页脚的编辑状态而回到正文,可以直接单击“页眉和页脚”选项卡中的“关闭”按钮或双击正文的编辑区域。如果要删除页眉或页脚,先双击页眉或页脚,选定要删除的内容,按 Delete 键,或者单击“插入”选项卡中的“页眉和页脚”按钮,出现“页眉和页脚”选项卡,单击其中的“页眉”或“页脚”下拉按钮,在下拉列表中选择“删除页眉”或“删除页脚”命令。

3. 脚注和尾注设置

脚注和尾注用于给文档中的文本加注释。脚注对文档某处内容进行说明,通常位于页面底端;尾注用于说明所引用文献的来源,一般位于文档末尾。在同一个文档中,可以同时包括脚注和尾注,但它们一般在页面视图下才可见。脚注和尾注由两部分组成:注释引用标记和与其对应的注释文本。

要设置脚注和尾注,可以单击“引用”选项卡中的相应按钮,或单击“脚注和尾注”组中的对话框启动器按钮,在打开的“脚注和尾注”对话框中进行设置,如图 5-22 所示。

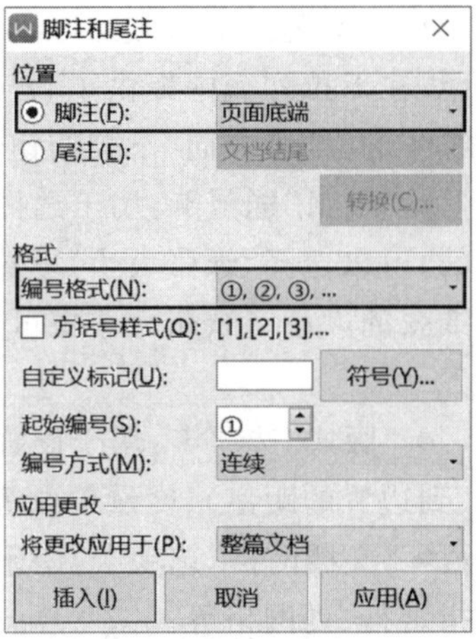

图 5-22 “脚注和尾注”对话框

要删除脚注和尾注,只要将光标定位在脚注和尾注引用标记前,按 Delete 键,则引用标记和注释文本同时被删除。

4. 特殊格式设置

(1)分栏:指将一页纸的版面分为几栏,使得页面更生动和更具可读性。这种排版方式在报纸、杂志中经常用到。

分栏排版是通过单击“页面布局”选项卡中的“分栏”下拉按钮来操作的，如果分栏较复杂，需要在打开的下拉列表中选择“更多分栏”命令，打开“分栏”对话框进行设置，如图 5-23 所示。该对话框的“预设”栏用于设置分栏方式，可以等宽地将版面分成两栏、三栏；如果栏宽不等，则只能分成两栏。此外，可以选择分栏时各栏之间是否带“分隔线”，还可以自定义分栏形式，按需要设置栏数、宽度和间距。

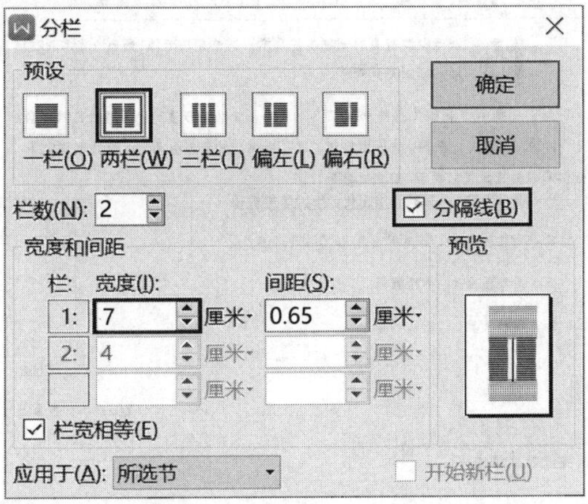

图 5-23　“分栏”对话框

分栏排版不满一页时，会出现分栏长度不一致的情况，采用等长栏排版可使栏长一致，操作如下：首先将光标移到分栏文本的结尾处，然后单击“页面布局”选项卡中的“分隔符”下拉按钮，在下拉列表中选择“连续分节符”命令。

(2)首字下沉：将选定段落的第一个字放大数倍，以引导阅读，是报纸、杂志中常用的排版方式。

设置首字下沉的方法如下：选中段落或将光标定位在需要首字下沉的段落中，单击“插入”选项卡中的“首字下沉”按钮，打开“首字下沉”对话框。在该对话框中，不仅可以设置“下沉”或“悬挂”，还可以设置字体、下沉行数及与正文的距离。

(3)文档竖排：通常情况下，文档都是从左至右横排的，但是有时需要特殊效果，如古文、古诗的排版需要竖排。这时，可以单击“页面布局”选项卡中的“文字方向”下拉按钮，在下拉列表中根据需要选择其中的一种竖排样式。如果想在一页上既出现横排文字，又出现竖排文字，则需要利用竖排文本框来实现。

(4)页面背景：可以通过为文档添加文字或图片水印、设置文档的背景颜色或图案填充效果来使页面更加美观。这些操作可以通过单击“页面布局”选项卡中的“背景”下拉按钮，在下拉列表中选择相应命令来实现。

例 5-5　打开例 5-4 中的“一则通知”文档，进行页面排版。

①设置上边距为 2.5 cm，下边距为 3 cm，纸张方向为纵向，纸张大小为 Letter，文档中每行 35 个字。

②设置页眉，内容为“关于举办硬笔书法交流会活动的通知”，选择喜欢的样式插入页码，并为第一段的“硬笔书法”添加脚注，脚注引用标记是“①”，脚注注释文本是“本次活动书写工

具主要为钢笔”。为文档添加尾注，尾注引用标记是“*”，尾注注释文本是“学校社团通知”。

③将正文的第二段分为等宽 2 栏，栏宽为 7 cm，栏间加分隔线。为正文的第一段设置首字下沉，字体为隶书，下沉行数为 2，距正文 0.3 cm。

最终效果如图 5-24 所示。

关于举办硬笔书法交流会活动的通知

关于举办硬笔书法交流会活动的通知*

书法是中国特有的一种传统艺术，其中硬笔书法①是书法艺术百花园中一颗璀璨的明珠。

为了弘扬中华民族优秀的书法文化，营造浓厚的文化氛围，进一步丰富全体师生的校园文化生活，书法社将举办以『弘扬书法文化，陶冶艺术情操』为主题的交流会活动，有关事项如下。

一、活动主题：弘扬书法文化，陶冶艺术情操

二、活动时间：2023 年 6 月 18 日上午 9 点

三、活动地点：学校操场

四、参加人员：全体师生

书法社

2023 年 6 月 6 日

* 学校社团通知

① 本次活动书写工具主要为钢笔

1

图 5-24　“一则通知”页面排版效果

操作步骤如下。

①打开文档，单击“页面布局”选项卡中的“页面设置”对话框启动器按钮，打开“页面设置”对话框，在“页边距”选项卡中进行相应设置，如图 5-20 所示。

在该对话框的“纸张”选项卡中的“纸张大小”下拉列表中选择“Letter”命令。

在“文档网格”选项卡的“网格”栏中选中“指定行和字符网格”单选按钮，在“每行”微调框中输入“35”，单击“确定”按钮。

②单击“插入”选项卡中的“页眉和页脚”按钮，在页眉编辑区输入文字“关于举办硬笔书法交流会活动的通知”。在“页眉和页脚”选项卡中单击“页码”下拉按钮，选择喜欢的样式，最后双击正文或单击“页眉和页脚”选项卡中的“关闭”按钮。

将光标定位在第一段的“硬笔书法”后面，单击“引用”选项卡中的“脚注和尾注”对话框启动器按钮，打开“脚注和尾注”对话框。选中“脚注”单选按钮，在“编号格式”下拉列表中选择“①，②，③，…”（见图 5-22），再单击“插入”按钮，进入脚注区，输入脚注注释文本“本次活动书

写工具主要为钢笔”。将光标定位在标题的最后，单击“引用”选项卡中的“脚注和尾注”对话框启动器按钮，打开“脚注和尾注”对话框。选中“尾注”单选按钮，单击“自定义标记”文本框右侧的“符号”按钮，在出现的“符号”对话框中选择“*”，单击“插入”按钮，再单击“插入”按钮，进入尾注区，输入尾注注释文本“学校社团通知”，在尾注区外单击以结束输入。

③选定正文第二段，单击“页面布局”选项卡中的“分栏”下拉按钮，在下拉列表中选择“更多分栏”命令，打开“分栏”对话框。在“预设”栏中选择“两栏”，宽度设为“7 厘米”，并勾选“分隔线”复选框(见图 5-23)，然后单击“确定”按钮。

选定正文第一段，单击“插入”选项卡中的“首字下沉”按钮，在“首字下沉”对话框中进行相应设置，然后单击“确定”按钮。

5.4　制作表格

利用 WPS 文字提供的表格处理功能可以方便地处理各种表格，特别适用于简单表格(如课程表、作息时间安排表等)。WPS 文字中的表格有 3 种类型：规则表格、不规则表格、文本转换成的表格，如图 5-25 所示。

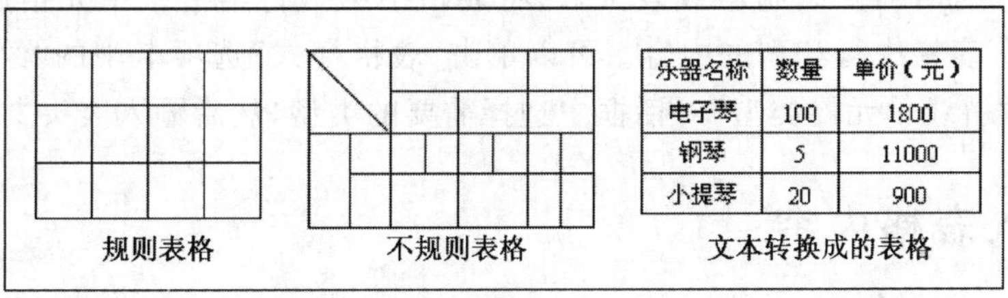

图 5-25　WPS 文字中表格的 3 种类型

对表格的操作可以通过“插入”选项卡中的“表格”下拉按钮来完成。

5.4.1　创建表格

1. 创建规则表格

创建规则表格常用的方法是：单击“插入”选项卡中的“表格”下拉按钮，在下拉列表的虚拟表格中移动鼠标指针选择表格的行和列，如图 5-26 所示，确定后单击，即可创建一个规则表格。也可以在下拉列表中选择“插入表格”命令，打开“插入表格”对话框，选择或直接输入所需的表格的行数和列数，单击“确定”按钮。

2. 创建不规则表格

单击“插入”选项卡中的“表格”下拉按钮，在下拉列表中选择“绘制表格”命令。此时鼠标指针呈铅笔状，可直接绘制表格外框、行列线和斜线(在线段的起点按住鼠标左键并拖动至终点释放)。表格绘制完成后，出现“表格工具”和“表格样式”选项卡，单击“表格工具”选项卡中的“绘制表格”按钮，取消该按钮的选定状态。在绘制表格的过程中，可以根据需要在“表格样式”选项卡中选择表格边框线的线型、宽度和颜色等。对多余的框线,可以单击“表格工具”选项卡中的“擦除”按钮,用鼠标指针沿表格线拖动框选或单击即可删除多余的框线。

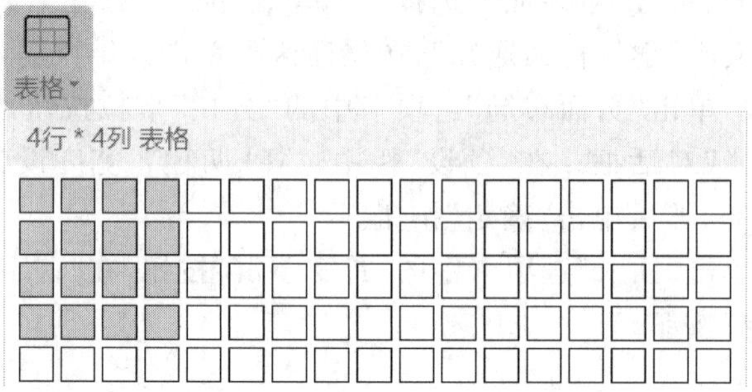

图 5-26　“表格”下拉按钮

3. 将文本转换成表格

按规律分隔的文本可以被转换成表格,文本的分隔符可以是空格、制表符、逗号或其他符号。要将文本转换成表格,需先选定文本,再单击“插入”选项卡中的“表格”下拉按钮,在下拉列表中选择“文本转换成表格”命令,打开“将文字转换成表格”对话框,然后进行相应设置。

注意:文本分隔符不能是中文或全角状态的符号,否则转换不成功。

创建表格时,有时需要绘制斜线表头,即将表格中第一行第一个单元格用斜线分成几部分,每一部分对应表格中行和列的内容。可以单击“表格样式”选项卡中的“绘制斜线表头”按钮,在打开的“斜线单元格类型”对话框中选择需要的类型,然后输入表头文字即可。

5.4.2　输入表格内容

创建好表格后,可以在表格的任意一个单元格中输入文字或插入图片、图形、图表等内容。

在表格中输入内容时,按 Tab 键可使光标移动至下一个单元格,按 Shift+Tab 快捷键可使光标移动至前一个单元格,也可以将鼠标指针直接指向所需的单元格后单击。

要设置单元格中文字的对齐方式,可选中文字,单击“表格工具”选项卡中的“对齐方式”下拉按钮,在下拉列表中选择需要的对齐方式;也可以分别设置文字在单元格中的水平对齐方式和垂直对齐方式。其中,水平对齐方式可以利用“开始”选项卡中的对齐按钮进行设置,垂直对齐方式则需要在“表格工具”选项卡中,单击“表格属性”按钮(也可以在右击后出现的快捷菜单中选择“表格属性”命令),打开“表格属性”对话框,在“单元格”选项卡中进行设置。其他设置(如字体、缩进等)与前面介绍的文档排版的操作相同。

当内容输入完成后,可以为表格插入题注。题注可以是表格、图表、图片的名称和编号,当需要插入新题注时可以快速更新题注编号。具体方法为:选择表格,单击“引用”选项卡中的“题注”按钮,在弹出的“题注”对话框中进行设置,如图 5-27 所示。

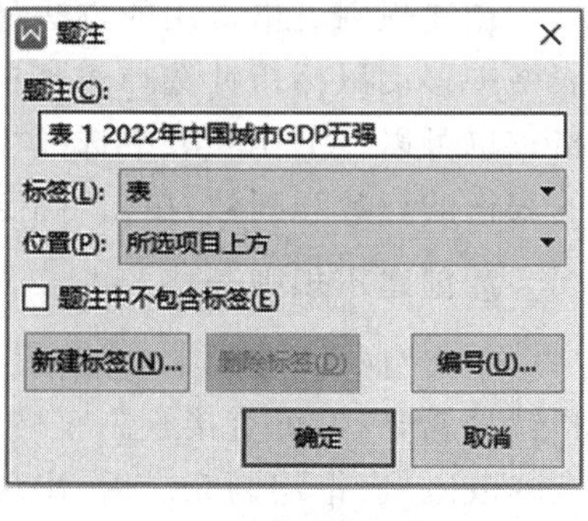

图 5-27　“题注”对话框

例 5-6　创建一个表格，如图 5-28 所示，要求表格中文字的对齐方式为水平居中对齐（水平和垂直方向上都是居中对齐），并为表格插入题注。（GDP 为国内生产总值，图中数据来源于国家统计局。）

表 1 2022 年中国城市 GDP 五强

GDP 排名	城市	2022 年 GDP（亿元）	2021 年 GDP（亿元）
1	上海	44652.80	43214.85
2	北京	41610.90	41045.60
3	深圳	32387.68	30664.85
4	重庆	29129.03	27894.02
5	广州	28839.00	28231.97

图 5-28　创建“2022 年中国城市 GDP 五强”表格

操作步骤如下。

①新建一个文档，单击“插入”选项卡中的“表格”下拉按钮，在下拉列表中选择“插入表格”命令，在弹出的“插入表格”对话框中输入列数“4”和行数“6”，单击“确定”按钮。

②在表格单元格中输入相应内容，然后选定整个表格中的文字，在“表格工具”选项卡中单击“对齐方式”下拉按钮，在下拉列表中选择“水平居中”选项。

③选中表格，单击“引用”选项卡中的“题注”按钮，在弹出的“题注”对话框中进行设置，如图 5-27 所示，单击“确定”按钮，完成插入。选定题注文字，在“开始”选项卡中单击“居中对齐”按钮。

5.4.3　编辑表格

表格的编辑操作同样遵守“先选定，后执行”的原则，选定表格的操作如表 5-1 所示。

表 5-1　选定表格

选取范围	鼠标操作
一个单元格	将鼠标指针指向单元格的左下角，指针形状变为向右上方的黑色实心箭头时单击
一行	将鼠标指针指向该行左端边沿处（选定区）并单击
一列	将鼠标指针指向该列顶端边沿处，指针形状变为向下的黑色实心箭头时单击
整个表格	单击表格左上角的⊞符号（将鼠标指针移至表格上时出现）

表格的编辑操作包括缩放表格，调整行高和列宽，增加或删除行、列和单元格，表格计算，表格排序，拆分和合并表格、单元格等。这些操作主要通过“表格工具”选项卡中的相应按钮（见图 5-29）或快捷菜单中的相应命令来完成。

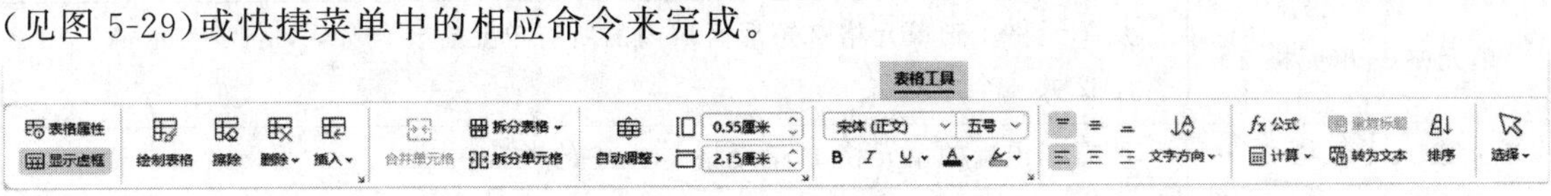

图 5-29　“表格工具”选项卡中的按钮

1. 缩放表格

当鼠标指针位于表格中时，在表格的右下角会出现缩放标记，将鼠标指针移动到该标记上，当鼠标指针变成形状时，按住鼠标左键拖动可以缩放表格。

2. 调整行高和列宽

根据不同情况，调整行高和列宽有 3 种方法。

- 局部调整：可以采用拖动标尺或表格线的方法调整行高和列宽。
- 精确调整：选定表格，在“表格工具”选项卡中的“高度”微调框和“宽度”微调框中设置具体的行高和列宽。也可以单击“表格属性”按钮，或在右击表格后弹出的快捷菜单中选择“表格属性”命令，打开“表格属性”对话框，在“行”和“列”选项卡中进行相应设置。
- 自动调整列宽和均匀分布：选定表格，单击“表格工具”选项卡中的“自动调整”下拉按钮，在下拉列表中选择相应的调整方式，或在右击表格后弹出的快捷菜单中选择“自动调整”子菜单中的相应命令。

3. 增加或删除行、列和单元格

若要增加或删除行、列和单元格，可以利用“表格工具”选项卡中的“在上方插入行”按钮、“在下方插入行”按钮、“在左侧插入列”按钮、“在右侧插入列”按钮和“删除”按钮。也可以右击表格，在弹出的快捷菜单中选择相应命令完成。如果选定的是多行或多列，那么增加或删除的也是多行或多列。

4. 表格计算

在表格中可以完成一些简单的计算，这些操作可以通过 WPS 文字提供的函数快速实现。这些函数包括求和(SUM)、求平均值(AVERAGE)、求最大值(MAX)、求最小值(MIN)、条件统计(IF)等。但是，与 WPS 表格相比，WPS 文字中表格计算的自动化能力较差，对不同单元格进行同种功能的统计时，必须重复编辑公式或调用函数。此外，当单元格的内容发生变化时，结果不能自动更新，必须选定结果，然后按 F9 功能键更新。

在 WPS 文字中，通过单击“表格工具”选项卡中的“公式”按钮使用函数或直接输入公式计算。在计算过程中，经常要用到表格的单元格地址，它用字母后面跟数字的方式表示，其中字母表示单元格所在的列标，每一列标依次用字母 A，B，C，…表示，数字表示行号，每一行号依次用数字 1，2，3，…表示，如 B3 表示第 2 列第 3 行的单元格。作为函数自变量的单元格，其表示方法如表 5-2 所示。

表 5-2　单元格表示方法

函数自变量	含义
LEFT	左边所有单元格
ABOVE	上边所有单元格
单元格 1:单元格 2	从单元格 1 到单元格 2 矩形区域内的所有单元格。例如，A1:B2 表示 A1、B1、A2、B2 共 4 个单元格
单元格 1，单元格 2，…	所有列出来的单元格 1，单元格 2，…中的数据

注意：其中的“:”和“,”必须是英文标点符号，否则会导致计算错误。

5. 表格排序

除表格计算外，WPS 文字还可以根据数值、笔画、拼音、日期等方式对表格数据按升序或降序排列。表格排序的关键字最多有 3 个：主要关键字、次要关键字和第三关键字。如果按主要关键字排序时遇到相同的数据，则可以按次要关键字排序；如果按次要关键字排序时出现相同的数据，则可以根据第三关键字继续排序。

例 5-7　对例 5-6 中的表格进行编辑。

①设置行高为 1 cm，列宽为 3 cm，并在表格的最右边添加“增量”列。

②计算每个城市的 GDP 增量(要求保留两位小数)，并对表格按照增量进行降序排列。

结果如图 5-30 所示。

表 1 2022 年中国城市 GDP 五强

GDP 排名	城市	2022 年 GDP（亿元）	2021 年 GDP（亿元）	增量
3	深圳	32387.68	30664.85	1722.83
1	上海	44652.80	43214.85	1437.95
4	重庆	29129.03	27894.02	1235.01
5	广州	28839.00	28231.97	607.03
2	北京	41610.90	41045.60	565.30

图 5-30　表格计算和表格排序结果

操作步骤如下。

①选定整个表格，在“表格工具”选项卡的“高度”微调框中选择或输入“1 厘米”。同样地，在“宽度”微调框中输入“3 厘米”。

选中最后一列，单击“表格工具”选项卡中的“在右侧插入列”按钮，然后在新插入列的第一个单元格中输入“增量”。设置新增加的列中的文字对齐方式为“水平居中”。

②单击“增量”列的第一个空白单元格，然后单击“表格工具”选项卡中的“公式”按钮，弹出“公式”对话框，此时 WPS 文字自动提供的公式“＝SUM(LEFT)”是错误的，需要对公式进行更改，直接在“公式”文本框中输入“＝C2－D2”(其中的字母大小写均可)，将“数字格式”设置为“0.00”，如图 5-31 所示，单击“确定”按钮。用同样的方法计算出其他城市的 GDP 增量。

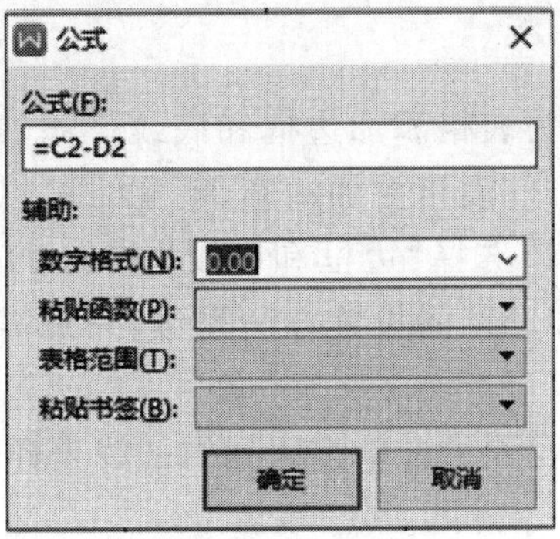

图 5-31　计算增量

表格排序。选定表格,单击“表格工具”选项卡中的“排序”按钮,在打开的“排序”对话框中设置“主要关键字”及相应的排序方式,如图 5-32 所示,单击“确定”按钮。

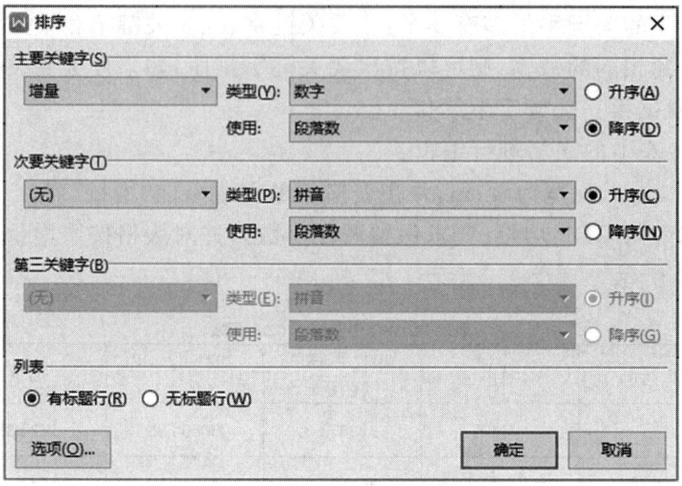

图 5-32 “排序”对话框

6. 拆分和合并表格、单元格

拆分表格是指将一个表格分为两个表格的情况。首先将鼠标指针移到表格要拆分的位置,如表格的第二行,然后单击“表格工具”选项卡中的“拆分表格”下拉按钮,在下拉列表中选择“按行拆分”命令,此时该表格被空行拆分为两个表格。删除这个空行,两个表格又合并成一个表格。

拆分单元格是指将一个单元格分为多个单元格,合并单元格则恰恰相反。要拆分和合并单元格,可以分别利用“表格工具”选项卡中的“拆分单元格”按钮和“合并单元格”按钮实现。

5.4.4 格式化表格

1. 自动套用表格格式

WPS 文字提供了多种表格样式,这些样式包括表格边框、底纹、颜色等,可以快速格式化表格。这些通过在“表格样式”选项卡的表格样式库中选择相应的表格样式来实现。

2. 添加边框与底纹

自定义表格外观,常见的是为表格添加边框和底纹。添加边框和底纹可以使每个单元格或每行、每列呈现出不同的风格,使表格更加清晰、明了。可以通过单击“表格样式”选项卡中的“边框”下拉按钮,在下拉列表中选择“边框和底纹”命令,打开“边框和底纹”对话框进行操作。其设置方法与段落的边框和底纹的设置方法类似,只是需要在对话框的“应用于”下拉列表中选择“表格”命令。

例 5-8 为例 5-7 中的表格设置论文中常用到的三线表样式,效果如图 5-33 所示。

操作步骤如下。

全选表格,单击“表格样式”选项卡中的“边框”下拉按钮,在下拉列表中选择“边框和底纹”

命令，打开“边框和底纹”对话框进行操作。设置合适的线宽，如 1.5 磅，然后在“预览”栏通过单击各框线按钮选定上框线和下框线，“应用于”默认为“表格”，如图 5-34 所示，单击“确定”按钮。

表 1 2022 年中国城市 GDP 五强

GDP 排名	城市	2022 年 GDP（亿元）	2021 年 GDP（亿元）	增量
3	深圳	32387.68	30664.85	1722.83
1	上海	44652.80	43214.85	1437.95
4	重庆	29129.03	27894.02	1235.01
5	广州	28839.00	28231.97	607.03
2	北京	41610.90	41045.60	565.30

图 5-33　三线表

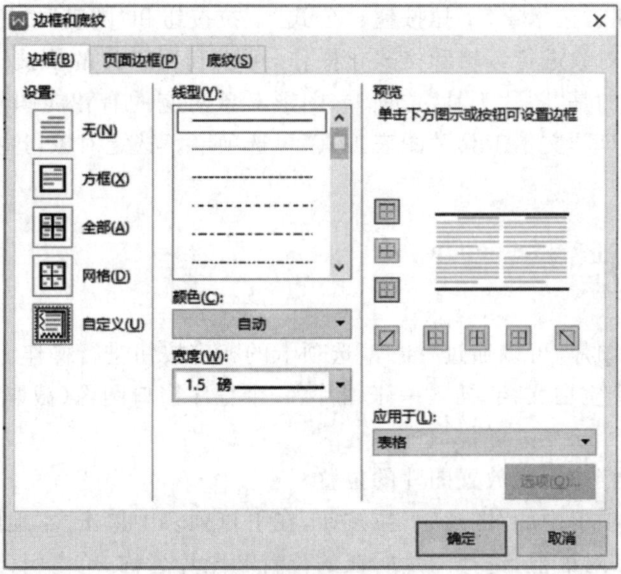

图 5-34　“边框和底纹”对话框

选定表格第一行，在“表格样式”选项卡中设置线型粗细为 0.5 磅，单击“边框”下拉按钮，在下拉列表中选择“下边框”命令。

选定表格，在“视图”选项卡中取消勾选“表格虚框”复选框。

5.5　插入对象

目前的文字处理软件不仅仅局限于对文字的处理，还能在文档中插入各种各样的媒体对象，使文档的可读性、艺术性和感染力极大增强。在 WPS 文字中，可以插入的对象包括各种类型的图片、图形对象（如形状、智能图形、关系图、流程图、思维导图、文本框、艺术字等）、公式和图表等，如图 5-35 所示。

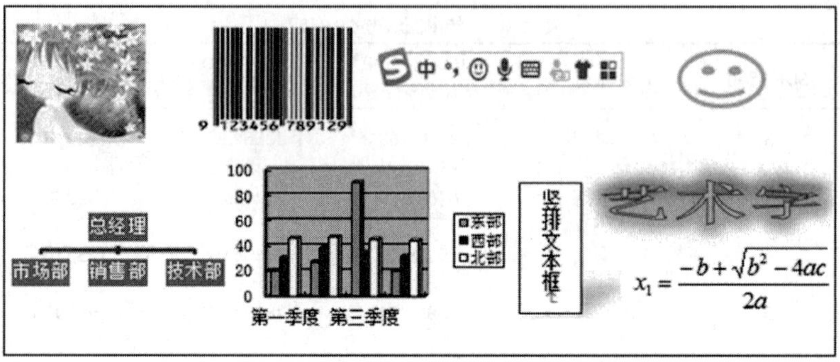

图 5-35　WPS 文字中可以插入的对象

要在文档中插入这些对象，通常需单击“插入”选项卡中的“图片”按钮、图形对象的相应按钮、“文本框”下拉按钮、“艺术字”下拉按钮、“公式”下拉按钮和“图表”按钮实现操作。

如果要对插入的对象进行编辑和格式化操作，可以利用各自的快捷菜单及对应的选项卡进行操作。图片对应的是“图片工具”选项卡，图形对象对应的有智能图形的“设计”和“格式”选项卡，还有“绘图工具”“文本工具”“图表工具”等选项卡。选定对象，这些对象对应的选项卡就会出现。

5.5.1　插入图片

要在文档中插入图片，可以通过“插入”选项卡的相应按钮进行操作。

例 5-9　新建一个空白文档，插入一张图片、一个程序窗口图像（截取整个程序窗口）。

操作步骤如下。

①将光标移到文档中需要放置图片的位置。

②单击“插入”选项卡中的“图片”下拉按钮，在下拉列表中单击“本地图片”按钮，如图 5-36 所示，打开“插入图片”对话框，选择图片所在的位置和图片名称，单击“打开”按钮，将图片文件插入文档中。也可以单击“图片”下拉列表中的“扫描仪”或“手机传图”按钮，或者通过搜索框联机查找并插入图片。

图 5-36　单击“本地图片”按钮以插入图片

③打开一个程序窗口，如“画图”程序，然后将光标移到文档中需要放置程序窗口图像的位置。

④单击“插入”选项卡中的“截屏”下拉按钮，在下拉列表中选择“截屏时隐藏当前窗口”命

令，用矩形区域的截图方法截取“画图”程序窗口，然后单击浮动功能栏的“完成”按钮。也可以打开程序窗口后，按 Alt＋Print Screen 快捷键将其复制到剪贴板上，然后粘贴至文档中。

注意：对于整个桌面图像，可以在显示桌面后，按 Print Screen 键将其复制到剪贴板上，然后粘贴至文档中。

对于插入文档中的图片，除进行复制、移动和删除等常规操作外，还可以进行调整图片的大小、裁剪图片（按比例或形状裁剪）等操作；可以设置图片的文字环绕方式，如嵌入型及其他非嵌入型，非嵌入型包括四周型环绕、紧密型环绕等；可以调整图片的颜色（亮度、对比度、颜色设置等）；可以抠除图片背景，使文字内容和图片互相映衬。如果是多张图片，可以进行组合和取消组合的操作；多张图片叠放在一起时，可以通过调整叠放次序得到想要的效果（此时图片的文字环绕方式不能是嵌入型）。

上述操作主要通过“图片工具”选项卡中的按钮和快捷菜单中的相应命令来实现。“图片工具”选项卡如图 5-37 所示。

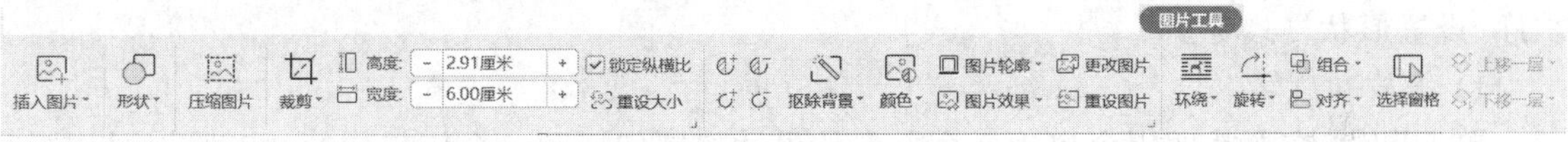

图 5-37　“图片工具”选项卡

图片刚插入文档时往往很大，需要调整图片的尺寸，常用的方法是：单击图片，此时图片四周出现 8 个方向的尺寸控制句柄，拖动尺寸控制句柄可以进行图片缩放；如果要准确地改变图片的尺寸，则可在“图片工具”选项卡中的“高度”和“宽度”微调框中输入或调整数值。需要注意的是，如果不需要按比例缩放，则应取消勾选“锁定纵横比”复选框。

调整图片大小后，还可以根据需要按形状、比例等方式裁剪图片。裁剪图片的方法是：单击图片，在“图片工具”选项卡中单击“裁剪”下拉按钮，在下拉列表中选择需要的选项，如单击“按形状裁剪”选项卡，再选择相应的形状，然后按住鼠标左键拖动图片周围的黑色裁剪控制柄进行裁剪，在空白处单击完成操作。

在文档中插入图片后，图片常常会把周围的文字“挤开”，形成文字对图片的环绕效果。文字环绕方式主要分为两类：一类是将图片视为文字对象，与文档中的文字一样占有实际位置，图片在文档中与上、下、左、右文本的位置始终保持不变，如嵌入型，这是系统默认的文字环绕方式；另一类是将图片视为区别于文字的外部对象处理，如四周型环绕、紧密型环绕、衬于文字下方、浮于文字上方、上下型环绕和穿越型环绕（前 4 种较为常用）。

设置文字环绕方式最快捷的方法是：选中图片，单击图片旁边出现的“布局选项”按钮，在“布局选项”面板中选择合适的环绕方式。此外还有两种方法：一是单击图片，在“图片工具”选项卡中单击“环绕”下拉按钮，在下拉列表中选择需要的环绕方式；二是右击图片，在弹出的快捷菜单中选择“其他布局选项”命令，打开“布局”对话框，在“文字环绕”选项卡中进行操作。

如果在文档中插入图片时发生图片显示不全的情况，只要将文字环绕方式由“嵌入型”改为其他任何一种方式即可。

在非嵌入型文字环绕方式中，衬于文字下方比浮于文字上方常用，但图片衬于文字下方后会使字迹不清晰，此时可以利用图形着色效果将图形颜色淡化，方法是：单击“图片工具”选项卡中的“颜色”下拉按钮，在下拉列表中选择“冲蚀”命令。

5.5.2　插入图形对象

图形对象包括形状、智能图形和艺术字等。

1. 插入形状

WPS 文字中的形状包括线条、矩形、基本形状、箭头总汇、公式形状、流程图、星与旗帜和标注 8 种类型,每种类型又包含若干形状样式。插入的形状中还可以添加文字,以及设置阴影、发光、三维旋转等各种特殊效果。

插入形状是通过单击“插入”选项卡中的“形状”下拉按钮完成的。在形状库中单击需要的图标,然后在文本区按住鼠标拖动,从而形成所需要的形状。编辑和格式化形状时,先选中形状,然后在“绘图工具”选项卡或快捷菜单中操作。

常用的编辑和格式化形状的操作包括缩放和旋转、添加文字、组合与取消组合、调整叠放次序、设置形状格式等。

1) 缩放和旋转

单击形状,在形状四周会出现 8 个方向的尺寸控制句柄和一个旋转句柄,拖动尺寸控制句柄可以进行形状缩放,拖动旋转句柄可以进行形状旋转。

2)添加文字

在需要添加文字的形状上右击,在弹出的快捷菜单中选择“添加文字”命令,这时光标出现在选定的形状中,输入需要添加的文字内容。输入的文字会变成形状的一部分,当移动形状时,形状中的文字也随之移动。

3)组合与取消组合

如果要使画出的多个形状构成一个整体,以便同时编辑和移动,可以先按住 Shift 键再逐个单击形状来选定所有形状,然后移动鼠标,当鼠标指针呈十字箭头形状时右击,在弹出的快捷菜单中选择“组合”→“组合”命令。若要取消组合,则右击形状,在弹出的快捷菜单中选择“组合”→“取消组合”命令即可。

4)调整叠放次序

当在文档中绘制多个重叠的形状时,每个重叠的形状都有叠放次序,这个次序与绘制形状的顺序相同,最先绘制的形状在最下面。可以利用快捷菜单中的“置于顶层”或“置于底层”命令改变形状的叠放次序。

5)设置形状格式

右击形状,在弹出的快捷菜单中选择“设置对象格式”命令,打开对象的“属性”任务窗格,在其中完成相应操作。

例 5-10　绘制一个如图 5-38 所示的流程图,要求流程图的各个部分组合为一个整体。

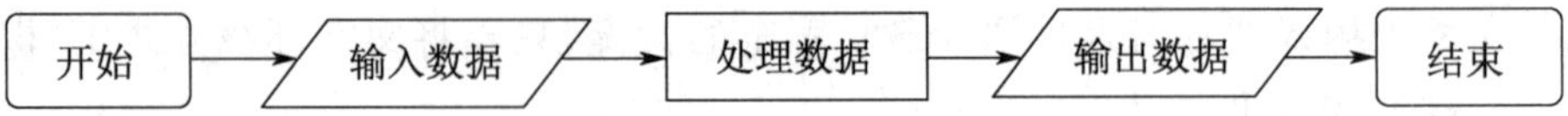

图 5-38　流程图

操作步骤如下。

①新建一个空白文档,单击“插入”选项卡中的“形状”下拉按钮,在下拉列表的形状库的

“流程图”区选择相应形状。第一个是圆角矩形，在文档中的合适位置绘图，并适当调整其大小。右击形状，在弹出的快捷菜单中选择“添加文字”命令，在形状中输入文字“开始”。

②在形状库的“线条”区选择单向箭头，画出向右的箭头。

③重复步骤①和步骤②，继续插入其他形状，直至完成绘图。

④按住 Shift 键，依次单击所有形状，全部选中后右击，在弹出的快捷菜单中选择“组合”→“组合”命令，将多个形状组合在一起。

注意：形状库的“基本形状”区包括文本框和垂直文本框，使用它们可以方便地将文字放置到文档中的任意位置。制作无边框透明背景的文本框时，右击文本框，在弹出的快捷菜单中选择“设置对象格式”命令，在对象的“属性”任务窗格中单击“形状选项”选项卡，在“填充”区和“线条”区分别选中“无填充”和“无线条”单选按钮即可。在文本框中输入文字时，若文本框中的部分文字不可见，则可以通过调整文本框的大小来解决。

流程图的插入也可以通过单击“插入”选项卡中的“流程图”下拉按钮来完成。

2. 插入智能图形

智能图形是 WPS 文字中预设的形状、文字及样式的集合，包括组织结构图、各种列表（基本列表、垂直项目符号列表等）、射线（分离、聚合）、流程图（基本、重点）、射线维恩图、循环矩阵等 15 种类型。用户可以根据文档的内容选择需要的样式，然后对智能图形的内容和效果进行编辑。

例 5-11　组织结构图是由一系列图框和连线来表示组织机构和层次关系的图形。绘制一个如图 5-39 所示的组织结构图。

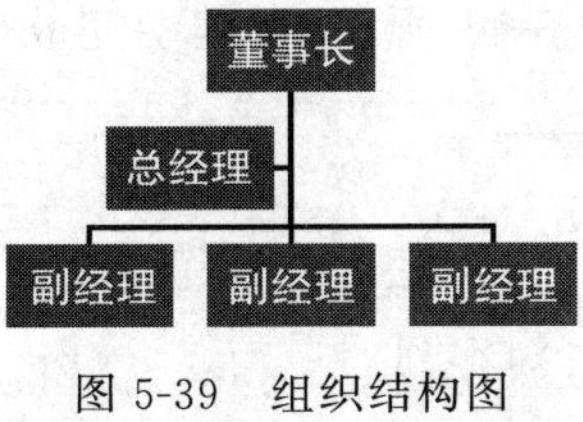

图 5-39　组织结构图

操作步骤如下。

①新建一个空白文档，单击“插入”选项卡中的“智能图形”按钮，打开“选择智能图形”对话框，选择“组织结构图”，单击“确定”按钮。

②单击各个文本框，从上至下依次输入“董事长”、“总经理”和 3 个“副经理”。

③单击文档中的任意位置，完成组织结构图的绘制，适当调整其大小和位置。

插入智能图形后，可以利用“设计”和“格式”选项卡完成智能图形的相关编辑操作。

3. 插入艺术字

艺术字以普通文字为基础，通过添加阴影、改变文字的大小和颜色、把文字变成多种预定义的形状等方式来突出和美化文字。艺术字的使用会使文档产生艺术美的效果，常用艺术字来创建旗帜鲜明的标志或标题。

要在文档中插入艺术字，可以通过单击“插入”选项卡中的“艺术字”下拉按钮来实现。生成艺术字后，会出现“绘图工具”和“文本工具”选项卡，利用其中的按钮可以对艺术字进行编辑操作，如改变艺术字样式、增加艺术字效果等。

如果要删除艺术字，只要选中艺术字，按 Delete 键即可。

例 5-12 制作效果如图 5-40 所示的艺术字。

图 5-40 艺术字效果

操作步骤如下。

①单击“插入”选项卡中的“艺术字”下拉按钮，在展开的艺术字样式库中单击“填充-沙棕色，着色 2，轮廓-着色 2”样式，输入文字“三人行，必有我师焉”。

②选中文字，单击“文本工具”选项卡中的“文本效果”下拉按钮，在下拉列表中选择“发光”选项，在子菜单的“发光变体”区选择“矢车菊蓝，18pt 发光，着色 1”效果。继续单击“文本效果”下拉按钮，在下拉列表中选择“转换”选项，在子菜单的“弯曲”区选择“波形 2”效果。

5.5.3 插入公式

在编写论文或一些学术著作时，经常需要处理数学公式，利用 WPS 文字的公式编辑器，可以方便地制作具有专业格式的数学公式。

要创建数学公式，可以单击“插入”选项卡中的“公式”下拉按钮，在下拉列表中选择“公式”命令，打开“公式编辑器”窗口，如图 5-41 所示，在其中完成公式的输入。

图 5-41 “公式编辑器”窗口

注意：在输入公式时，光标的位置很重要，它决定了当前输入的内容在公式中所处的位置，可以通过在所需的位置处单击来改变光标位置。

例 5-13 输入如下公式。

$$s=\sqrt{\sum_{i=1}^{n}x_i^2-n\overline{x^2}}+1$$

操作步骤如下。

①单击“插入”选项卡中的“公式”下拉按钮，在下拉列表中选择“公式”命令，打开“公式编辑器”窗口。

②在公式输入框中输入“$s=$”；单击“分式和根式模板”按钮，在模板库中选择$\sqrt{\square}$；单击根

号中的虚线框，再单击“求和模板”按钮，在模板库中选择$\sum\square$，然后依次单击求和符号 $\sum$ 上下的两个虚线框，依次输入相应内容“n”“$i=1$”；接着单击 $\sum$ 符号右边的虚线框，单击“下标和上标模板”按钮，在模板库中选择□$^{□}_{□}$，依次单击每个虚线框，分别输入“x”“2”和“i”；在 x_i^2 后单击(注意此时光标位置)，输入“—”(应仍然位于根号中)；继续输入“n”，单击“底线和顶线模板”按钮，在模板库中选择$\overline{\square}$，选中虚线框并输入“x”，单击“下标和上标模板”按钮，在模板库中选择□$^{□}$，输入“2”；在$\overline{x^2}$后单击(注意此时光标位置)，输入“+”和“1”。

③单击“公式编辑器”窗口的“关闭”按钮，结束公式的输入。

5.6 高效排版

为了提高排版效率，WPS 文字提供了一些高效排版功能，包括样式的创建及使用、自动生成目录等。

5.6.1 样式的创建及使用

样式是一组命名的字符和段落排版格式的组合。例如，一篇文档有各级标题、正文、页眉和页脚等，它们分别有各自的字符格式和段落格式，并各以其样式名存储以便使用。

1. 使用已有样式

选定需要使用样式的段落，在“开始”选项卡的“样式库”列表框中选择已有的样式。或单击“样式和格式”对话框启动器按钮，打开“样式和格式”任务窗格，在列表框中选择相应的样式。

2. 新建样式

当 WPS 文字提供的样式不能满足用户需要时，可以自己新建样式。

单击“样式和格式”任务窗格中的“新样式”按钮，打开“新建样式”对话框，输入样式名称，选择样式类型、样式基准，设置该样式的格式，根据需要确定是否勾选“同时保存到模板”复选框。在“新建样式”对话框中设置样式的格式时，可以单击“格式”栏中的相应按钮快速、简单地设置，也可以单击“格式”下拉按钮，在下拉列表中选择相应的命令进行更详细的设置。新样式建立后，就可以像已有样式一样直接使用了。

3. 修改和删除样式

如果对已有的段落样式和格式不满意，则可以进行更改和删除操作。更改样式后，所有应用了该样式的文本都会随之改变。修改样式的方法是：在“样式和格式”任务窗格中，右击需要修改的样式名，在弹出的快捷菜单中选择“修改”命令，在打开的“修改样式”对话框中设置所需的样式即可。删除样式的方法与上面的类似，不同的是在弹出的快捷菜单中选择“删除”命令，此时，带有该样式的所有段落自动应用“正文”样式。

5.6.2　自动生成目录

书籍或长文档编写完后，需要为其制作目录，方便读者阅读和了解文档的层次结构及主要内容。除了手工输入目录，WPS 文字还提供了自动生成目录的功能。

1. 创建目录

自动生成目录的前提是要将文档中的各级标题用快速样式库中的标题样式统一格式化。一般情况下，目录分为 3 级，可以使用相应的 3 级标题“标题 1”“标题 2”“标题 3”样式，也可以使用其他几级标题样式或者使用自己创建的标题样式来格式化目录，然后单击“引用”选项卡中的“目录”下拉按钮，在下拉列表中选择需要的格式。也可以在“目录”下拉按钮的下拉列表中选择“自定义目录”命令，打开“目录”对话框进行自定义操作。

注意：WPS 文字默认的目录显示级别为 3 级，如果需要改变设置，在“显示级别”微调框中选择或直接输入相应级别的数字即可。

2. 更新目录

如果标题文字内容和页码在编制目录后发生了变化，WPS 文字可以很方便地对目录进行更新。更新目录的方法是：在目录中单击，目录区左上角出现“更新目录”按钮，单击该按钮，打开“更新目录”对话框，选中“更新整个目录”单选按钮，单击“确定”按钮。也可以通过单击“引用”选项卡中的“更新目录”按钮进行操作。

5.7　WPS 文字高级应用实例

论文排版是每位学生都应该掌握的文档基本操作技能。通过对本案例的学习，学生可以对论文排版有一个整体的认识，并掌握长文档的高级排版技巧。

例 5-14　打开文档“WPS 文字. docx”，根据以下要求进行排版。

1. 正文排版

对正文进行排版，具体要求如下。

①章名使用样式“标题 1”，居中显示；编号格式为：第 X 章，其中 X 为自动排序。

②小节名使用样式“标题 2”，左对齐；编号格式为：多级符号，“X. Y”，其中 X 为章数字序号，Y 为节数字序号，如 1.1。

③新建样式，样式名为“样式 1234”。其中，中文字体为“楷体”，西文字体为“Times New Roman”，字号为“小四”；段落首行缩进 2 字符，段前 0.5 行，段后 0.5 行，行距为 1.5 倍行距；其余格式使用默认设置。将新建的样式应用到正文中无编号的文字上。

注意：不包括章名、小节名、表文字、表和图的题注。

④对出现“1.”“2.”等处，进行自动编号，编号格式不变；对出现“1)”“2)”等处，进行自动编号，编号格式不变。

⑤为正文文字(不包括标题)中首次出现“人力资源管理系统”的地方插入脚注，添加脚注

注释文本“human resource management system,简称 HRMS”。

⑥对正文中的表添加题注“表”,位于表上方,居中。要求:编号为“章序号-表在章中的序号”(如第一章中第一张表的题注编号为 1-1);表的说明使用表上一行的文字,格式同表编号;表居中。

⑦对正文中的“如下表所示”的“下表”,使用交叉引用,改为“如表 X-Y 所示”,其中“X-Y”为表题注的编号。

⑧对正文中的图添加题注“图”,位于图下方,居中。要求:编号为“章序号-图在章中的序号”(如第一章中第二幅图的题注编号为 1-2);图的说明使用图下一行的文字,格式同图编号;图居中。

⑨对正文中的“如下图所示”的“下图”,使用交叉引用,改为“如图 X-Y 所示”,其中“X-Y”为图题注的编号。

2. 设置分节

对正文进行分节处理,每章为单独一节。

3. 生成目录

在正文前按序插入节,使用引用中的目录功能,生成如下内容。

(1)第 1 节:目录。

①“目录”使用样式“标题 1”,居中显示。

②“目录”下为目录项。

(2)第 2 节:表目录。

①“表目录”使用样式“标题 1”,居中显示。

②“表目录”下为表目录项。

(3)第 3 节:图目录。

①“图目录”使用样式“标题 1”,居中显示。

②“图目录”下为图目录项。

4. 添加页脚

使用域,在页脚中插入页码,居中显示。

①正文前的节,页码采用“Ⅰ,Ⅱ,Ⅲ…”格式,页码连续,居中对齐。

②正文中的节,页码采用“1,2,3…”格式,页码连续,居中对齐。

③更新目录、表目录和图目录。

5. 添加页眉

添加正文的页眉。使用域,按以下要求添加内容,居中显示。

①对于奇数页,页眉中的文字为“章序号”+“章名”。

②对于偶数页,页眉中的文字为“节序号”+“节名”。

操作步骤如下。

1. 正文排版

1)对排版要求①、②,操作步骤如下。

(1)设置章名、小节名使用的编号。

①将光标置于“第一章”标题文字前,单击“开始”选项卡中的“编号”下拉按钮,在下拉列表中选择“自定义编号”命令,打开“项目符号和编号”对话框,单击“多级编号”选项卡,选择类似

的多级编号样式(第二行第二列),单击“自定义”按钮,打开“自定义多级编号列表”对话框,进行相应设置。在“级别”列表框中选择级别“1”,在“编号格式”文本框中输入“第①章”(其中“①”由编号样式“1,2,3,…”决定,在“①”前输入“第”,在“①”后输入“章”),单击“高级”按钮,展开更多选项,在“将级别链接到样式”下拉列表中选择“标题 1”选项,如图 5-42 所示。标题 1 的编号设置完毕。

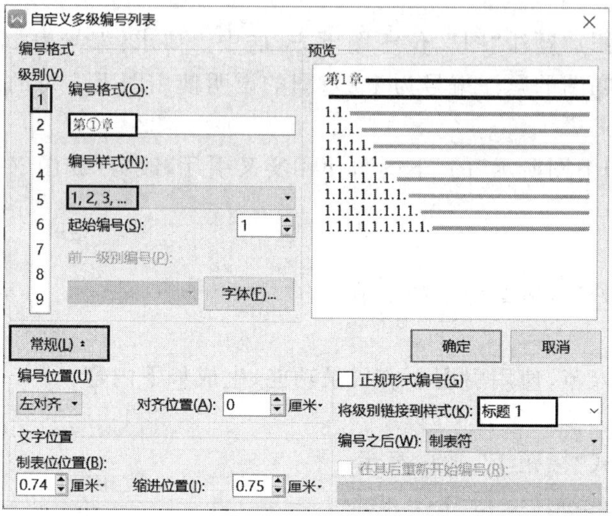

图 5-42　设置章名编号

②继续在“自定义多级编号列表”对话框中操作。在“级别”列表框中选择级别“2”,在“编号格式”文本框中输入“①.②”(注意删掉多余的“.”),在“将级别链接到样式”下拉列表中选择“标题 2”,如图 5-43 所示,标题 2 的编号设置完毕。最后单击“确定”按钮。

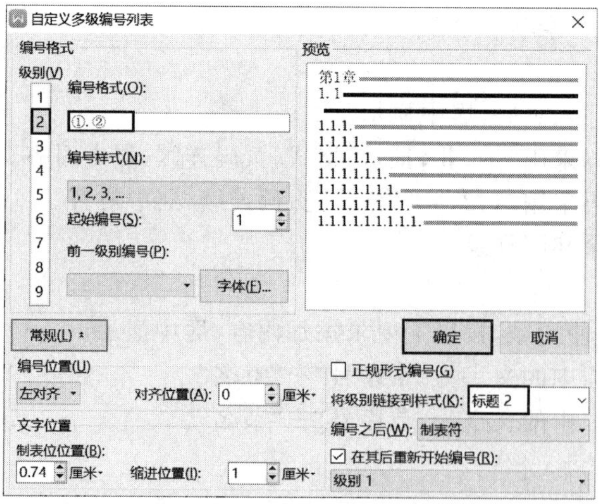

图 5-43　设置小节名编号

(2)设置各章标题格式。

首先选中各章标题(按住 Ctrl 键,并在选定区单击各章标题),单击“开始”选项卡的样式库中的“标题 1”样式,再单击“段落”组中的“居中对齐”按钮,各章标题设置完毕(注意删除各章标题中的原有编号“第二章，第三章，…”）。

（3）设置各小节标题格式。

首先选中各小节标题（按住 Ctrl 键，并在选定区单击各小节标题），单击“开始”选项卡的样式库中的“标题 2”样式，各小节标题设置完毕（注意删除各小节标题中的原有编号“1.1，1.2，2.1，…”）。

2）对排版要求③，操作步骤如下。

（1）新建样式。

①将光标置于第一段正文处，单击“开始”选项卡中的“新样式”按钮，打开“新建样式”对话框，在“名称”文本框中输入样式名称“样式 1234”，然后单击“格式”下拉按钮，在下拉列表中选择“字体”命令，在打开的“字体”对话框中设置：中文字体为“楷体”，西文字体为“Times New Roman”，字号为“小四”，单击“确定”按钮返回。

②再次单击“格式”下拉按钮，在下拉列表中选择“段落”命令，在打开的“段落”对话框中设置：首行缩进 2 字符，段前间距为 0.5 行，段后间距为 0.5 行，1.5 倍行距，单击“确定”按钮返回。

③其余格式不要改动，单击“确定”按钮结束。可以看到，在“样式和格式”任务窗格及“开始”选项卡的样式库中均增加了一项“样式 1234”。

（2）应用样式。

将光标依次置于各段正文中（不包括章名、小节名、表文字、表和图的题注），然后单击“开始”选项卡的样式库中的“样式 1234”，即可快速设置所有正文样式。

3）对排版要求④，操作步骤如下。

①对“1.”“2.”等处进行自动编号的格式设置。逐次选中或将光标置于“1.”“2.”等处（若连续可同时选中），单击“开始”选项卡中的“编号”按钮即可。

②对“1)”“2)”等处进行自动编号的格式设置的方法同上。

4）对排版要求⑤，操作步骤如下。

（1）查找正文首次出现“人力资源管理系统”的地方。

将光标置于文档开始处，单击“开始”选项卡中的“查找替换”按钮，打开“查找和替换”对话框，在“查找”选项卡的“查找内容”组合框中输入“人力资源管理系统”，如图 5-44 所示，单击“查找下一处”按钮。

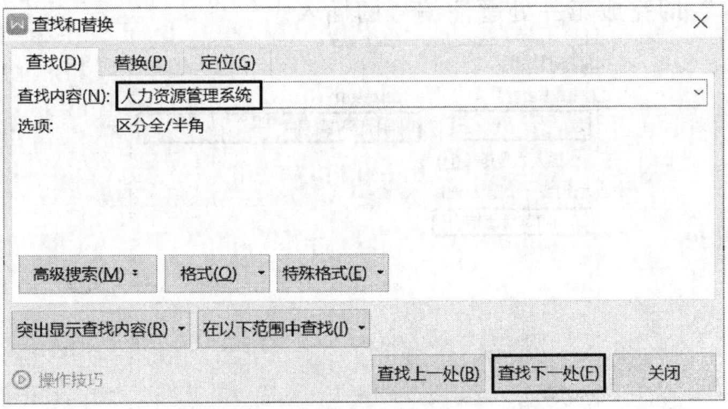

图 5-44　查找内容

(2)插入脚注。

将光标置于找到的第一个“人力资源管理系统”文字后,单击“引用”选项卡中的“插入脚注”按钮,光标自动跳转到当前页面底部的脚注注释文本处,输入注释文本“human resource management system,简称 HRMS”。插入脚注的注释文本后会自动添加注释引用标记,且本页底部有相应的注释文本。

5)对排版要求⑥,操作步骤如下。

题注通常是在文章中表格、图片或图形、公式或方程等对象的下方或上方添加的带编号的注释说明。生成题注编号的前提是必须将标题中的章节符号转换成自动编号。

(1)插入表题注。

①将光标置于表的上方文字前,单击“引用”选项卡中的“题注”按钮,打开“题注”对话框。

②在“题注”对话框的“标签”下拉列表中选择“表”选项,单击“编号”按钮,打开“题注编号”对话框,勾选“包含章节编号”复选框,单击“确定”按钮返回,再次单击“确定”按钮,完成题注设置。

如果需要自定义标签名称,则可以在“题注”对话框中单击“新建标签”按钮,打开“新建标签”对话框,在文本框中输入标签名字(如“表格”),单击“确定”按钮返回。

(2)题注和表居中。

分别选中题注和表,单击“开始”选项卡中的“居中对齐”按钮。

注意:为表格设置题注后,再次插入或粘贴表格时,插入新题注时可以快速更新题注编号。如果增删或移动了其中的某个图表,其他图表的标签也会相应地自动改变。如果没有自动改变,可以选中所有文档后右击,在弹出的快捷菜单中选择“更新域”命令。要注意删除或移动图表时,应删除原标签。

6)对排版要求⑦,操作步骤如下。

前提:必须对该表用插入题注的方法生成表的题注编号。

准备:查找或移动到文档中的第一处“如下表所示”,并选中“下表”两字。

①单击“引用”选项卡中的“交叉引用”按钮,打开“交叉引用”对话框。

②在“交叉引用”对话框的“引用类型”下拉列表中选择“表”选项,在“引用内容”下拉列表中选择“只有标签和编号”选项,此时“引用哪一个题注”(要链接的表题注)列表框中显示“表 4-1 奖惩表结构”,如图 5-45 所示,单击“插入”按钮。此时,原来的文字“如下表所示”自动变成“如表 4-1 所示”,即完成第一处题注编号的插入。

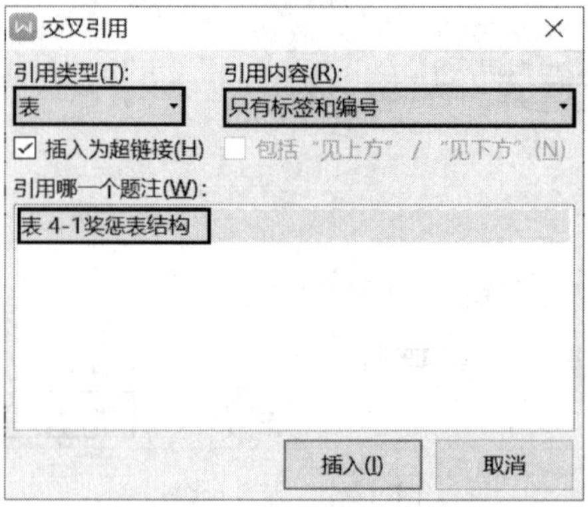

图 5-45 表的交叉引用

③移动光标到下一处“如下表所示”，并选中“下表”两字，重复步骤②的操作，直到全部题注编号插入完毕。

注意：当题注的交叉引用发生变化后，不会自动调整，需要用户自己更新域。域的更新方法是右击该域后在弹出的快捷菜单中选择“更新域”命令，也可以按 F9 功能键，即可更新域中的自动编号。若有多处，可以全选(按 Ctrl＋A 快捷键)后再更新。

7)对排版要求⑧，操作步骤如下。

生成题注编号的前提是必须将标题中的章节符号转换成自动编号。

(1)插入图题注。

①将光标置于图的下方文字前，单击“引用”选项卡中的“题注”按钮，打开“题注”对话框。

②在“题注”对话框的“标签”下拉列表中选择“图”选项，单击“编号”按钮，打开“题注编号”对话框，勾选“包含章节编号”复选框，单击“确定”按钮，返回“题注”对话框，再单击“确定”按钮即可。为其他图片插入题注很简单，选中图片后右击，在弹出的快捷菜单中选择“插入题注”命令，在打开的“题注”对话框中直接单击“确定”按钮。如果需要在题注编号后再增加一些说明文字，则可以在“题注”对话框的“题注”文本框中的题注编号后直接输入说明文字。

(2)题注和图居中。

分别选中题注和图，单击“开始”选项卡中的“居中对齐”按钮。

8)对排版要求⑨，操作步骤如下。

前提：必须对该图用插入题注的方法生成图的题注编号。

准备：查找或移动到文档中的第一处“如下图所示”，并选中“下图”两字。

①单击“引用”选项卡中的“交叉引用”按钮，打开“交叉引用”对话框。

②在“交叉引用”对话框中的“引用类型”下拉列表中选择“图”选项，在“引用内容”下拉列表中选择“只有标签和编号”选项，此时“引用哪一个题注”(要链接的图题注)列表框中显示“图 5-1 用户登录模块结构图”，然后单击“插入”按钮。此时，原来的文字“如下图所示”自动变成“如图 5-1 所示”，即完成第一处题注编号的插入。

③移动光标到下一处“如下图所示”，并选中“下图”两字，重复步骤②的操作，直到全部题注编号插入完毕。

2. 设置分节

节是文档版面设计的最小有效单位，可以以节为单位设置页边距、纸型和方向、页眉和页脚、页码、脚注和尾注等。WPS 文字将新建的整篇文档默认为一节，若要将其划分为多节，则可以通过单击“页面布局”选项卡中的“分隔符”下拉按钮来实现。设置后可以用删除字符的方法删除分节符。如果文档中没有显示分节符，则可以单击“文件”按钮，在打开的菜单中选择“选项”命令，打开“选项”对话框，在“视图”选项卡的“格式标记”区进行设置。

分节处理的操作步骤如下。

将光标置于文字“第 2 章”后(文字“系统设计相关原理”前)，单击“页面布局”选项卡中的“分隔符”下拉按钮，在下拉列表中选择“下一页分节符”命令。重复上述操作，直到每章都分节完毕为止。

3. 生成目录

(1)在文档最前面插入 3 节。

①按照前面介绍的方法显示分节符。

②选中“第1章绪论”文字，单击“页面布局”选项卡中的“分隔符”下拉按钮，在下拉列表中选择“下一页分节符”命令。重复上述操作，再插入两个“下一页分节符”。

(2)完成目录排版要求(1)～(3)中①的要求。

①单击第一个分节符(下一页)，输入文字“目录”，单击“开始”选项卡中的“编号”下拉按钮，在下拉列表中选择“无”命令，取消目录前的自动编号。目录自动使用“标题1”样式，并居中显示，然后按两次Enter键(目的是在目录文字下产生一个空行)。

②单击第二个分节符(下一页)，输入文字“表目录”，单击“开始”选项卡中的“编号”下拉按钮，在下拉列表中选择“无”命令，取消表目录前的自动编号。表目录自动使用“标题1”样式，并居中显示，然后按两次Enter键(目的是在表目录文字下产生一个空行)。

③单击第三个分节符(下一页)，输入文字“图目录”，单击“开始”选项卡中的“编号”下拉按钮，在下拉列表中选择“无”命令，取消图目录前的自动编号。图目录自动使用“标题1”样式，并居中显示，然后按两次Enter键(目的是在图目录文字下产生一个空行)。

(3)创建文档目录，即完成目录操作要求(1)中②的要求。

将光标置于“目录”下的空行，单击“引用”选项卡中的“目录”下拉按钮，在下拉列表中选择“自定义目录”命令，打开“目录”对话框，如图5-46所示，单击“确定”按钮。其中“显示级别”微调框可以根据实际需要设定，这里不需要改动。

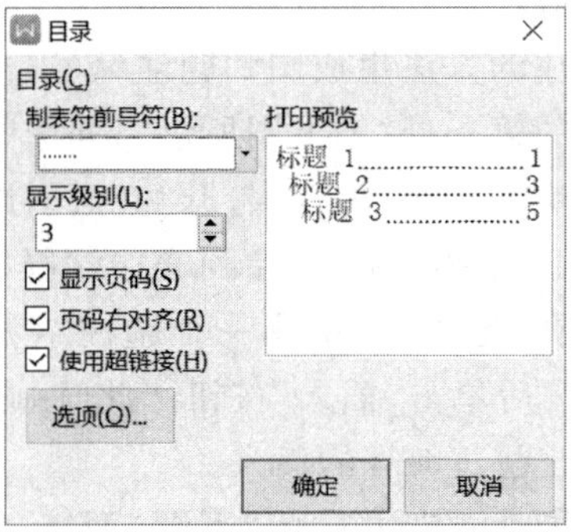

图5-46　创建文档目录

(4)创建表目录，即完成目录排版要求(2)中②的要求。

将光标置于“表目录”下的空行处，单击“引用”选项卡中的“插入表目录”按钮，打开“图表目录”对话框，单击“确定”按钮。

(5)创建图目录，即完成目录排版要求(3)中②的要求。

将光标置于“图目录”下的空行，单击“引用”选项卡中的“插入表目录”按钮，打开“图表目录”对话框，在“题注标签”列表框中选择“图”选项，单击“确定”按钮。

从创建的3种目录可以看出，单击目录时，自动生成的目录都带有灰色的域底纹，都是域。当标题和页码发生变化时，与题注和交叉引用一样，对目录，也可以用更新域的方式更新，即在生成的目录区右击，在弹出的快捷菜单中选择“更新域”命令，在打开的“更新目录”对话框中选中“只更新页码”或“更新整个目录”单选按钮，单击“确定”按钮就可以完成目录的更新。

4.添加页脚

(1)对页脚设置要求①，操作步骤如下。

在页面视图下，将光标置于第一节中，单击“插入”选项卡中的“页码”下拉按钮，在下拉列表中选择“页码”命令，打开“页码”对话框。在“样式”下拉列表中选择“Ⅰ，Ⅱ，Ⅲ…”选项，在“位置”下拉列表中选择“底端居中”选项，在“页码编号”栏中选中“续前节”单选按钮，在“应用范围”栏中选中“整篇文档”单选按钮，单击“确定”按钮。

（2）对页脚设置要求②，操作步骤如下。

双击选中第二节页面底端的页码（位于第一章首页），再单击页脚上方浮动的“重新编号”按钮，在“页码编号设为”微调框中设置“1”，再单击“页码设置”按钮，弹出“页码设置”界面，在“样式”下拉列表中选择“1，2，3…”选项，在“位置”栏中选择“居中”，在“应用范围”栏中选中“本页及以后”单选按钮，单击“确定”按钮。最后在“页眉和页脚”选项卡中单击“关闭”按钮。

（3）对页脚设置要求③，操作步骤如下。

拖动鼠标选中“目录”“表目录”“图目录”各节并右击，在弹出的快捷菜单中选择“更新域”命令，相继弹出“更新目录”对话框、“更新图表目录”对话框，直接单击“确定”按钮。

5. 添加页眉

在前面的应用中多处出现了域，如自动添加的章节编号和名称、题注的引用、页脚中的页码、自动创建的目录等，这些在文档中可能发生变化的数据都是域。域由 3 部分组成：域名、域参数和域开关。使用域时，通常单击“插入”选项卡中的“文档部件”下拉按钮，在下拉列表中选择“域”命令，打开“域”对话框进行操作。插入域后，在对应域处右击，在弹出的快捷菜单中选择相应命令进行编辑域、更新域、删除域等操作。

操作步骤如下。

（1）页面设置。

将光标置于第一章所在的节中，单击“页面布局”选项卡的“页面设置”对话框启动器按钮，打开“页面设置”对话框，在“版式”选项卡中进行设置。在“节的起始位置”下拉列表中选择“新建页”选项，在“页眉和页脚”栏中勾选“奇偶页不同”复选框，在“应用于”下拉列表中选择“本节”选项，如图 5-47 所示，单击“确定”按钮。重复上述步骤，直到每章都设置完毕。

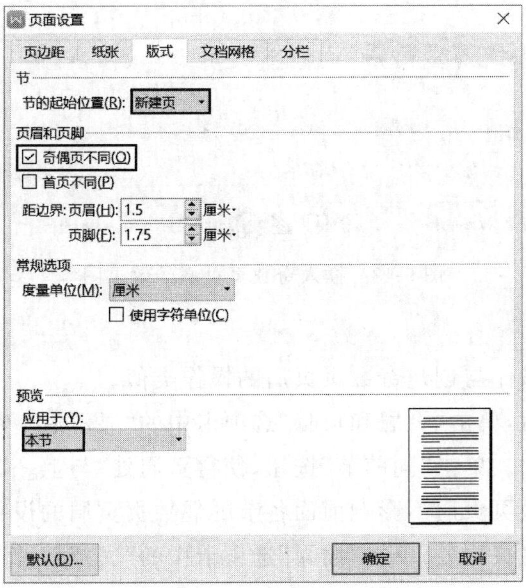

图 5-47　“页面设置”对话框

(2)创建奇数页页眉。

①双击第一章所在的页眉区域,光标将自动置于奇数页页眉处,并且自动出现“页眉和页脚”选项卡。单击“同前节”按钮,使得页眉处“与上一节相同”的说明文字消失,这样可使本节设置的奇数页页眉不影响前面各节的奇数页页眉的设置。

②将光标置于奇数页页眉处,单击“插入”选项卡中的“文档部件”下拉按钮,在下拉列表中选择“域”命令,打开“域”对话框,在“域名”列表框中选择“样式引用”选项,在“样式名”下拉列表中选择“标题 1”选项,再勾选“插入段落编号”复选框,单击“确定”按钮,插入奇数页页眉中的“章序号”。

③再次单击“插入”选项卡中的“文档部件”下拉按钮,在下拉列表中选择“域”命令,打开“域”对话框,在“域名”列表框中选择“样式引用”选项,在“样式名”下拉列表中选择“标题 1”选项,单击“确定”按钮,插入奇数页页眉中的“章名”。

插入奇数页页眉的效果图如图 5-48 所示。

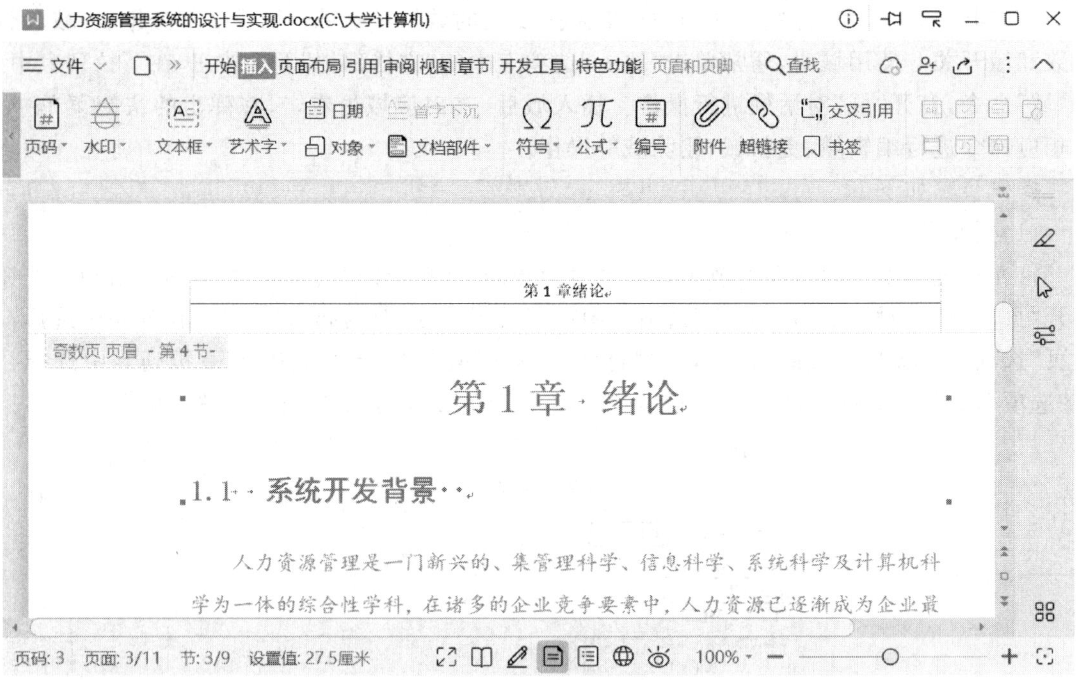

图 5-48　插入奇数页页眉的效果图

(3)创建偶数页页眉。

创建偶数页页眉的操作与创建奇数页页眉的操作类似。

①创建奇数页页眉后,单击“页眉和页脚”选项卡中的“显示后一项”按钮,光标将自动跳转到偶数页(下一页)页眉处。单击“同前节”按钮,使得页眉处“与上一节相同”的说明文字消失,这样可使本节设置的偶数页页眉不影响前面各节的偶数页页眉的设置。

②将光标置于偶数页页眉处,单击“插入”选项卡中的“文档部件”下拉按钮,在下拉列表中选择“域”命令,打开“域”对话框,在“域名”列表框中选择“样式引用”选项,在“样式名”下拉列表

表中选择“标题 2”选项，再勾选“插入段落编号”复选框，单击“确定”按钮，插入偶数页页眉中的“节序号”。

③再次单击“插入”选项卡中的“文档部件”下拉按钮，在下拉列表中选择“域”命令，打开“域”对话框，在“域名”列表框中选择“样式引用”选项，在“样式名”下拉列表中选择“标题 2”选项，单击“确定”按钮，插入偶数页页眉中的“节名”。最后在“页眉和页脚”选项卡中单击“关闭”按钮。

设置完毕后浏览文档，检查所有设置是否正确。为了快速浏览，可切换到其他视图模式，单击“视图”选项卡中的“导航窗格”按钮，窗口左边出现“导航”窗格，此时，屏幕左侧显示标题，右侧显示所有内容，这样能在浏览的同时快速地在各个章节中跳转。

习　题　5

1. 请按照以下要求对文档进行编辑和排版。

①文字要求：输入一篇短小的寓言或散文，不少于 150 个汉字，至少分为 3 个自然段。

②将文章正文各段设置为宋体、小四、两端对齐，各段行间距为 1.5 倍行距。第一段首字下沉 3 行，距正文 0 cm。

③在第二段和第三段段前设置项目符号“ * ”(Times New Roman 字体中的符号)。

④在正文中插入一张图片，设置图片的文字环绕方式为四周型。

⑤页面设置：上、下、左、右边距均为 2 cm，页眉距边界 1.5 cm。页码位于页面底端且居中(“普通数字 2”样式)。

⑥在文章最后输入公式(单独一段)：

$$z = xy + \sqrt{\ln A + \frac{x^2}{x^2 + y^2}} + \sqrt{x^2 + y^2 - R^2}$$

2. 请按照以下要求完成表格的制作。

①参照图 5-49 制作表格，表内文字的对齐方式为水平居中，插入表格标题并居中。字体、字号选择自己喜欢的样式。

②表格外框线为单实线、3 磅、紫色，内部框线为单实线、1 磅、黑色，底纹为“白色，背景 1，深色 15%”。

③在“照片”处插入剪贴画替换“照片”文字，文字环绕方式为嵌入型。

个人简历表

姓名		性别		出生日期		照片
民族		文化程度		政治面貌		
婚姻状况		身高		体重		
联系地址				邮政编码		
联系电话				E-mail		

图 5-49　制作表格

3. 请按照以下要求完成流程图的绘制。

①参照图 5-50 绘制流程图。

②流程图填充色为白色，线条为实线，颜色为黑色，线型为单线，粗细为 0.75 磅，文字居中；小箭头为实线，颜色为黑色，线型为单线，粗细为 1.5 磅；大箭头为右箭头，填充颜色为红色，线条为实线，颜色为红色，线型为单线，粗细为 1 磅，文字右对齐。

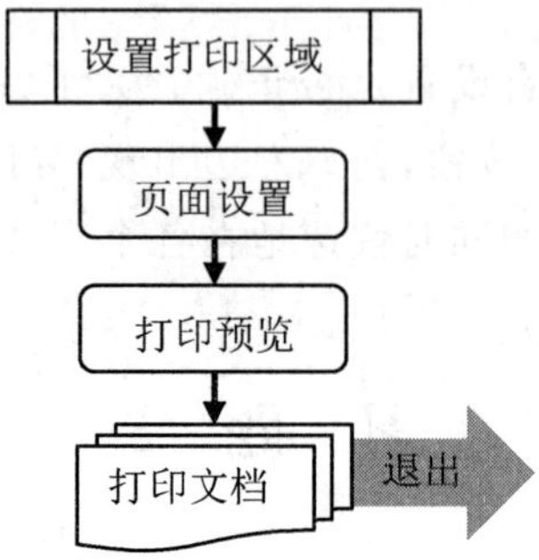

图 5-50　绘制流程图

第 6 章　电子表格处理——WPS 表格

人们在日常工作、生活中经常会遇到各种计算问题，可以通过电子表格处理软件来处理这些计算问题。电子表格软件是一种专门用于数据计算、统计分析和报表处理的软件，它帮助人们从乏味、烦琐的重复计算中解脱，以图、表形式专注于对计算结果的分析和评价，以提高工作效率。本章将以 WPS 表格为例，介绍电子表格处理软件的基本功能和使用方法。

知识导航

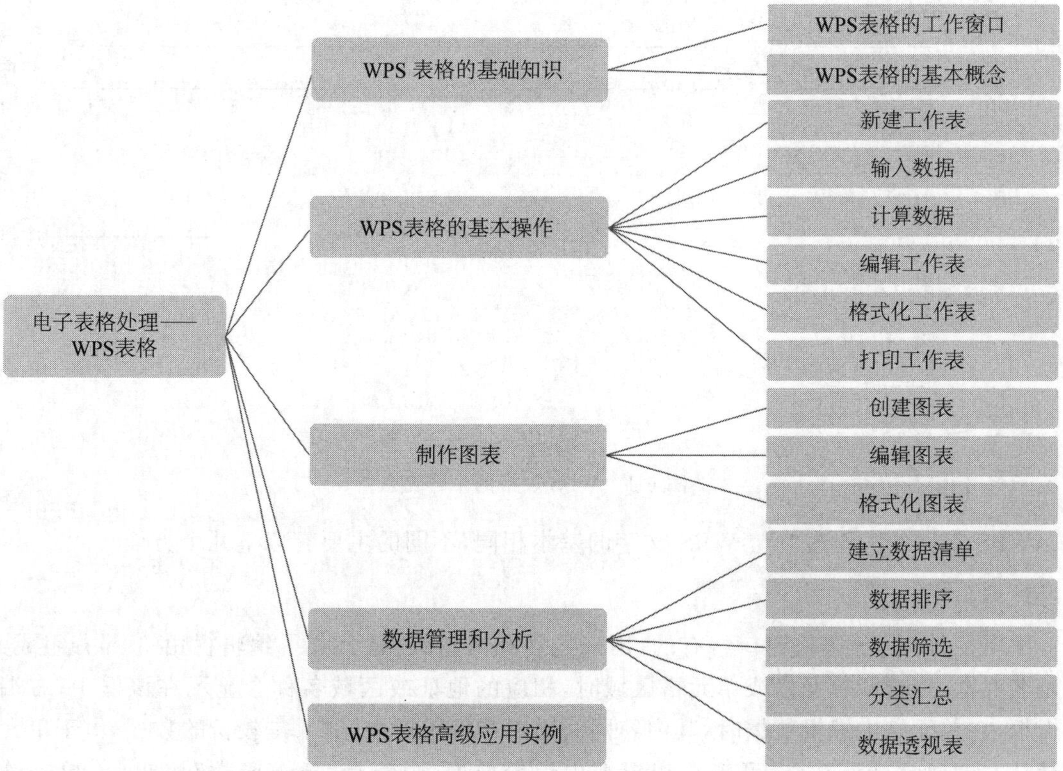

6.1 WPS 表格的基础知识

6.1.1 WPS 表格的工作窗口

WPS 表格常用的启动方法是：单击“开始”按钮，在“开始”菜单中选择“WPS Office”→“WPS Office 教育考试专用版”命令，在 WPS Office 窗口的“首页”选项卡中单击“新建”按钮，打开“新建”界面，在窗口上方选择新建的程序类型为“表格”类型，单击“新建空白文档”按钮，进入 WPS 表格的工作窗口，如图 6-1 所示。

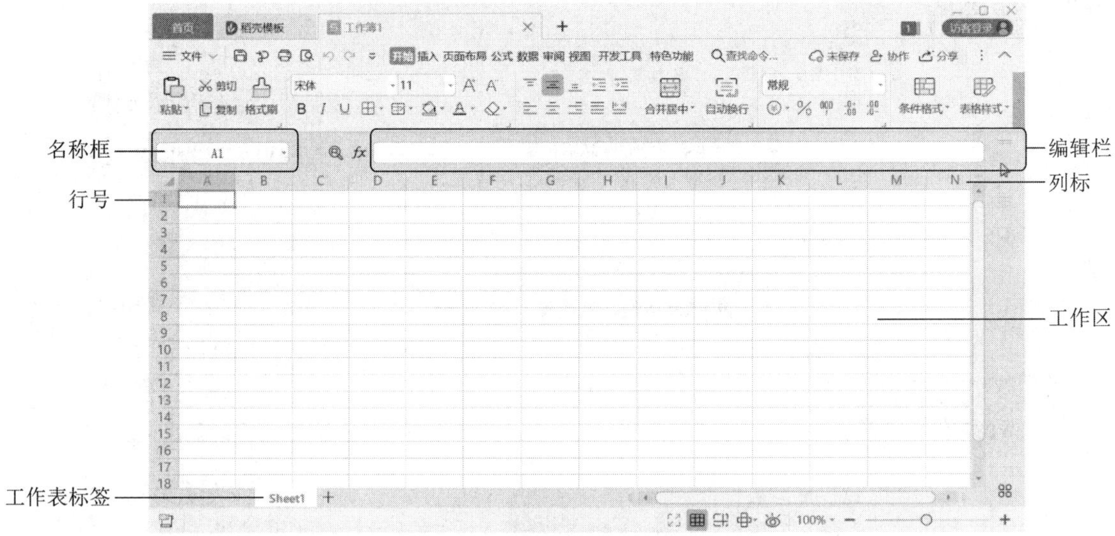

图 6-1 WPS 表格的工作窗口

WPS 表格的工作窗口与 WPS 文字的基本相同，不同的主要有以下几个方面。

1. 编辑栏

编辑栏是 WPS 表格窗口特有的，用来显示和编辑数据、公式。编辑栏由 3 部分组成：左端是名称框，当选择单元格或单元格区域时，相应的地址或区域名称会显示在该框中；右端是编辑框，在单元格中编辑数据时，其内容同时出现在编辑框中，如果是较长的数据，由于单元格的默认宽度通常显示不全，可以在编辑框中编辑数据；中间是“插入函数”按钮 fx，单击该按钮，可以打开“插入函数”对话框，同时在该按钮的左边会出现“取消”按钮 × 和“输入”按钮 ✓。

2. 工作表标签

工作表标签通常位于工作表底部的选项卡上，可以用来标识和切换工作表，每个工作表都有一个唯一的标签，可以通过单击标签来快速切换到相应的工作表，并激活该工作表。此外，工作表标签还可以进行重命名、调整顺序、设置颜色等操作，以便更好地组织和管理工作表。

6.1.2 WPS 表格的基本概念

1. 工作簿

WPS 表格的工作区显示的是当前打开的工作簿。工作簿是指在 WPS 表格中用来存储并处理数据的文件，其原生的文件扩展名为“. et”，生成文件后默认以通用的“. xlsx”为文件扩展名。工作簿由若干个工作表组成，默认包含一个工作表，名称为 Sheet1，可以对其重新命名，也可以增加和删除工作表。WPS 表格可以同时打开若干个工作簿，工作簿在工作区重叠排列。

2. 工作表

工作表是一个由 1 048 576 行和 16 384 列组成的表格，行号自上而下为 1～1 048 576，列标从左到右为 A，B，…，X，Y，AA，AB，…，AZ，BA，BB，BC，…，XFD。每一个工作表都有一个工作表标签，单击它可以实现工作表间的切换。

3. 单元格

行和列的交叉部分称为单元格，它是存放数据的最小单元。单元格的内容可以是数字、字符、公式、日期、图形或声音文件等。每个单元格都有其固定地址，用列标和行号唯一标识，如 D4 指的是第 4 列第 4 行交叉位置上的单元格。为了区分不同工作表的单元格，需要在单元格地址前加工作表名称，如 Sheet1！A1 表示 Sheet1 工作表的 A1 单元格。

4. 活动单元格和活动单元表

当前正在使用的单元格称为活动单元格，有框线包围，如图 6-1 所示的 A1 单元格。活动单元格可以用于输入数据、编辑内容、进行格式化、执行公式计算等操作。在 WPS 表格中，只有一个活动单元格，可以通过键盘上的方向键或单击其他单元格来进行切换。

活动单元表是指当前选中的工作表，在 WPS 表格中，只有一个活动单元表，可以通过单击其他工作表标签在不同工作表间进行切换。活动单元表可以用于在不同工作表之间进行切换、执行工作表相关的操作，如复制、移动、重命名、设置打印选项等。

6.2 WPS 表格的基本操作

WPS 表格的基本操作主要包括创建、编辑和格式化工作表。

6.2.1 创建工作表

在 WPS 表格的工作窗口中单击“文件”按钮，在弹出的菜单中选择“新建”命令，选择新建的程序类型为“表格”类型，打开“新建”界面，单击“新建空白文档”按钮以创建空白工作簿。也可以根据工作簿模板来创建工作簿。

一个新工作簿默认包含一个工作表，创建工作表的过程实际上就是在工作表中输入数据，并使用公式或函数计算数据的过程。

6.2.2　输入数据

1. 直接输入数据

单击某一单元格，可直接在单元格或编辑框中输入数据，结束时按 Enter 键。输入的数据可以是文本型、数值型、日期和时间型。

● 文本型数据：文本是指键盘上可输入的任何符号。对于数字形式的文本型数据，如编号、学号、电话号码等，应在数字前加英文单引号(′)。例如，输入编号 0101，应输入“′0101”，此时 WPS 表格以 0101 显示，即把它当作字符沿单元格左对齐。

● 数值型数据：数值除了由数字(0～9)组成的字符串外，还包括＋、－、/、E、e、$ 、% 以及小数点(.)和千位分隔符(,)等特殊字符，如“ $ 150,000. 5”。对于分数的输入，为了与日期的输入有所区别，应先输入“0”和空格。例如，要输入 1/2，应输入“0 1/2”，如果直接输入“1/2”，系统会自动将其处理为日期。

● 日期和时间型数据：WPS 表格内置了一些日期和时间格式，当输入的数据与这些格式相匹配时，WPS 表格将自动识别它们。WPS 表格常见的日期时间格式为 mm/dd/yy、dd-mm-yy、hh:mm(AM/PM)等，其中 AM/PM 与分钟之间应有空格，如“8:30 AM”，否则将被当作字符处理。

2. 快速输入数据

当要在工作表的某一列输入一些相同的数据时，可以使用 WPS 表格提供的快速输入方法——记忆式输入和下拉列表输入。

● 记忆式输入：当输入的字符与同一列中已输入的内容相匹配时，系统将自动填写其他字符，这时按 Enter 键，表示接受提供的字符；也可以不采用提供的字符，而继续手工输入。

● 下拉列表输入：用人工的方法输入数据，可能会使输入的内容不一致。例如，对同一种商品，可能会输入不同的名字(如电脑、微机或计算机)，这会使得统计结果不准确。为避免这类事情的发生，可以在选取单元格后右击，在弹出的快捷菜单中选择“从下拉列表中选择”命令，或者按 Alt＋↓快捷键，会显示一个输入列表，再从中选择需要的输入项即可。

3. 利用自动填充功能输入数据

自动填充功能根据初始值来确定以后的填充项，可以利用自动填充功能输入等差序列、等比序列、系统预定义序列和用户自定义序列。用鼠标指针指向初始值所在单元格右下角的黑色小方块(称为填充柄，见图 6-2)，此时鼠标指针的形状变为黑色十字形，然后向右(行)或向下(列)拖动至填充的最后一个单元格，即可完成自动填充。

图 6-2　自动填充示例

自动填充分为以下 3 种情况。

- 填充相同的数据(复制数据):单击该数据所在的单元格,沿水平方向或垂直方向拖动填充柄,便会产生相同的数据。
- 填充序列数据:如果是日期型序列,只需要输入一个初始值,然后直接拖动填充柄即可;如果是数值型序列,则必须输入前两个单元格的数据,然后选定这两个单元格,拖动填充柄,系统默认为等差关系,在拖动到的单元格内依次填充等差序列数据;如果需要填充等比序列数据,则可以在拖动生成等差序列数据后,选定这些数据,单击“开始”选项卡中的“填充”下拉按钮,在下拉列表中选择“序列”命令,在打开的“序列”对话框中选择“类型”为“等比序列”,并设置合适的步长值(比值)。
- 填充自定义序列数据:在实际工作中,经常需要输入单位部门设置、商品名称、课程科目、公司在各大城市的办事处名称等,可以将这些有序数据自定义为序列,从而节省输入工作量,提高效率。

单击“文件”按钮,在弹出的菜单中选择“选项”命令,打开“选项”对话框,单击“自定义序列”选项卡,在其中添加新序列。添加新序列有两种方法:一种方法是在“输入序列”文本框中直接输入序列的数据,每输入一个数据按一次 Enter 键,输入完毕后单击“添加”按钮;另一种方法是从工作表中直接导入序列,只需单击“从单元格导入序列”文本框右侧的“折叠对话框”按钮,然后选中工作表中这一序列的数据,在“自定义序列”文本框右侧单击“展开对话框”按钮返回,最后单击“导入”按钮即可。

4. 获取外部数据

单击“数据”选项卡中的“导入数据”按钮,在打开的对话框中按导航操作,可以导入其他数据库(如 Access、SQL Server)产生的文件,还可以导入其他工作簿或 Web 查询的数据等。

在向工作表输入数据的过程中,用户可能会输入一些不合要求的数据,即无效数据。为了避免这种情况,在输入数据前,单击“数据”选项卡中的“有效性”下拉按钮,在下拉列表中选择“有效性”命令,打开“数据有效性”对话框,设置数据的有效性条件。例如,在输入学生成绩时,数据应该为 0 ～ 100 的整数,这就有必要设置数据的有效性条件。先选定需要进行设置的单元格区域,单击“数据”选项卡中的“有效性”下拉按钮,在下拉列表中选择“有效性”命令,在打开的“数据有效性”对话框的“设置”选项卡中进行相应设置,如图 6-3 所示。设置好数据的有效性条件后,WPS 表格就可以监督数据的输入是否正确了。

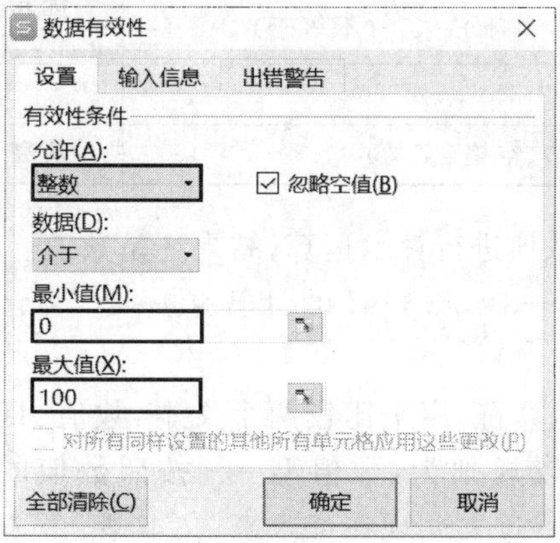

图 6-3　“数据有效性”对话框

6.2.3　计算数据

WPS表格的主要功能是具有强大的数据计算能力。它可以对工作表某一区域中的数据进行求和、求平均值、计数、求最大值、求最小值以及其他更为复杂的运算。在WPS表格中，修改数据后，相应公式的计算结果也会自动更新。在WPS表格的工作表中，所有的计算工作都是通过公式和函数来完成的。

1. 使用公式计算数据

公式可以在单元格或编辑框中直接输入。公式是利用单元格的引用地址对存放在其中的数值数据进行分析和计算的等式，如“＝A1＋B1＋C1”。公式与普通数据之间的区别在于公式是由“＝”引导的，后面是计算的内容，由常量、单元格引用地址、运算符和函数组成。

- 常量：常量是一个固定的值，从字面上就能知道该值是什么或它的大小是多少。公式中的常量有数值型常量、文本型常量和逻辑型常量。数值型常量可以是整数、小数、分数、百分数，如100、2.8、1/2、15％等，但是不能带千位分隔符和货币符号。文本型常量是用英文双引号括起来的若干字符，但其中不能包含其他英文双引号，如“平均值是”“总金额”等都是文本型常量。逻辑型常量只有True(真)和False(假)两个值。
- 单元格引用地址：在输入公式时，之所以不用数字本身而用单元格的引用地址，如A1、B1、C1等，是为了使计算分析的结果始终准确地反映单元格的当前数据。只要改变了数据单元格中的内容，公式单元格中的结果也立刻随之改变。如果在公式中直接书写数据，那么一旦单元格中的数据发生变化，公式计算的结果就不会自动更新。
- 运算符：WPS表格的公式中常用的运算符分为4类，如表6-1所示。

表6-1　运算符

类型	表示形式	优先级
算术运算符	＋(加)、－(减)、*(乘)、/(除)、％(百分比)、^(乘方)	从高到低分为3个级别：百分比和乘方、乘和除、加和减。优先级相同时，按从左到右的顺序计算
关系运算符	＝(等于)、＞(大于)、＜(小于)、＞＝(大于或等于)、＜＝(小于或等于)、＜＞(不等于)	优先级相同
文本运算符	&(文本的连接)	
引用运算符	:(区域)、,(联合)、空格(交叉)	从高到低依次为区域、联合、交叉

其中，算术运算符用来对数值进行算术运算，结果还是数值。算术运算符的优先级如表6-1所示。例如，运算式“1＋2％－3^4/5 * 6”的计算顺序是“％、^、/、*、＋、－”，计算结果是“－96.18”。

关系运算符又称为比较运算符，用来比较两个文本、数值、日期、时间的大小，结果是一个逻辑值。各种数据类型的比较规则为：数值型——按照数值的大小进行比较；日期型——昨天＜今天＜明天；时间型——过去＜现在＜未来；文本型——按照字典顺序比较。

文本运算符用来将多个文本连接为一个组合文本，如“WPS”&“表格”的结果为“WPS

表格”。

引用运算符用来将单元格区域合并运算，如表 6-2 所示。

表 6-2　引用运算符

引用运算符	含义	示例
:(区域)	包括两个引用在内的所有单元格的引用	SUM(A1:C3)
,(联合)	将多个引用合并为一个引用	SUM(A1,C3)
空格(交叉)	产生同时隶属于两个引用的单元格区域的引用	SUM(A1:C4 B2:D3)

这 4 类运算符的优先级从高到低依次为引用运算符、算术运算符、文本运算符、关系运算符。当多个运算符同时出现在公式中时，WPS 表格按运算符的优先级进行运算，优先级相同时，自左向右计算。

例 6-1　有创建完成但未格式化的“2022 年下半年各类能源发电量统计表. xlsx”，使用公式计算所有能源每个月的发电量，以及各类能源下半年的累计发电量。

操作步骤如下。

①打开“2022 年下半年各类能源发电量统计表”，将光标定位在“所有能源发电量”所在行的第一个空白单元格(B8)中，在该单元格中输入公式“=B3+B4+B5+B6+B7”(或在编辑框中输入“=B3+B4+B5+B6+B7”)，按 Enter 键，WPS 表格自动计算并将结果显示在 B8 单元格中，同时将公式内容显示在编辑框中。

输入单元格引用地址更简单的方法是，直接依次单击源数据单元格，则相应单元格的引用地址会自动出现在编辑框中，如图 6-4 所示，此时再按 Enter 键就可以得到计算结果。

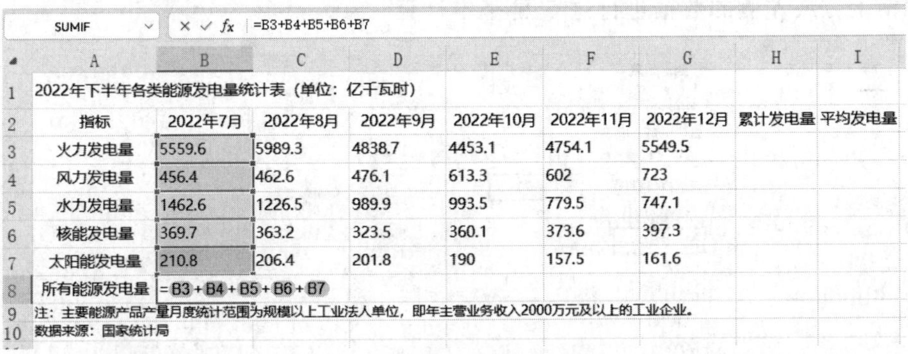
SUMIF　=B3+B4+B5+B6+B7

	A	B	C	D	E	F	G	H	I
1	2022年下半年各类能源发电量统计表（单位：亿千瓦时）								
2	指标	2022年7月	2022年8月	2022年9月	2022年10月	2022年11月	2022年12月	累计发电量	平均发电量
3	火力发电量	5559.6	5989.3	4838.7	4453.1	4754.1	5549.5		
4	风力发电量	456.4	462.6	476.1	613.3	602	723		
5	水力发电量	1462.6	1226.5	989.9	993.5	779.5	747.1		
6	核能发电量	369.7	363.2	323.5	360.1	373.6	397.3		
7	太阳能发电量	210.8	206.4	201.8	190	157.5	161.6		
8	所有能源发电量	=B3+B4+B5+B6+B7							
9	注：主要能源产品产量月度统计范围为规模以上工业法人单位，即年主营业务收入2000万元及以上的工业企业。								
10	数据来源：国家统计局								

图 6-4　使用公式计算所有能源发电量

②计算各类能源下半年累计发电量的过程和步骤①类似，将光标定位到相应单元格中，在单元格或编辑框中输入公式“=B3+C3+D3+E3+F3+G3”，按 Enter 键，WPS 表格自动计算并将结果显示在相应单元格中。

③其他月份所有能源的发电量以及其他能源下半年的累计发电量可利用公式的自动填充功能(复制公式)快速完成，方法是：移动鼠标指针到公式所在单元格右下角的填充柄处，当鼠标指针变成黑色十字形时，按住鼠标左键拖动经过目标区域，到达最后一个单元格时松开鼠标左键，公式自动填充完毕。

注意：当公式输入错误时，可以进行修改，方法是：选择需要修改公式的单元格，在编辑框中修改，最后按 Enter 键。为了方便检查公式的正确性，可以设置在单元格中显示公式，即在“公式”选项卡中单击“显示公式”按钮。

2. 使用函数计算数据

函数是 WPS 表格自带的一些已经定义好的公式，其格式如下：

函数名称(参数 1,参数 2,…)

其中的参数可以是常量、单元格、单元格区域、公式或其他函数。例如，在求和函数 SUM(A1:A8)中，A1:A8 是参数，指明操作对象是 A1:A8 单元格区域中的数据。

与直接创建公式比较(如公式“=A1+A2+A3+A4+A5+A6+A7+A8”与函数“=SUM(A1:A8)”比较)，使用函数可以减少输入的工作量，减少出错概率。对于一些复杂的运算，用户很难自己设计公式来完成。WPS 表格提供了许多功能完备、易于使用的函数，涉及财务、逻辑、文本、日期和时间、查找与引用、数学与三角函数、统计、工程、多维数据集、信息等多个方面，此外，用户还可以通过 WPS VBA(Visual Basic for Applications)自定义函数。

WPS 表格的 5 个基本函数是：SUM(求和)、AVERAGE(求平均值)、COUNT(计数，注意只有数值型数据才能被计数)、MAX(求最大值)和 MIN(求最小值)。

函数的输入有以下两种方法。

- 直接输入法：直接在单元格或编辑框内输入函数，适用于比较简单的函数。
- 插入函数法：比直接输入法常用。可以单击“公式”选项卡中的“插入函数”按钮或单击编辑栏中的 *fx* 按钮，打开“插入函数”对话框(见图 6-5)进行操作。也可以单击“公式”选项卡中对应的各类函数下拉按钮，在下拉列表中选择需要的函数来完成。例如，对于 5 个基本函数，可以单击“公式”选项卡中的“自动求和”下拉按钮，在下拉列表中选择相应命令，将自动对活动单元格上方或左侧的数据进行这 5 种基本计算。

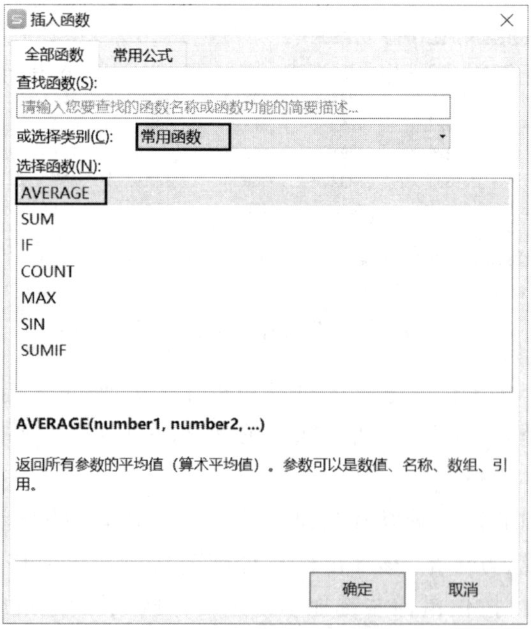

图 6-5　“插入函数”对话框

例 6-2　使用插入函数法计算"2022 年下半年各类能源发电量统计表"中各类能源每个月的平均发电量。

操作步骤如下。

①在"2022 年下半年各类能源发电量统计表"中单击用于存放平均发电量的 I3 单元格。

②单击"公式"选项卡中的"插入函数"按钮 f_x，打开"插入函数"对话框，在"选择函数"列表框中选择"AVERAGE"选项，如图 6-5 所示，单击"确定"按钮。

③在弹出的所选函数的"函数参数"对话框中，单击"数值 1"文本框右侧的"折叠对话框"按钮，从工作表中选定相应的 B3:G3 单元格区域，再单击"展开对话框"按钮，返回"函数参数"对话框，最后单击"确定"按钮。

④实际上，可以使用快捷的方法完成计算，该方法是：将光标置于 I3 单元格中，单击"公式"选项卡中的"自动求和"下拉按钮，在下拉列表中选择"平均值"命令，WPS 表格将自动出现求平均值函数 AVERAGE 及相应的数据区域，如图 6-6 所示。检查系统自动给出的数据区域是否正确，这里是 B3:H3，需要重新用鼠标选择(此时鼠标指针应为白色粗十字形)数据区域，也可以直接输入正确的数据区域 B3:G3，然后按 Enter 键。

SUMIF　=AVERAGE(B3:H3)

	A	B	C	D	E	F	G	H	I	J
1	2022年下半年各类能源发电量统计表（单位：亿千瓦时）									
2	指标	2022年7月	2022年8月	2022年9月	2022年10月	2022年11月	2022年12月	累计发电量	平均发电量	
3	火力发电量	5559.6	5989.3	4838.7	4453.1	4754.1	5549.5	31144.3	=AVERAGE(B3:H3)	
4	风力发电量	456.4	462.6	476.1	613.3	602	723	3333.4		
5	水力发电量	1462.6	1226.5	989.9	993.5	779.5	747.1	6199.1		
6	核能发电量	369.7	363.2	323.5	360.1	373.6	397.3	2187.4		
7	太阳能发电量	210.8	206.4	201.8	190	157.5	161.6	1128.1		
8	所有能源发电量	8059.1	8248	6830	6610	6666.7	7578.5	43992.3		
9	注：主要能源产品产量月度统计范围为规模以上工业法人单位，即年主营业务收入2000万元及以上的工业企业。									
10	数据来源：国家统计局									

图 6-6　自动求平均值操作

3. 公式和函数中单元格的引用地址

使用公式和函数计算数据非常简单，只要计算出第一个数据，其他类似的都可以利用公式的自动填充功能完成。公式的自动填充操作实际上就是复制公式，为什么同一个公式复制到不同单元格会有不同的结果呢？究其原因是相对引用地址在起作用。

公式和函数中经常包含单元格的引用地址，它有以下 3 种表示方式。

- 相对引用地址：由列标和行号表示，如 B1、A2:C4 等，是 WPS 表格默认的引用方式。它的特点是复制或移动公式时，该地址会根据移动的位置自动调节。例如，在"2022 年下半年各类能源发电量统计表"中将公式从 H3 复制到 H4，列标没变，行号加 1，所以公式从"＝B3＋C3＋D3＋E3＋F3＋G3"自动变为"＝B4＋C4＋D4＋E4＋F4＋G4"。假如将公式从 H3 复制到 I4，列标加 1，行号也加 1，则公式自动变为"＝C4＋D4＋E4＋F4＋G4＋H4"。相对引用地址常用来快速实现大量数据的同类运算。
- 绝对引用地址：是在列标和行号前都加上符号"＄"，如＄I＄8。它的特点是复制或移动公式时，该地址始终保持不变。例如，在"2022 年下半年各类能源发电量统计表"中，将 H3 单元格中的公式改为“＝＄B＄3＋＄C＄3＋＄D＄3＋＄E＄3＋＄F＄3＋＄G＄3”，再将该公式复制到H4单元格中，会发现H4的结果与H3一样，公式没变，仍然是“＝＄B＄3＋＄C＄3＋＄D＄3＋＄E＄3＋＄F＄3＋＄G＄3”。符号“＄”就好像一个钉子，钉住了参加运算的单元格，使它们不会随着公式位置的变化而变化。

● 混合引用地址：是在列标或行号前加上符号“＄”，如＄B1和B＄1。它是相对引用地址和绝对引用地址的混合使用。＄B1是列不变，行变化；B＄1则是列变化，行不变。

例6-3 绝对引用地址示例。在例6-2中的工作表的“所有能源发电量”的下一行添加“发电量比较”行，如果每个月的所有能源发电量高于平均值则显示“高”，低于平均值则显示“低”，如图6-7所示。

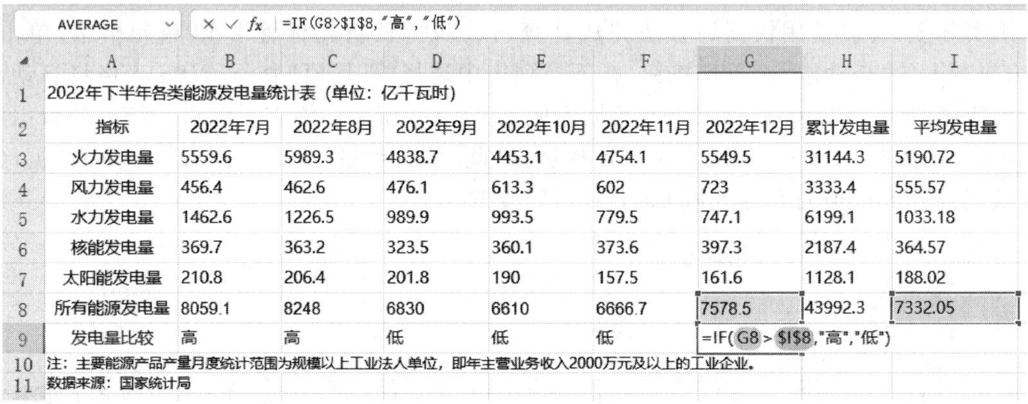
AVERAGE =IF(G8>$I$8,"高","低")

	A	B	C	D	E	F	G	H	I
1	2022年下半年各类能源发电量统计表（单位：亿千瓦时）								
2	指标	2022年7月	2022年8月	2022年9月	2022年10月	2022年11月	2022年12月	累计发电量	平均发电量
3	火力发电量	5559.6	5989.3	4838.7	4453.1	4754.1	5549.5	31144.3	5190.72
4	风力发电量	456.4	462.6	476.1	613.3	602	723	3333.4	555.57
5	水力发电量	1462.6	1226.5	989.9	993.5	779.5	747.1	6199.1	1033.18
6	核能发电量	369.7	363.2	323.5	360.1	373.6	397.3	2187.4	364.57
7	太阳能发电量	210.8	206.4	201.8	190	157.5	161.6	1128.1	188.02
8	所有能源发电量	8059.1	8248	6830	6610	6666.7	7578.5	43992.3	7332.05
9	发电量比较	高	高	低	低	低	=IF(G8 > $I$8,"高","低")		
10	注：主要能源产品产量月度统计范围为规模以上工业法人单位，即年主营业务收入2000万元及以上的工业企业。								
11	数据来源：国家统计局								

图6-7 绝对引用地址示例

操作步骤如下。

①右击A9单元格，在弹出的快捷菜单中选择“插入”选项，在级联菜单中选择“插入行”选项。在新插入的空白A9单元格中，输入文字“发电量比较”。

②单击B9单元格，输入“＝IF(B8＞＄I＄8,"高","低")”，按Enter键。这是一个条件函数，它的含义是如果B8单元格中的数据大于I8单元格中的数据(所有能源平均发电量)，就在当前单元格中显示“高”，否则显示“低”。

③利用公式的自动填充功能完成对其他月份发电量与平均值之间的比较。

6.2.4 编辑工作表

工作表的编辑主要包括工作表中数据的编辑，单元格、行、列的插入和删除，以及工作表的移动、复制等。工作表的编辑遵守“先选定，后执行”的原则。

工作表中常用的选定操作如表6-3所示。

表6-3 工作表中常用的选定操作

选取范围	操作
单元格	单击或按方向键(←、→、↑、↓)
多个连续单元格	从单元格区域左上角拖曳至右下角；或单击选择区域左上角的单元格，按住Shift键，再单击单元格区域右下角的单元格

续表

选取范围	操作
多个不连续单元格	按住 Ctrl 键,用鼠标进行单元格的选择或单元格区域的选择
整行或整列	单击工作表相应的行号或列标
相邻行或列	用鼠标拖动行号或列标
整个表格	单击工作表左上角行列交叉的按钮;或按 Ctrl＋A 快捷键
单个工作表	单击工作表标签
多个连续工作表	单击第一个工作表标签,然后按住 Shift 键,单击所要选择的最后一个工作表标签
多个不连续工作表	按住 Ctrl 键,分别单击所需选择的工作表标签

1. 工作表中数据的编辑

在向工作表输入数据的过程中,经常需要对数据进行清除、移动和复制等编辑操作。WPS 表格中有清除和删除两个概念,它们是有区别的。

● 清除:清除针对的是单元格中的数据,单元格本身仍保留在原位置。选取单元格或单元格区域后,单击“开始”选项卡中的“格式”下拉按钮,在下拉列表中选择“清除”级联菜单中的相应命令,可以清除单元格格式、内容、批注中的任意一种,或者全部清除。按 Delete 键清除的只是内容。

● 删除:删除针对的是单元格,是把单元格连同其中的内容从工作表中删除。

在移动或复制数据时,可以替换目标单元格中的数据,也可以保留目标单元格中的数据,将移动或复制的单元格插入该单元格之前。如果要替换目标单元格中的数据,可以选定原单元格中的数据,右击,在弹出的快捷菜单中根据需要选择“剪切”或“复制”命令,再定位到目标单元格,右击,在弹出的快捷菜单中选择“粘贴”命令。如果要保留目标单元格中的数据,在执行“剪切”或“复制”命令后,应选择快捷菜单中的“插入剪切的单元格”或“插入复制的单元格”命令来替代“粘贴”命令。

在 WPS 表格中,一个单元格通常包含很多信息,如内容、格式、公式及批注等。复制数据时可以复制单元格的全部信息,也可以只复制部分信息,还可以在复制数据的同时进行算术运算、行列转置等,这些都是通过选择“选择性粘贴”命令实现的。具体的操作方法是:先选定数据,右击,在弹出的快捷菜单中选择“复制”命令,再单击目标单元格,右击,在弹出的快捷菜单中选择“选择性粘贴”命令,在打开的“选择性粘贴”对话框中进行相应设置。在该对话框的“粘贴”栏中列出了粘贴单元格中的部分信息,其中常用的是公式、数值、格式;“运算”栏中的选项表示原单元格中的数据与目标单元格中的数据的运算关系;“转置”复选框表示将原单元格区域中数据的行和列交换后粘贴到目标单元格区域。

2. 单元格、行、列的插入和删除

数据在输入时难免出现遗漏,有时可能漏掉一行或一列数据。单元格、行、列的插入操作可以通过单击“开始”选项卡中的“行和列”下拉按钮,在下拉列表中选择“插入单元格”级联菜单中的相应命令完成,也可以利用快捷菜单中的“插入”级联菜单中的相应命令来实现。单元格、行、列的删除操作可以通过单击“开始”选项卡中的“行和列”下拉按钮,在下拉列表中选择“删除单元格”级联菜单中的相应命令完成,也可以利用快捷菜单中的“删除”级联菜单中的相应命令实现。

3. 工作表的移动、复制

如果一个工作簿中包含多个工作表，则可以使用 WPS 表格提供的功能管理工作表。常用的方法是：在工作表标签上右击，在弹出的快捷菜单中选择相应的命令。WPS 表格允许在同一个或多个工作簿中移动或复制工作表，如果是在同一个工作簿中操作，只需单击该工作表标签，将它直接拖动到目标位置即可实现移动，在拖动的同时按住 Ctrl 键则可以实现复制。如果是在多个工作簿中操作，首先应打开这些工作簿，然后右击工作表标签，在弹出的快捷菜单中选择“移动或复制”命令，打开“移动或复制工作表”对话框，在“工作簿”下拉列表中选择所需工作簿（如没有出现所需的工作簿，说明此工作簿未打开），从“下列选定工作表之前”列表框中选择插入位置来实现移动。如果是复制操作，还需勾选“建立副本”复选框。

注意：在删除工作表的时候一定要慎重，工作表一旦被删除，将无法恢复。如果工作簿中的工作表太多，为了更加清楚地区分工作表，可以利用快捷菜单中的相应命令设置工作表标签的颜色，使其显示更醒目。

6.2.5 格式化工作表

一个好的工作表除了保证数据的正确性外，还应对外观进行修饰（格式化），以达到整齐、鲜明和美观的目的。工作表的格式化主要包括格式化数据、调整工作表的列宽和行高、设置对齐方式、添加边框和底纹、使用条件格式以及自动套用格式等。

1. 格式化数据

1）设置数据格式

在 WPS 表格中，可以通过设置不同的小数位数、加百分号、加货币符号、使用千位分隔符等方式来表示同一个数，如 1234.56、￥1234.56、1,234.56 等。这时单元格中显示的是格式化后的数字，编辑栏显示的是系统实际存储的数据。

WPS 表格提供了大量的数据格式，并将它们分成常规、数值、货币、会计专用、日期、时间、百分比、分数、科学记数、文本、特殊、自定义等类别。其中，常规是系统的默认格式。

要设置数据格式，可以单击“开始”选项卡的“数字”组中的相应按钮，或单击该组右下角的对话框启动器按钮，打开“单元格格式”对话框，在“数字”选项卡中设置，如图 6-8 所示。通过选择快捷菜单中的“设置单元格格式”命令也可以打开该对话框。

图 6-8 “单元格格式”对话框

2）对数据进行字符格式化

在 WPS 表格中，为了美化数据，经常会对数据进行字符格式化，如设置数据字体、字形和字号，为数据加下画线、删除线、上下标及改变数据颜色等。这些主要通过单击“开始”选项卡的“字体”组中的相应按钮，或单击该组右下角的对话框启动器按钮，打开“单元格格式”对话框，在“字体”选项卡中完成。其中的操作与 WPS 文字的“字体”对话框的操作类似。

注意：要取消数据格式的设置，可以单击“开始”选项卡中的“格式”下拉按钮，在下拉列表中选择“清除”→“格式”命令。取消其他工作表的格式的操作与此类似。

2. 调整工作表的列宽和行高

设置每列的宽度和每行的高度是改善工作表外观经常用到的手段。比如在选定的单元格中输入太长的文本内容时，文本内容将会延伸到相邻的单元格中显示，如果此时相邻单元格中已有内容，那么该选定单元格中的文本内容就被截断；对于数值型数据，则以一串“#”号提示用户该单元格的列宽不够，无法显示该数值型数据。

调整列宽和行高最快捷的方法是利用鼠标来完成，将鼠标指针指向要调整的列（或行）的列标（或行号）与相邻列（或行）的列标（或行号）之间的分隔线上，当鼠标指针变成一个带双向箭头的十字形时，拖动分隔线到需要的位置即可。

如果要精确调整行高和列宽，可以单击“开始”选项卡中的“行和列”下拉按钮，在下拉列表中选择“行高”和“列宽”命令，分别显示“行高”和“列宽”对话框，输入需要的高度值和宽度值即可。“行高”对话框如图 6-9 所示。

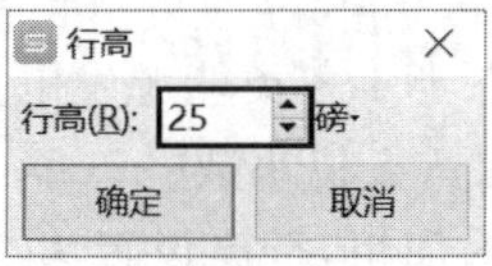

图 6-9 “行高”对话框

3. 设置对齐方式

单元格中的数据通常具有不同的类型。在 WPS 表格中，不同类型的数据在单元格中以不同的默认方式对齐。例如，文本左对齐，数值、日期和时间右对齐，逻辑值和错误值居中对齐等。如果对默认的对齐方式不满意，可以改变数据的对齐方式。这通过单击“开始”选项卡的“对齐方式”组中的相应按钮来完成。如果有更高的要求，就需要通过单击该组右下角的对话框启动器按钮，打开“单元格格式”对话框，在“对齐”选项卡中进行设置。

除了设置对齐方式，在“单元格格式”对话框的“对齐”选项卡中还可以对文本进行显示控制，如自动换行、缩小字体填充、将选定的区域合并为一个单元格、改变文字方向和旋转文字角度等，可有效解决文本的显示问题。

4. 添加边框和底纹

为工作表添加各种类型的边框和底纹，可以起到美化工作表的目的，使工作表更加清晰、明了。如果要给某一单元格或某一单元格区域增加边框，则选定相应的区域并右击，在弹出的快捷菜单中选择“设置单元格格式”命令，打开“单元格格式”对话框，在“边框”选项卡中进行设置，如图 6-10 所示。

除了为工作表添加边框外，还可以为工作表添加背景颜色或图案，即底纹。这可以通过“单元格格式”对话框中的“图案”选项卡来完成。

图 6-10 “单元格格式”对话框的“边框”选项卡

例 6-4 对例 6-3 中的“2022 年下半年各类能源发电量统计表”进行格式化。

①对表中所有的发电量数据都保留 2 位小数。

②将标题设置为华文楷体、12 号、加粗，行高设置为 24，将 A1 到 I1 单元格设置为合并后居中；将最后两行文字设置为华文楷体、8 号，行高设置为 12；将其他行高设置为 18；设置“指标”列的对齐方式为左对齐。

③将统计表底纹改为“浅绿，着色 6，浅色 80%”，将表格第 2 行边框设置为黑色的上粗框线和下细框线，第 8 行的外边框设置为黑色的上细框线，第 9 行的外边框设置为黑色的下粗框线。

效果如图 6-11 所示。

	A	B	C	D	E	F	G	H	I
1	2022年下半年各类能源发电量统计表（单位：亿千瓦时）								
2	指标	2022年7月	2022年8月	2022年9月	2022年10月	2022年11月	2022年12月	累计发电量	平均发电量
3	火力发电量	5559.60	5989.30	4838.70	4453.10	4754.10	5549.50	31144.30	5190.72
4	风力发电量	456.40	462.60	476.10	613.30	602.00	723.00	3333.40	555.57
5	水力发电量	1462.60	1226.50	989.90	993.50	779.50	747.10	6199.10	1033.18
6	核能发电量	369.70	363.20	323.50	360.10	373.60	397.30	2187.40	364.57
7	太阳能发电量	210.80	206.40	201.80	190.00	157.50	161.60	1128.10	188.02
8	所有能源发电量	8059.10	8248.00	6830.00	6610.00	6666.70	7578.50	43992.30	7332.05
9	发电量比较	高	高	低	低	低	高		
10	注：主要能源产品产量月度统计范围为规模以上工业法人单位，即年主营业务收入2000万元及以上的工业企业。								
11	数据来源：国家统计局								

图 6-11 “2022 年下半年各类能源发电量统计表”格式化后的效果图

操作步骤如下。

①选定 B3:I8 单元格区域，右击，在弹出的快捷菜单中选择“设置单元格格式”命令，打开“单元格格式”对话框，在“数字”选项卡的“分类”列表框中选择“数值”选项，在“小数位”微调框

中选择或输入“2”。

②单击行号 1 选定标题行(第 1 行),在“单元格格式”对话框的“字体”选项卡中设置字体为“华文楷体”,字号为“12”,加粗,单击“确定”按钮。也可以利用“开始”选项卡的“字体”组中的相应按钮完成。

然后单击“开始”选项卡的“行和列”下拉按钮,在下拉列表中选择“行高”命令,在打开的“行高”对话框中输入“24”。选中 A1:I1 单元格区域后右击,在弹出的快捷菜单中选择“设置单元格格式”命令,打开“单元格格式”对话框,在“对齐”选项卡中设置水平对齐为“居中”,确认垂直对齐为“居中”,勾选“合并单元格”复选框,单击“确定”按钮。也可以单击“开始”选项卡中的“合并居中”按钮快速完成设置。

用同样的方法设置最后两行文字为华文楷体、8 号,行高设置为 12,其他行高设置为 18。

选中 A2:A9 单元格区域,单击“开始”选项卡中的“左对齐”按钮。

③选中 A1:I11 单元格区域,单击“开始”选项卡的“字体”组中的“填充颜色”下拉按钮,在下拉列表中选择“浅绿,着色 6,浅色 80%”命令。也可以在“单元格格式”对话框的“填充”选项卡中进行选择。

选中 A2:I2 单元格区域,在打开的“单元格格式”对话框的“边框”选项卡中先选择线条颜色为“黑色”,样式为“粗线”,单击“边框”栏中的“上边框”按钮,再选择线条样式为“细线”,单击“边框”栏中的“下边框”按钮,如图 6-10 所示,单击“确定”按钮。

选中表格第 8、9 行(A8:I9),单击“开始”选项卡中的“所有框线”下拉按钮,在下拉列表中选择“上框线”命令,然后在“绘图边框”下拉列表中选择“线条样式”命令,在级联菜单中选择一个较粗的线条绘制第 9 行的下框线,完成工作表的边框设置。

5. 使用条件格式

条件格式可以使数据在满足不同的条件时显示不同的格式。

例 6-5　对例 6-4 中的工作表设置条件格式:将 2022 年下半年各类能源发电量大于对应平均发电量的单元格设置成“黄填充色深黄色文本”效果,小于对应平均发电量的单元格设置成绿色、加双下画线。其效果如图 6-12 所示。

	A	B	C	D	E	F	G	H	I
1	2022年下半年各类能源发电量统计表(单位:亿千瓦时)								
2	指标	2022年7月	2022年8月	2022年9月	2022年10月	2022年11月	2022年12月	累计发电量	平均发电量
3	火力发电量	5559.60	5989.30	4838.70	4453.10	4754.10	5549.50	31144.30	5190.72
4	风力发电量	456.40	462.60	476.10	613.30	602.00	723.00	3333.40	555.57
5	水力发电量	1462.60	1226.50	989.90	993.50	779.50	747.10	6199.10	1033.18
6	核能发电量	369.70	363.20	323.50	360.10	373.60	397.30	2187.40	364.57
7	太阳能发电量	210.80	206.40	201.80	190.00	157.50	161.60	1128.10	188.02
8	所有能源发电量	8059.10	8248.00	6830.00	6610.00	6666.70	7578.50	43992.30	7332.05
9	发电量比较	高	高	低	低	低	高		
10	注:主要能源产品产量月度统计范围为规模以上工业法人单位,即年主营业务收入2000万元及以上的工业企业。								
11	数据来源:国家统计局								

图 6-12　设置条件格式后的效果图

操作步骤如下。

①选定要设置条件格式的数据区域 B3:G3(注意不要选中“火力发电量”单元格),单击“开始”选项卡中的“条件格式”下拉按钮,在下拉列表中选择“突出显示单元格规则”→“大

于”命令，打开“大于”对话框，在左边的文本框中输入火力月平均发电量，即“5190.72”，也可以单击相应的单元格进行选择，在右边的下拉列表中选择“黄填充色深黄色文本”选项，如图 6-13 所示，单击“确定”按钮。

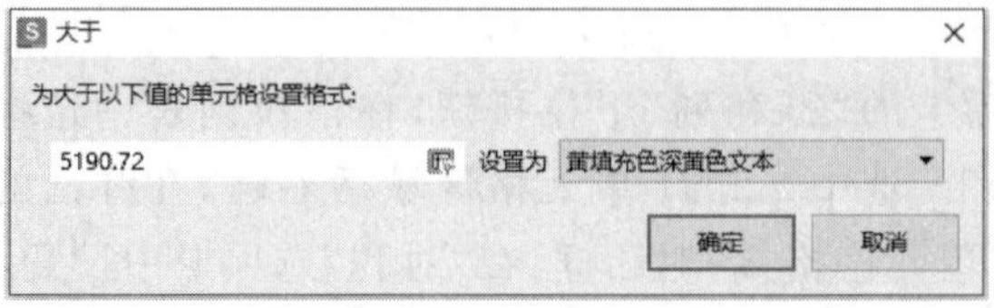

图 6-13 “大于”对话框

②用同样的方法选择“小于”命令，打开“小于”对话框，在左边的文本框中输入“5190.72”，在右边的下拉列表中选择“自定义格式”选项，打开“单元格格式”对话框，在“字体”选项卡中设置颜色为“绿色”，下画线为“双下画线”，然后连续单击“确定”按钮。

③重复以上操作，对其他类型能源的发电量进行条件格式设置，需要注意的是，要选择对应的类型能源的数据范围并在文本框中输入对应的月平均发电量。

6. 自动套用格式

自动套用格式是一组已定义好的格式的组合，包括数字、字体、对齐、边框、颜色、行高和列宽等格式。WPS 表格提供了多种美观、专业的表格样式，可以快速实现工作表的格式化。这可以通过单击“开始”选项卡中的“表格样式”下拉按钮来实现。

6.2.6 打印工作表

WPS 表格编辑完成后需要打印时，可以进行相应的设置。WPS 表格的打印，根据打印内容分为 3 种情况：打印选定工作表、打印整个工作簿、打印选定区域。这可以通过单击“文件”按钮，在打开的菜单中选择“打印”→“打印预览”命令，在“打印预览”界面中进行相应设置。这个界面与 WPS 文字的打印界面非常类似。

如果打印时需要为工作表加上页眉和页脚，还可以单击“页面布局”选项卡的“页面设置”组中的对话框启动器按钮，打开“页面设置”对话框，切换到其中的“页眉/页脚”选项卡，在“页眉”和“页脚”区域进行设置。

6.3 制作图表

WPS 表格能够将电子表格中的数据转换成各种类型的统计图表，更直观地揭示数据之间的关系，反映数据的变化规律和发展趋势，让用户能一目了然地进行数据分析。当工作表中的数据发生变化时，图表也会相应改变，不需要重新绘制。

WPS 表格有 9 类基本图表类型，每一类又有若干种子类型可供选择。

● 柱形图：用于显示一段时间内数据变化或各个项目之间的比较情况。柱形图简单易用，是最受用户欢迎的图表形式之一。

- 折线图:将同一数据系列的数据点在图中用直线连接起来,以等间隔显示数据的变化趋势。
- 饼图:能够反映出统计数据中各个项目所占的百分比或某个单项占总体的比例。使用该类图表便于查看整体与个体之间的关系。
- 条形图:可以看作横放的柱形图,用来描绘各个项目之间数据的差别,强调的是在特定的时间点上进行分类和比较数值。
- 面积图:用于显示某个时间阶段总数与数据系列的关系。面积图又称为面积形式的折线图。
- *XY*(散点图):通常用于显示两个变量之间的关系,利用散点图可以绘制函数曲线。
- 股价图:用于描绘股票走势的图形,显示股价的波动趋势。也可以用于分析其他科学数据,如用于显示温度的变化等。注意,以正确的顺序组织数据才能创建股价图。
- 雷达图:用于显示数据中心点及数据类别之间的变化趋势,可对数值无法表现的倾向分析提供良好的支持。为了能在短时间内把握数据相互之间的平衡关系,也可以使用雷达图。
- 组合图:可突出显示不同类型的信息。组合图适用于当图表中的值的范围变化较大或具有混合类型的数据的情况。

6.3.1　创建图表

在 WPS 表格中,创建图表的过程快速、简便,只需要选择数据源,然后单击“插入”选项卡的“图表”组中的相应图表类型的下拉按钮,在下拉列表中选择具体的类型即可,也可以单击“全部图表”按钮,在打开的“插入图表”对话框中进行选择,如图 6-14 所示。

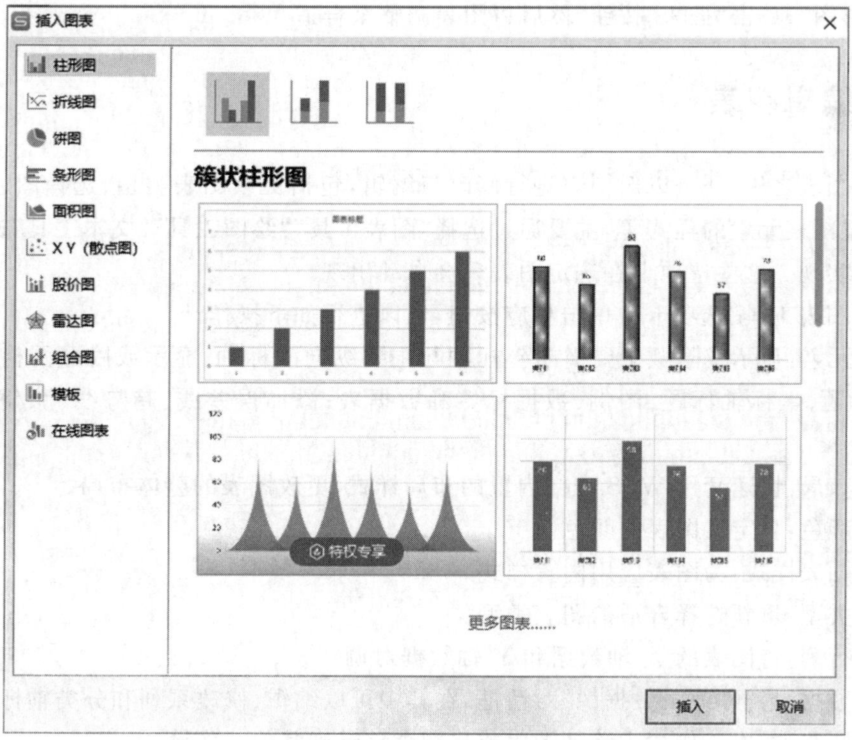

图 6-14　“插入图表”对话框

例 6-6 根据例 6-5 工作表中各类能源每个月的发电量及其对应的平均发电量，制作一个簇状柱形图，如图 6-15 所示。

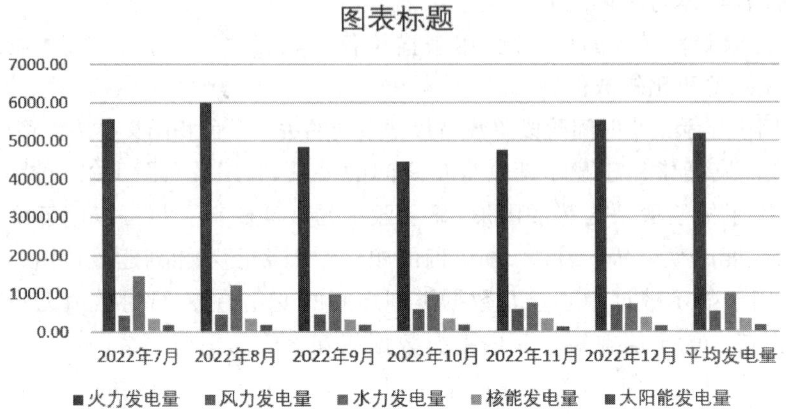

图 6-15 簇状柱形图

操作步骤如下。

①选定建立图表的数据源（这一步非常重要），方法如下：先选定连续的单元格区域，即各类能源每个月的发电量（A2:G7），按住 Ctrl 键，再选定“平均发电量”所对应的单元格区域（I2:I7）。

②单击“插入”选项卡中的“全部图表”下拉按钮，打开“插入图表”对话框，在“柱形图”区选择“簇状柱形图”，单击“插入”按钮，然后将图表调整至合适大小。

6.3.2 编辑图表

在创建图表之后，还可以对图表进行修改与编辑，包括更改图表类型、选择图表布局和图表样式、设置图表元素的样式等，主要通过选择“图表工具”“绘图工具”“文本工具”选项卡中的相应功能来实现。这些选项卡在选定图表后会自动出现。

(1)在“图表工具”选项卡中单击相应按钮，可以进行如下操作。

- 添加元素：显示或隐藏主要横向坐标轴与主要纵向坐标轴；显示或隐藏网格线；添加或修改图表标题、坐标轴标题、图例、数据标签和数据表；添加误差线、趋势线、涨/跌柱线和线条等。
- 快速布局：快速套用 WPS 表格内置的布局样式，更改图表的整体布局。
- 更改颜色：自定义图表的颜色。
- 更改图表样式：为图表应用内置样式。
- 更改类型：重新选择合适的图表类型。
- 切换行列：将图表的 X 轴数据和 Y 轴数据对调。
- 选择数据：打开“编辑数据源”对话框，在其中可以编辑、修改系列和分类轴标签。
- 移动图表：在本工作簿中移动图表或将图表移动到其他工作簿。
- 设置格式：在“图表元素”下拉列表中快速定位图表元素，显示“属性”任务窗格以修改所选图表元素的格式。例如，排列图表元素的对齐方式、设置图表的宽度与高度、裁剪图表等。

● 重置样式：清除所选图表元素的自定义格式，将其还原为应用于该图表的整体外观样式，确保所选图表元素与文档的整体主题相匹配。

(2)在“绘图工具”和“文本工具”选项卡中单击相应按钮，可以进行如下操作。

● 插入形状：在图表中插入形状。

● 编辑形状样式：套用快速样式，设置形状填充、形状轮廓以及形状效果。

● 插入艺术字：快速套用艺术字样式，设置艺术字颜色、外边框或艺术效果。

例 6-7　将例 6-6 中的图表进行如下编辑。

①将标题改为“2022 年下半年各类能源发电量统计表”，设置填充色为“白色，背景 1，深色 5%”。

②添加 X 轴标题“每月发电量及平均发电量”，Y 轴标题“亿千瓦时”。

效果如图 6-16 所示。

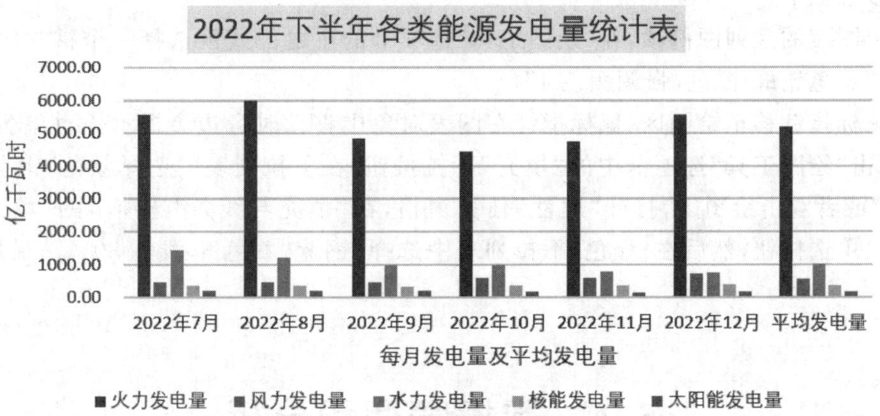

图 6-16　编辑图表效果

操作步骤如下。

①单击“图表标题”文本框，在其中输入“2022 年下半年各类能源发电量统计表”。单击“绘图工具”选项卡中的“填充”下拉按钮，在下拉列表中选择颜色“白色，背景 1，深色 5%”。

②单击“图表工具”选项卡中的“添加元素”下拉按钮，在下拉列表中选择“轴标题”→“主要横向坐标轴”命令，在出现的“坐标轴标题”文本框中输入“每月发电量及平均发电量”。单击“图表工具”选项卡中的“添加元素”下拉按钮，在下拉列表中选择“轴标题”→“主要纵向坐标轴”命令，在出现的“坐标轴标题”文本框中输入“亿千瓦时”，并适当调整图表大小。

6.3.3　格式化图表

生成一个图表后，为了获得更理想的显示效果，可以对图表的各个对象进行格式化。这可以通过“绘图工具”“文本工具”选项卡中的相应按钮完成。也可以双击要进行格式设置的图表对象，在打开的“属性”任务窗格中进行设置。

例 6-8　为例 6-7 中的簇状柱形图的图表的系列图例项设置一个快速样式，设置绘图区的背景为纯色填充“钢蓝，着色 5，浅色 80%”。效果如图 6-17 所示。

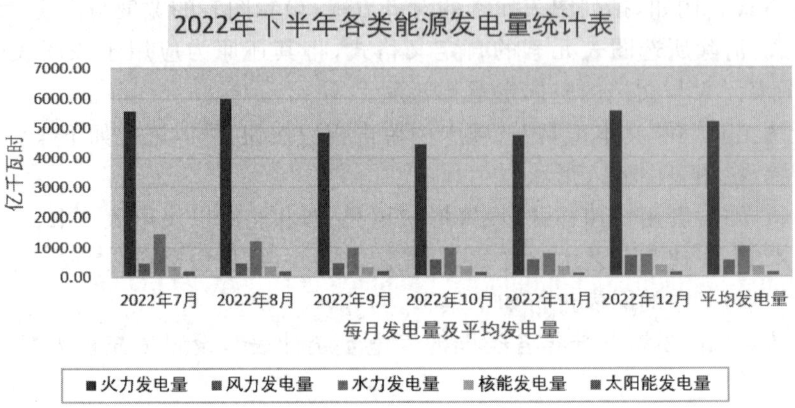

图 6-17 格式化图表效果

操作步骤如下。

①选定图表的系列图例项，在“绘图工具”选项卡的主题样式区选择一个喜欢的颜色和预设样式，如“彩色轮廓-橙色，强调颜色 4”。

②将鼠标指针移至绘图区（鼠标指针在图表对象中移动时旁边会提示该对象名称），选中绘图区，单击“绘图工具”选项卡中的“填充”下拉按钮，在下拉列表中选择颜色“钢蓝，着色 5，浅色 80%”或者双击绘图区，打开“属性”任务窗格，在“填充与线条”选项卡的“填充”区选中“纯色填充”单选按钮，然后在“颜色”下拉列表中选择“钢蓝，着色 5，浅色 80%”，最后单击“关闭”按钮。

6.4 数据管理和分析

WPS 表格不仅具有数据计算处理的能力，而且还具有数据库管理的一些功能。利用 WPS 表格，可以方便、快捷地对数据进行排序、筛选、分类汇总、创建数据透视表等统计分析工作。

6.4.1 建立数据清单

如果要使用 WPS 表格的数据管理功能，首先必须将电子表格创建为数据清单。数据清单又称为数据列表，是由 WPS 表格的工作表中的单元格构成的矩形区域，即一张二维表。数据清单是一种特殊的表格，必须包括两部分：表结构和表记录。表结构是数据清单的第 1 行，即列标题（又称为字段名），WPS 表格利用字段名对数据进行查找、排序及筛选等操作。表记录是 WPS 表格实施数据管理功能的对象，该部分不允许出现非法数据内容。要正确创建数据清单，应遵循以下准则。

（1）避免在一个工作表中创建多个数据清单，如果在工作表中还有其他数据，要在这些数据与数据清单之间留出空行、空列。

（2）通常在数据清单的第 1 行创建字段名。字段名必须唯一，且每一字段的数据类型必须相同,如字段名是"部门",则该列存放的必须都是部门名称。

(3)数据清单中不能有完全相同的两行记录。

6.4.2　数据排序

在实际应用中,为了方便查找和使用数据,通常按一定的顺序对数据清单进行重新排列。其中数值按大小排序,时间按先后排序,英文字母按字母顺序(默认不区分大小写)排列,汉字按拼音首字母或笔画排序。

用来排序的字段称为关键字。排序方式分为升序(递增)和降序(递减),排序方向分为按行排序和按列排序,还可以按自定义方式排序。

数据排序分为两种形式:简单排序和复杂排序。

1. 简单排序

简单排序是指对一个关键字(单一字段)进行升序或降序排列。可以单击"数据"选项卡中的"升序"按钮或"降序"按钮快速实现,也可以单击"排序"按钮,打开"排序"对话框进行操作。

2. 复杂排序

复杂排序是指对一个以上的关键字(多个字段)进行升序或降序排列。当排序的字段值相同时,可按另一个关键字继续排序,还可以设置更多的排序关键字。单击"数据"选项卡中的"排序"按钮,打开"排序"对话框来实现复杂排序,如图 6-18 所示。

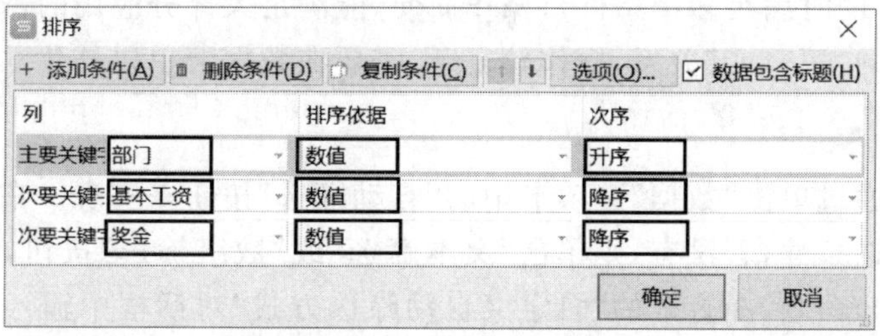

图 6-18　"排序"对话框

例 6-9　对"公司员工工资表. xlsx"进行排序,按主要关键字"部门"升序排列,部门相同时,按次要关键字"基本工资"降序排列,部门和基本工资都相同时,按第三关键字"奖金"降序排列。复杂排序结果如图 6-19 所示。

编号	姓名	部门	职务	基本工资	奖金	扣款额	实发工资
005	秦强	财务部	会计	6000	800	685.52	6114.48
011	潘越	财务部	会计	5950	700	735.27	5914.73
006	陆斌	财务部	出纳	4450	580	980	4050
009	雷曼	技术部	工程师	6600	1300	860	7040
010	郑黎	技术部	技术员	5900	840	760	5980
008	彭佩	技术部	技术员	5900	700	655.16	5944.84
007	邹蕾	技术部	技术员	4380	1080	890	4570
001	刘铁	销售部	业务员	7500	2400	1180.5	8719.5
012	王海	销售部	业务员	6300	2000	1080	7220
003	陈凤	销售部	业务员	6000	1560	865.88	6694.12
004	沈阳	销售部	业务员	5840	1660	780	6720
002	孙刚	销售部	业务员	5400	1780	1065.65	6114.35

图 6-19　复杂排序结果

操作步骤如下。

①建立工资表数据清单。在“公司员工工资表.xlsx”中选定数据区域 A2:H14，右击，在弹出的快捷菜单中选择“复制”命令，然后新建一个工作簿，选中工作表 Sheet1 中的 A1 单元格，右击，在弹出的快捷菜单中选择“选择性粘贴”命令，在打开的“选择性粘贴”对话框的“粘贴”栏中选中“数值”单选按钮，单击“确定”按钮，创建好工资表数据清单。

②单击数据清单中的任意单元格，单击“数据”选项卡中的“排序”按钮，在打开的“排序”对话框中选择主要关键字为“部门”，排序依据为“数值”，次序为“升序”；单击“添加条件”按钮，选择次要关键字为“基本工资”，排序依据为“数值”，次序为“降序”；单击“添加条件”按钮，选择次要关键字为“奖金”，排序依据为“数值”，次序为“降序”，如图 6-18 所示，单击“确定”按钮。在该对话框中，勾选“数据包含标题”复选框，可以避免字段名也成为排序对象；单击“选项”按钮，可以打开“排序选项”对话框，以进行一些与排序相关的设置，如排列字母时区分大小写、改变排序方向(按行)或汉字按笔画排序等。

6.4.3 数据筛选

当数据列表中的记录非常多，用户只对其中一部分数据感兴趣时，可以使用 WPS 表格的数据筛选功能将不感兴趣的记录暂时隐藏起来，只显示感兴趣的数据。当筛选条件被清除时，隐藏的数据恢复显示。

数据筛选有两种：自动筛选和高级筛选。自动筛选可以实现单个字段筛选及多个字段筛选的“逻辑与”关系(同时满足多个条件)，操作简便，能满足大部分应用的需求。高级筛选可以实现多个字段筛选的“逻辑或”关系，操作较复杂，需要在数据清单以外建立一个条件区域。

1. 自动筛选

自动筛选可以通过单击“数据”选项卡中的“自动筛选”按钮来实现。在需要筛选的字段名下拉列表中选择筛选条件，若没有，则单击“文本筛选”或“数字筛选”按钮，在打开的下拉列表中选择“自定义筛选”命令，在打开的“自定义自动筛选方式”对话框中输入筛选条件。如果要使数据恢复显示，单击字段名下拉列表中的“全选”按钮。如果要取消自动筛选功能，则再次单击“数据”选项卡中的“自动筛选”按钮。

例 6-10　在“公司员工工资表”中筛选出销售部基本工资大于或等于 6 000 元且奖金大于或等于 2 000 元的记录。自动筛选结果如图 6-20 所示。

	A	B	C	D	E	F	G	H
1	编号	姓名	部门	职务	基本工资	奖金	扣款额	实发工资
2	001	刘铁	销售部	业务员	7500	2400	1180.5	8719.5
13	012	王海	销售部	业务员	6300	2000	1080	7220

图 6-20　自动筛选结果

操作步骤如下。

①单击数据清单中的任意单元格。

②单击“数据”选项卡中的“自动筛选”按钮，在各个字段名的右边会出现筛选按钮，单击“部门”列的筛选按钮，在“内容筛选”区仅勾选“销售部”复选框，使筛选结果只显示销售部的员

工记录，单击“确定”按钮。

③单击“基本工资”列的筛选按钮，在弹出的界面中选择“数字筛选”→“大于或等于”命令，打开“自定义自动筛选方式”对话框。在“大于或等于”下拉列表右边的组合框中输入“6000”，单击“确定”按钮，此时，筛选结果只显示销售部员工中基本工资大于或等于 6 000 元的记录。

④用同样的方法进行“奖金”列的筛选。

2. 高级筛选

当筛选条件较为复杂，或出现多个字段间的“逻辑或”关系时，需要单击“数据”选项卡的“高级筛选”组中的对话框启动器按钮，打开“高级筛选”对话框。

在进行高级筛选时，字段名的右边不会出现筛选按钮，而是需要在条件区域输入条件。条件区域应建立在数据清单以外，用空行或空列与数据清单分隔。输入筛选条件时，首行输入条件字段名，从第 2 行起输入筛选条件，输入在同一行上的条件关系为“逻辑与”，输入在不同行上的条件关系为“逻辑或”。单击“数据”选项卡的“高级筛选”组中的对话框启动器按钮，在打开的“高级筛选”对话框中进行数据区域和条件区域的选择，筛选结果可以在原数据清单的位置显示，也可以在数据清单以外的位置显示。

例 6-11　在“公司员工工资表”中筛选销售部基本工资大于 6 000 元或财务部基本工资小于 6 000 元的记录，并将筛选结果显示在原有区域。高级筛选结果如图 6-21 所示。

	A	B	C	D	E	F	G	H
1	编号	姓名	部门	职务	基本工资	奖金	扣款额	实发工资
2	001	刘铁	销售部	业务员	7500	2400	1180.5	8719.5
7	006	陆斌	财务部	出纳	4450	580	980	4050
12	011	潘越	财务部	会计	5950	700	735.27	5914.73
13	012	王海	销售部	业务员	6300	2000	1080	7220

图 6-21　高级筛选结果

操作步骤如下。

①在数据清单以外选择一个空白区域，在首行输入字段名“部门”和“基本工资”，在第 2 行对应字段下输入条件“销售部”和“＞6000”，在第 3 行对应字段下输入条件“财务部”和“＜6000”，如图 6-22 所示。

	A	B	C	D	E	F	G	H
2	001	刘铁	销售部	业务员	7500	2400	1180.5	8719.5
3	002	孙刚	销售部	业务员	5400	1780	1065.65	6114.35
4	003	陈凤	销售部	业务员	6000	1560	865.88	6694.12
5	004	沈阳	销售部	业务员	5840	1660	780	6720
6	005	秦强	财务部	会计	6000	800	685.52	6114.48
7	006	陆斌	财务部	出纳	4450	580	980	4050
8	007	邹蕾	技术部	技术员	4380	1080	890	4570
9	008	彭佩	技术部	技术员	5900	700	655.16	5944.84
10	009	雷曼	技术部	工程师	6600	1300	860	7040
11	010	郑黎	技术部	技术员	5900	840	760	5980
12	011	潘越	财务部	会计	5950	700	735.27	5914.73
13	012	王海	销售部	业务员	6300	2000	1080	7220
14								
15	部门	基本工资						
16	销售部	>6000						
17	财务部	<6000						

图 6-22　建立条件区域

②单击数据清单中的任意单元格，单击“数据”选项卡的“高级筛选”组中的对话框启动器

按钮，打开“高级筛选”对话框，选中“在原有区域显示筛选结果”单选按钮，再确认给出的列表区域是否正确。如果不正确，可以单击“列表区域”文本框右侧的“折叠对话框”按钮，用鼠标在工作表中重新选择列表区域后再单击“展开对话框”按钮返回。然后单击“条件区域”文本框右侧的“折叠对话框”按钮，用鼠标在工作表中选择条件区域后再单击“展开对话框”按钮返回，单击“确定”按钮。

6.4.4　分类汇总

实际工作中经常用到分类汇总，如仓库的库存管理员经常要统计各类产品的库存总量，商店的销售管理员经常要统计各类商品的售出总量等。上述工作的共同特点是首先要进行分类（排序），将同类别数据放在一起，然后进行数量求和等汇总运算。WPS 表格提供了分类汇总功能。

分类汇总就是对数据清单按某个字段进行分类，将字段值相同的连续记录作为一类，进行求和、求平均值、计数等汇总运算。针对同一个分类字段，可以进行多种方式的汇总。

需要注意的是，在分类汇总前必须对分类字段排序，否则将得不到正确的分类汇总结果；其次，在分类汇总时要清楚对哪个字段分类，对哪些字段汇总，以及设置汇总方式，这些都需要在“分类汇总”对话框中逐一设置。

分类汇总有两种形式：简单汇总和嵌套汇总。

1. 简单汇总

简单汇总是指对数据清单的一个或多个字段仅进行一种方式的汇总。

例 6-12　在“公司员工工资表”中，求各部门基本工资、奖金和实发工资的平均值。简单汇总结果如图 6-23 所示。根据分类汇总的要求，实际是对“部门”字段分类，对“基本工资”“奖金”和“实发工资”进行汇总，汇总方式是求平均值。

	A	B	C	D	E	F	G	H
1	编号	姓名	部门	职务	基本工资	奖金	扣款额	实发工资
2	005	秦强	财务部	会计	6000	800	685.52	6114.48
3	006	陆斌	财务部	出纳	4450	580	980	4050
4	011	潘越	财务部	会计	5950	700	735.27	5914.73
5			**财务部 平均值**		5466.667	693.3333		5359.737
6	007	邹蕾	技术部	技术员	4380	1080	890	4570
7	008	彭佩	技术部	技术员	5900	700	655.16	5944.84
8	009	雷曼	技术部	工程师	6600	1300	860	7040
9	010	郑黎	技术部	技术员	5900	840	760	5980
10			**技术部 平均值**		5695	980		5883.71
11	001	刘铁	销售部	业务员	7500	2400	1180.5	8719.5
12	002	孙刚	销售部	业务员	5400	1780	1065.65	6114.35
13	003	陈凤	销售部	业务员	6000	1560	865.88	6694.12
14	004	沈阳	销售部	业务员	5840	1660	780	6720
15	012	王海	销售部	业务员	6300	2000	1080	7220
16			**销售部 平均值**		6208	1880		7093.594
17			**总计平均值**		5851.667	1283.333		6256.835

图 6-23　简单汇总结果

操作步骤如下。

①选择 C 列（“部门”数据列），单击“数据”选项卡中的“升序”按钮，对“部门”字段进行升序排列。

②单击数据清单中的任意单元格，单击“数据”选项卡中的“分类汇总”按钮，打开“分类汇

总”对话框，在“分类字段”下拉列表中选择“部门”选项，在“汇总方式”下拉列表中选择“平均值”选项，在“选定汇总项”（汇总字段）列表框中勾选“基本工资”“奖金”“实发工资”复选框，并清除其余的默认汇总项，如图 6-24 所示，单击“确定”按钮。在该对话框中，“替换当前分类汇总”复选框的含义是用此次分类汇总的结果替换已存在的分类汇总结果。

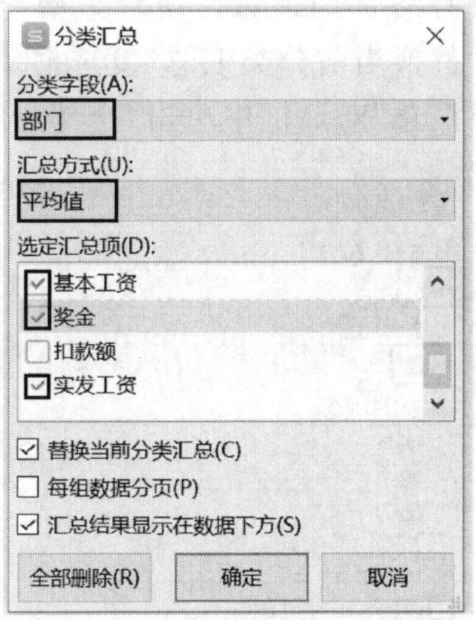

图 6-24　简单“分类汇总”对话框设置

分类汇总后，默认情况下，数据会分 3 级显示，可以单击分级显示区上方的 1 2 3 按钮进行控制，单击 1 按钮，只显示数据清单中的列标题和总计结果；单击 2 按钮，显示各个分类汇总结果和总计结果；单击 3 按钮，显示全部的详细数据。

2. 嵌套汇总

嵌套汇总是指对同一字段进行多种不同方式的汇总。

例 6-13　在例 6-12 求各部门基本工资、实发工资和奖金的平均值的基础上统计各部门人数。嵌套汇总结果如图 6-25 所示。

	A	B	C	D	E	F	G	H
1	编号	姓名	部门	职务	基本工资	奖金	扣款额	实发工资
2	005	秦强	财务部	会计	6000	800	685.52	6114.48
3	006	陆斌	财务部	出纳	4450	580	980	4050
4	011	潘越	财务部	会计	5950	700	735.27	5914.73
5			**财务部 计数**	3				
6			**财务部 平均值**		5466.666667	693.3333333		5359.736667
7	007	邹蕾	技术部	技术员	4380	1080	890	4570
8	008	彭佩	技术部	技术员	5900	700	655.16	5944.84
9	009	雷曼	技术部	工程师	6600	1300	860	7040
10	010	郑黎	技术部	技术员	5900	840	760	5980
11			**技术部 计数**	4				
12			**技术部 平均值**		5695	980		5883.71
13	001	刘铁	销售部	业务员	7500	2400	1180.5	8719.5
14	002	孙刚	销售部	业务员	5400	1780	1065.65	6114.35
15	003	陈凤	销售部	业务员	6000	1560	865.88	6694.12
16	004	沈阳	销售部	业务员	5840	1660	780	6720
17	012	王海	销售部	业务员	6300	2000	1080	7220
18			**销售部 计数**	5				
19			**销售部 平均值**		6208	1880		7093.594
20			**总平均值**		5851.666667	1283.333333		6256.835
21			**总计数**	12				

图 6-25　嵌套汇总结果

这需要分两次进行分类汇总。先按照例 6-12 的方法求平均值，再在平均值汇总的基础上计数。

操作步骤如下。

①先按照例 6-12 的方法进行平均值汇总。

②在平均值汇总的基础上统计各部门人数。统计人数“分类汇总”对话框设置如图 6-26 所示。需要注意的是，不能勾选“替换当前分类汇总”复选框。

若要取消分类汇总，在“分类汇总”对话框中单击“全部删除”按钮即可。

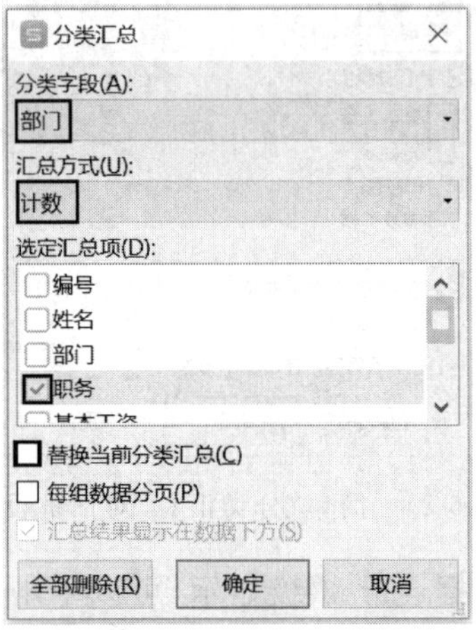

图 6-26 统计人数“分类汇总”对话框设置

6.4.5 数据透视表

分类汇总适合按一个字段进行分类，对一个或多个字段进行汇总。如果要对多个字段进行分类并汇总，就需要利用数据透视表来实现。

例 6-14 在“公司员工工资表”中，统计各部门各职务的人数。数据透视表的统计结果如图 6-27 所示。本例既要按“部门”分类，又要按“职务”分类，这时候就需要使用数据透视表。

	A	B	C	D	E	F	G
1							
2							
3	**计数项:职务**	**列标签**					
4	**行标签**	**出纳**	**工程师**	**会计**	**技术员**	**业务员**	**总计**
5	财务部	1		2			3
6	技术部		1		3		4
7	销售部					5	5
8	**总计**	**1**	**1**	**2**	**3**	**5**	**12**

图 6-27 数据透视表的统计结果

操作步骤如下。

①选择数据清单中的任意单元格。

②单击“插入”选项卡中的“数据透视表”按钮，打开“创建数据透视表”对话框，确认选

择要分析的数据的范围(如果系统给出的单元格区域的选择不正确,可拖动鼠标选择单元格区域)及数据透视表的放置位置(可以放在新工作表中,也可以放在现有工作表中),然后单击"确定"按钮。此时出现"数据透视表"任务窗格,把要分类的字段拖动到"行"区和"列"区,使之成为数据透视表的行、列标题,将要汇总的字段拖动到"值"区。本例将"部门"字段作为行标签,"职务"字段作为列标签,且计数统计的数据项是"职务",如图 6-28 所示。默认情况下,数据项如果是非数值型字段,则对其计数,否则对其求和。

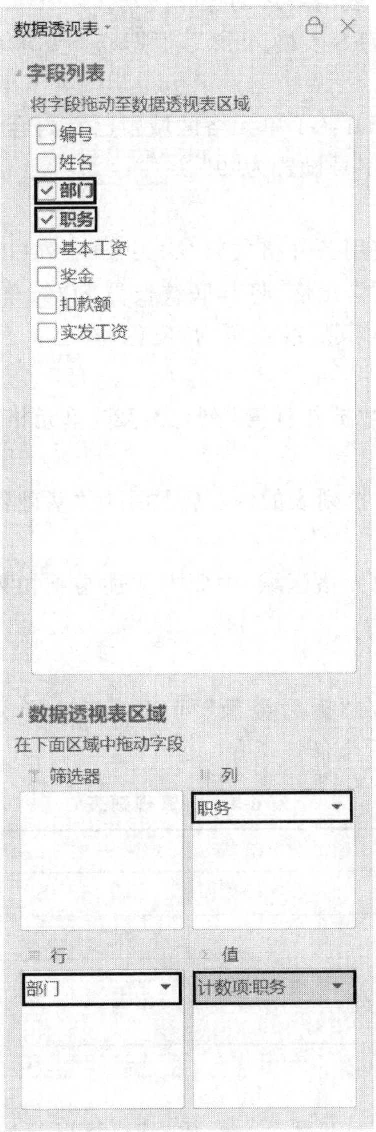

图 6-28　"数据透视表"任务窗格

创建数据透视表后,WPS 表格中会自动出现"分析"和"设计"选项卡,可以用来进一步设置数据透视表,如更改数据透视表的布局、改变汇总方式及数据更新等。

6.5 WPS 表格高级应用实例

简单数据的分析、汇总和管理是未来学生就业之后日常工作中的重要内容之一。通过本案例的学习，学生能够掌握电子表格处理的操作技巧。

例 6-15 打开电子表格“WPS 表格. xlsx”，根据以下要求对工作表进行处理。

1. 字体设置

在“销售记录”工作表中的 D1:G1 单元格区域中已有内容，在其后面增加“(自动计算)”字样，新增的内容需要换行显示，字号设置为“9”。

2. 使用条件格式

在“销售记录”工作表中，使用条件格式对“购买金额”列(I2:I20 单元格区域)进行标注；对于金额大于或等于 20 000 元的单元格，将其底纹设置为“矢车菊蓝，着色 1，浅色 80%”；对于金额小于 10 000 元的单元格，将其底纹设置为“橙色，着色 4，浅色 80%”。

3. 数据验证

在“销售记录”工作表中，对“折扣优惠”列(J2:J20 单元格区域)中的内容进行规范填写，要求如下。

①在该列插入下拉列表，下拉列表的内容需要引用“基础信息表”工作表中的“折扣优惠”列(H3:H6 单元格区域)。

②“折扣优惠”列(J2:J20 单元格区域)中原本描述与下拉列表内容不一致的单元格，需重新修改为规范描述。

4. 使用 IFS 函数

在“销售记录”工作表中，在“折后金额”列(K2:K20 单元格区域)中使用 IFS 函数，按表 6-4 所示的折算规则计算折后金额。

表 6-4 折算规则表

折扣优惠	折后金额
无优惠	购买金额×100%
普通	购买金额×95%
VIP	购买金额×85%
SVIP	购买金额×80%

5. 冻结窗格

设置“销售记录”工作表，使上下翻页查看数据时，标题行始终显示；左右滚动查看数据时，“日期”和“客户名称”列始终显示。

6. 设置打印页面

将“销售记录”工作表横向打印在 A4 纸上，在打印时，每页都打印标题行。

7. 创建数据透视表

①将生成的数据透视表放置在“统计表”工作表中，用于统计不同品牌、不同品类的购买数

量、购买金额。

②数据透视表左侧标题为“品类”，上方第 1 行标题为“品牌”，每个品牌下方的两级标题，分别为“数量”和“金额”，数据透视表展示的效果参考表 6-5（“＃＃＃”代表具体数据）。

表 6-5　销售记录表

	H 品牌		M 品牌		T 品牌		数量汇总	金额汇总
品类	数量	金额	数量	金额	数量	金额		
手机	＃＃＃	＃＃＃	＃＃＃	＃＃＃	＃＃＃	＃＃＃	＃＃＃	＃＃＃
电视	＃＃＃	＃＃＃	＃＃＃	＃＃＃	＃＃＃	＃＃＃	＃＃＃	＃＃＃
洗衣机	＃＃＃	＃＃＃	＃＃＃	＃＃＃	＃＃＃	＃＃＃	＃＃＃	＃＃＃
总计	＃＃＃	＃＃＃	＃＃＃	＃＃＃	＃＃＃	＃＃＃	＃＃＃	＃＃＃

③将数据透视表中的“金额”列单元格设置成“货币”格式（示例效果：￥1,234.56）。

④将数据透视表中的数据按“金额汇总”降序排列。

8. 查找替换和限制权限

①使用查找替换功能将“商品名称”列（B3:B17 单元格区域）中的“（内销）”和“（出口）”内容清除。

②将“基础信息表”设置成默认禁止编辑。

9. 设置超链接和套用表格样式

在“目录”工作表中，按如下要求进行设置。

①对 B3:B5 单元格区域分别设置超链接，使得单击单元格时能自动跳转至对应工作表。设置完成后，将 3 个单元格恢复默认效果（字体为“黑体”，字号为“10”，字体颜色为“黑色，文本 1”）。

②选中 A2:C5 单元格区域，插入表格，将表格样式修改为“黑色，表样式 3”。

操作步骤如下。

1. 字体设置

在“销售记录”工作表中，将光标置于“商品名称”后面。单击“开始”选项卡中的“自动换行”按钮，在光标后输入“（自动计算）”，选中“（自动计算）”，在“开始”选项卡中，将“字号”设置为“9”。使用相同的方法输入另外 3 处文字并进行字体设置。

2. 使用条件格式

选中“销售记录”工作表的 I2:I20 单元格区域，单击“开始”选项卡中的“条件格式”下拉按钮，在下拉列表中选择“突出显示单元格规则”→“其他规则”命令，打开“新建格式规则”对话框，将“编辑规则说明”栏中的第 2 个下拉列表设置为“大于或等于”，在其右侧输入“20000”，单击“格式”按钮，打开“单元格格式”对话框，在“图案”选项卡中选择“矢车菊蓝，着色 1，浅色 80％”，单击“确定”按钮，结果如图 6-29 所示，依次单击“确定”按钮。

选中 I2:I20 单元格区域，单击“开始”选项卡中的“条件格式”下拉按钮，在下拉列表中选择“突出显示单元格规则”→“其他规则”命令，打开“新建格式规则”对话框，将“编辑规则说明”栏中的第 2 个下拉列表设置为“小于”，在其右侧输入“10000”，单击“格式”按钮，打开“单元格格式”对话框，在“图案”选项卡中选择“橙色，着色 4，浅色 80％”，依次单击“确定”按钮。

图 6-29　“新建格式规则”对话框

3. 数据验证

①选中 J2:J20 单元格区域,单击“数据”选项卡中的“有效性”按钮,打开“数据有效性”对话框,将“允许”设置为“序列”,在“来源”文本框中输入“=基础信息表! $H$3:$H$6”,勾选下方的“对所有同样设置的其他所有单元格应用这些更改”复选框,如图 6-30 所示,单击“确定”按钮。

图 6-30　“数据有效性”对话框

②将单元格的描述与下拉列表中不一致的,修改成一致的:单击单元格右侧的下拉按钮,选择一致的选项,如将“无”修改为“无优惠”等。

4. 使用 IFS 函数

IFS 函数通常用来判断一组数据是否满足一个或多个条件,且返回符合第 1 个 TRUE 条件的值。IFS 可以取代多个嵌套 IF 语句,并且在有多个条件时更方便阅读。其基本语法结构为“=IFS(条件 1,值 1,条件 2,值 2,…,条件 N,值 N)”。

将光标定位在 K2 单元格中,输入公式“=IFS(J2="无优惠",I2,J2="普通",I2 * 0.95,

J2="VIP",I2＊0.85,J2="SVIP",I2＊0.8)”,按 Enter 键,此时,该单元格已经使用 IFS 函数计算得到折后金额。双击 K2 单元格右下角的填充柄,便可完成整列计算。

5. 冻结窗格

选中 C2 单元格,单击“视图”选项卡中的“冻结窗格”下拉按钮,在下拉列表中选择“冻结至第 1 行 B 列”命令,此时就冻结了工作表的第 1 行 和 B 列。

6. 设置打印页面

单击“页面布局”选项卡中的“打印标题或表头”按钮,打开“页面设置”对话框,在“顶端标题行”文本框中输入“＄1:＄1”,如图 6-31 所示,单击“确定”按钮。单击“文件”按钮,在打开的菜单中选择“打印”→“打印预览”命令,在“打印预览”界面中设置纸张方向为“横向”,纸张类型为“A4”,单击“无打印缩放”下拉按钮,在下拉列表中选择“将所有列打印在一页”命令。

图 6-31　“页面设置”对话框

7. 创建数据透视表

①选中“销售记录”工作表中的 A1:K20 单元格区域,单击“插入”选项卡中的“数据透视表”按钮,打开“创建数据透视表”对话框,将“请选择放置数据透视表的位置”设置为“现有工作表”,并在下方文本框中输入“统计表!＄A＄1”,如图 6-32 所示,单击“确定”按钮。

②在右侧的“数据透视表”任务窗格中,将“字段列表”中的“品类(自动计算)”字段拖动到“数据透视表区域”的“行”列表框中,将“品牌(自动计算)”字段拖动到“列”列表框中,将“购买数量”和“购买金额”字段均拖动到“值”列表框中,如图 6-33 所示。参照表 6-5 修改各单元格名称。

选中数据透视表区域,单击“开始”选项卡中的“居中”按钮;选中 B2:C2 单元格区域,单击“分析”选项卡中的“选项”按钮,在打开的“数据透视表选项”对话框中,勾选“合并且居中排列带标签的单元格”复选框。用同样的方法设置“M 品牌”和“T 品牌”。

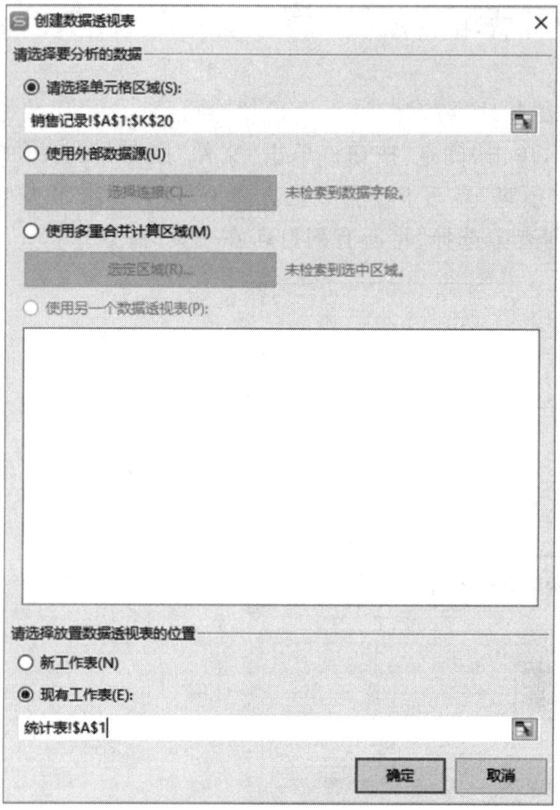

图 6-32　“创建数据透视表”对话框

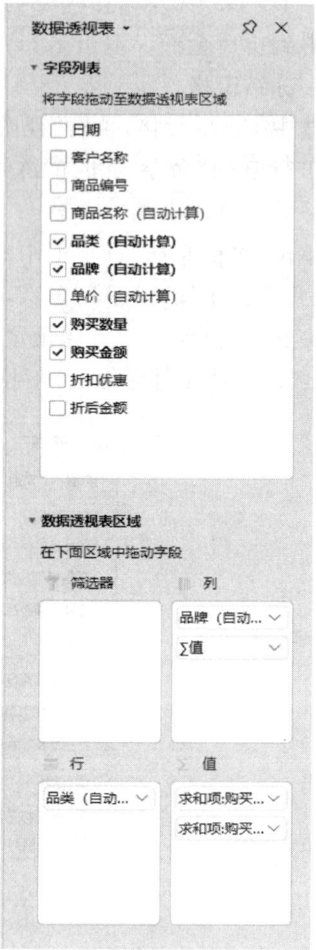

图 6-33　“数据透视表”任务窗格

③选中所有“金额”列(按住 Ctrl 键以选中不连续区域),右击,在弹出的快捷菜单中选择“设置单元格格式”命令,打开“单元格格式”对话框,在“数字”选项卡中将“分类”设置为“货币”,其他参数保持默认设置,如图 6-34 所示,单击“确定”按钮。

④单击 A3 单元格右侧的下拉按钮,选择“其他排序选项”命令,打开“排序(品类(自动计算))”对话框,设置“降序排序(Z 到 A)依据”为“金额”,如图 6-35 所示,单击“其他选项”按钮,在打开的“其他排序选项(品类(自动计算))”对话框中,选中“排序依据”栏中的“所选列中的值”单选按钮,选取 I4:I6 单元格区域,依次单击“确定”按钮。

8. 查找替换和限制权限

①在“基础信息表”工作表中,按 Ctrl＋H 快捷键打开“替换”对话框,在“查找内容”文本框中输入“(内销)”(括号是英文半角括号),单击“全部替换”按钮。用同样的方法删除“(出口)”内容。

②单击“审阅”选项卡中的“保护工作表”按钮,打开“保护工作表”对话框,保持默认参数不变,单击“确定”按钮。

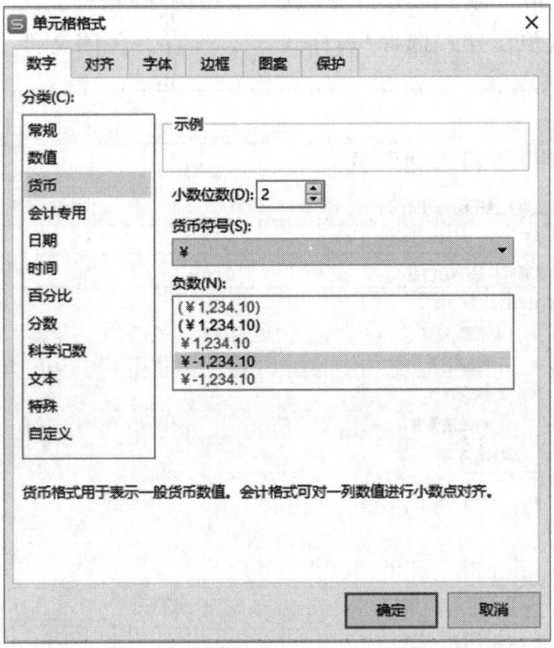

图 6-34　“单元格格式”对话框

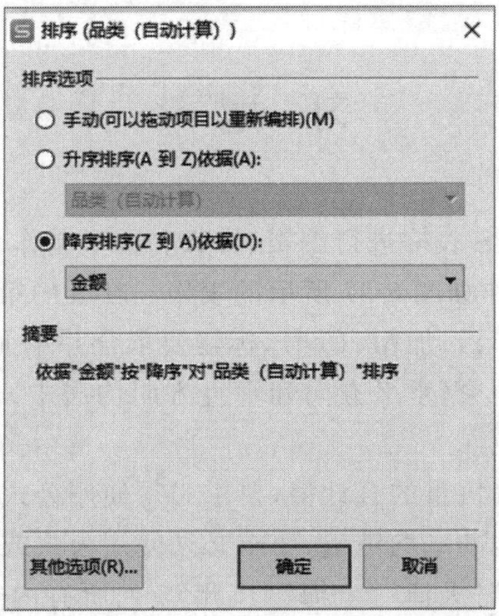

图 6-35　“排序(品类(自动计算))”对话框

9. 设置超链接和套用表格样式

①在“目录”工作表中，选中 B3 单元格，右击，在弹出的快捷菜单中选择“超链接”命令，打开“超链接”对话框，选择“本文档中的位置”，将“请选择文档中的位置”设置为“销售记录”，如图 6-36 所示，单击“确定”按钮。用同样的方法设置其他两个超链接。选中 B3:B5 单元格区域，在“开始”选项卡中，将“字体”设置为“黑体”，“字号”设置为“10”，“字体颜色”设置为“黑色，文本 1”。

②选中 A2:C5 单元格区域,单击“开始”选项卡中的“表格样式”下拉按钮,在下拉列表中,选择主题颜色为“黑色”,预设样式选择“表样式 3”。保存并关闭文件。

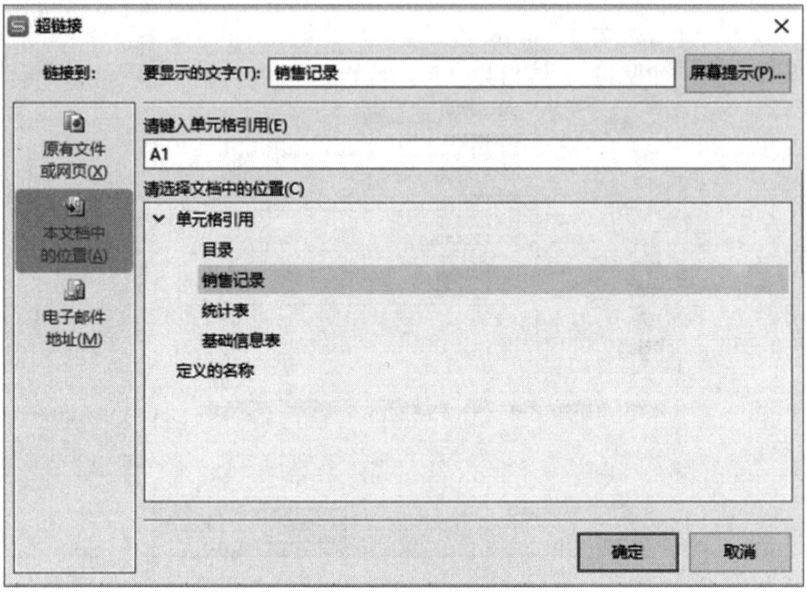

图 6-36　“超链接”对话框

习　题　6

1. 请按照以下要求对 WPS 表格进行编辑、排版和图形制作。

①在 Sheet1 工作表中制作如图 6-37 所示的表格。在表的第 1 行输入标题“商品销售统计表”,将标题字体设置为华文彩云、加粗、16 号,标题要求合并单元格(在一行内合并多列,且两端与数据表对齐),居于表的中央(水平方向和垂直方向均居中)。增加表格线(包括标题),将 A 列单元格底纹设置为浅绿色。

②统计每种商品在各地销售量的合计值,要求必须使用公式或函数计算。

③计算出每种商品在各地的平均销量,要求必须使用公式或函数计算,保留 1 位小数。

④利用“商品名称”“北京”“天津”“上海”“广州”5 列所有内容绘制簇状柱形图,设置分类轴(X 轴)标题为“商品名称”,图表标题为“商品销售统计表”。

	A	B	C	D	E	F	G
1	商品销售统计表						
2	商品名称	北京	天津	上海	广州	合计	平均销量
3	电视机	6500	3000	5000	4500		
4	洗衣机	2600	1200	2000	1600		
5	冰箱	1800	1000	3000	2000		
6	空调	1600	1400	1550	1520		
7							(单位:台)

图 6-37　商品销售统计表

2. 请按照以下要求对 WPS 表格进行数据管理操作。

①建立如图 6-38 所示的工作表。

②对订阅记录按“名称”字段进行升序排列，若“名称”字段相同时，则按“份数”字段降序排列。

③筛选出订阅“读者”的数据记录。

④利用 WPS 表格的高级筛选功能，筛选出订阅“半岛都市报”且份数大于 2 的记录。

⑤按订阅报刊的单位，对所订阅报刊的“总价”进行分类汇总求和。

	A	B	C	D	E	F
1	报刊订阅表					
2	代号	名称	年价（元）	份数	总价（元）	单位
3	RMRB	人民日报	288	2	576	团委
4	DZ	读者	192	1	192	工会
5	DNAHZ	电脑爱好者	360	1	360	团委
6	BDDSB	半岛都市报	252	2	504	党政办
7	DZ	读者	192	2	384	资料室
8	RMRB	人民日报	288	3	864	党政办
9	RCYJ	市场研究	96	2	192	党政办
10	BDDSB	半岛都市报	252	10	2520	生产车间
11	QNWZ	青年文摘	120	6	720	工会
12	BDDSB	半岛都市报	252	5	1260	工会

图 6-38　报刊订阅表

第 7 章　演示文稿制作——WPS 演示

演示文稿制作软件已广泛应用于会议报告、课程教学、广告宣传、产品演示等方面，成为人们在各种场合下进行信息交流的重要工具，利用它可以制作集文字、图形、声音、动画、电影等于一体的演示文稿。本章将以 WPS Office 教育考试专用版中的 WPS 演示组件为例，介绍演示文稿制作软件的基本功能和使用方法。

知识导航

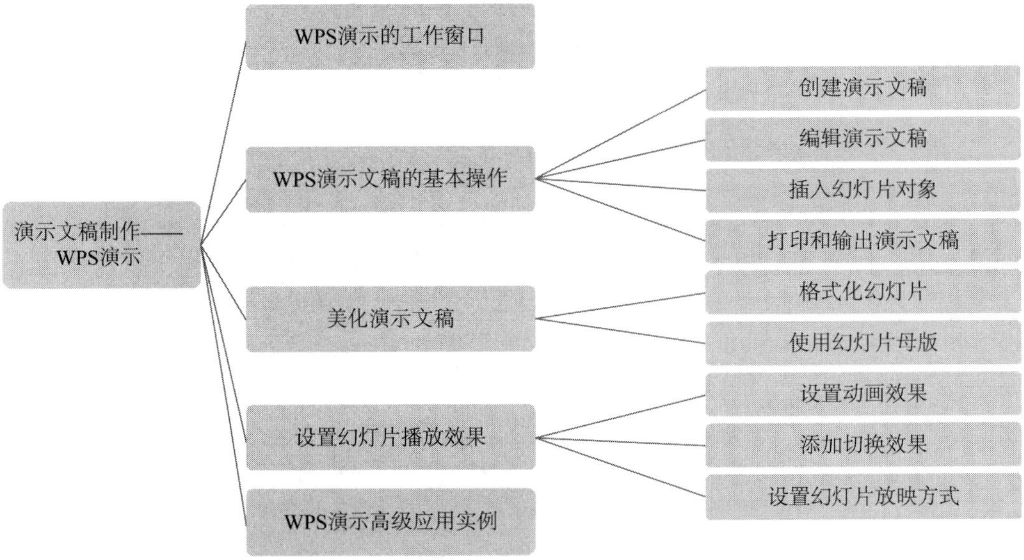

7.1　WPS 演示的工作窗口

单击“开始”按钮，在“开始”菜单中选择“WPS Office”→“WPS Office 教育考试专用版”命令，在 WPS Office 窗口的“首页”选项卡中单击“新建”按钮，打开“新建”界面，在窗口上方选择新建的程序类型为“演示”类型，单击“新建空白文档”按钮，进入 WPS 演示的工作窗口，如图 7-1 所示。

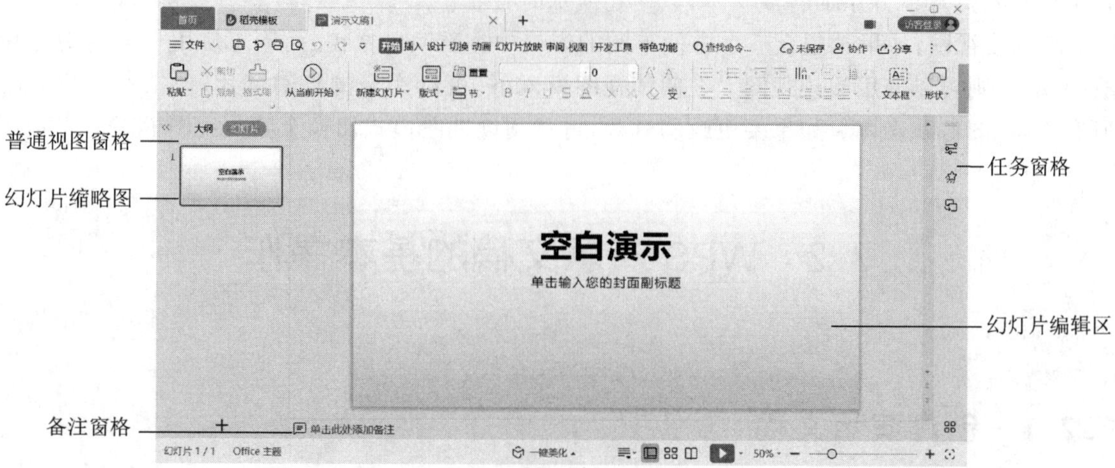

图 7-1　WPS 演示的工作窗口

WPS 演示的工作窗口与前面介绍的 WPS 文字和 WPS 表格的基本相同，不同之处主要有以下几个方面。

1. 占位符

在 WPS 演示中，占位符是一种用来帮助用户添加内容的预定义区域，通常用于布局幻灯片的主要元素，如标题、正文、图像、媒体和表格等，用户可以根据需要调整占位符的大小和位置。占位符内一般会有相应的提示信息，例如“单击输入您的封面副标题”（见图 7-1），输入相应的内容后会将提示信息进行替换。

2. 备注与批注窗格

备注窗格是一种用于在幻灯片中添加个人备注和提醒的功能。用户可以在备注窗格中添加文本，提醒自己或其他人需要注意的事项。演讲时，使用演讲者放映模式，添加的备注内容仅供演讲者查看，不会在幻灯片上显示。

批注窗格则是一种用于在幻灯片中添加注释和反馈的功能。用户可以在批注窗格中添加注释，以便更好地解释幻灯片内容，或者与其他人进行协作。批注内容不会在放映过程中显示。

3. 视图按钮

WPS 演示根据建立、编辑、浏览、放映幻灯片的需要，提供了 4 种视图模式：普通视图、幻灯片浏览视图、备注页视图和阅读视图。视图不同，演示文稿的显示方式不同，对演示文稿的加工也不同。各个视图的切换可以通过单击“视图”选项卡中的相应按钮或单击 WPS 演示工作窗口底部的相应视图按钮实现。

- 普通视图：图 7-1 所示的就是普通视图，它是系统默认也是最常使用的视图模式，只能显示一张幻灯片。在普通视图模式下，可以编辑和格式化幻灯片的所有内容，包括文本、图片、表格、图表等元素。它按照幻灯片的编号顺序显示演示文稿中全部幻灯片的缩略图。
- 幻灯片浏览视图：在幻灯片浏览视图模式下，可以同时显示多张幻灯片，方便对幻灯片进行移动、复制、删除等操作，但是不能编辑单张幻灯片的具体内容。
- 备注页视图：是一种用于添加和查看幻灯片备注的视图模式。在备注页视图模式下，用户可以在幻灯片下方添加备注文本,以便在演示时查看。

● 阅读视图:如果希望在一个方便审阅的窗口中查看演示文稿,而不想使用全屏的幻灯片放映视图,则可以使用阅读视图。在阅读视图模式下,可以完全浏览幻灯片,包括幻灯片上的所有文本、图像和媒体。如果要更改幻灯片,可从阅读视图模式切换至其他视图模式。

7.2　WPS 演示文稿的基本操作

7.2.1　创建演示文稿

利用 WPS 演示创建演示文稿的常用方法有以下两种。

1. 新建空白演示文稿

在 WPS 演示的工作窗口中单击“文件”按钮,在弹出的菜单中选择“新建”命令,打开“新建”界面,选择新建的程序类型为“演示”类型,单击“新建空白文档”按钮,界面中就会出现一张空白的标题幻灯片,用户可以按照占位符中的文字提示输入内容,还可以通过单击“插入”选项卡中的相应按钮插入需要的各种对象,如表格、图片、链接、文本、符号、媒体等。

2. 根据模板创建演示文稿

模板包括各种主题和版式。用户可以利用 WPS 演示提供的内置模板(见图 7-2)自动、快速地形成每张幻灯片的外观。除了使用内置模板外,还可以使用 WPS 演示推荐的模板或者从网上下载的模板,以满足要求。

图 7-2　根据模板创建演示文稿

7.2.2　编辑演示文稿

演示文稿的编辑主要包括幻灯片的新建、选择、复制、移动、删除等操作，通常在幻灯片的普通视图中，通过编辑命令或编辑快捷操作方式来实现。

1)新建幻灯片

新建幻灯片有多种方式。单击"开始"选项卡中的"新建幻灯片"下拉按钮，在展开的幻灯片版式库中单击需要的版式，如图 7-3 所示，就可以开始新幻灯片的制作。在普通视图窗格中选中一张幻灯片缩略图，直接按 Enter 键或 Ctrl＋M 快捷键，或者右击该幻灯片缩略图，在弹出的快捷菜单中选择"新建幻灯片"选项，即可在该幻灯片下方创建一张新的空白幻灯片，此时新建的幻灯片的版式与前一页幻灯片的一样。

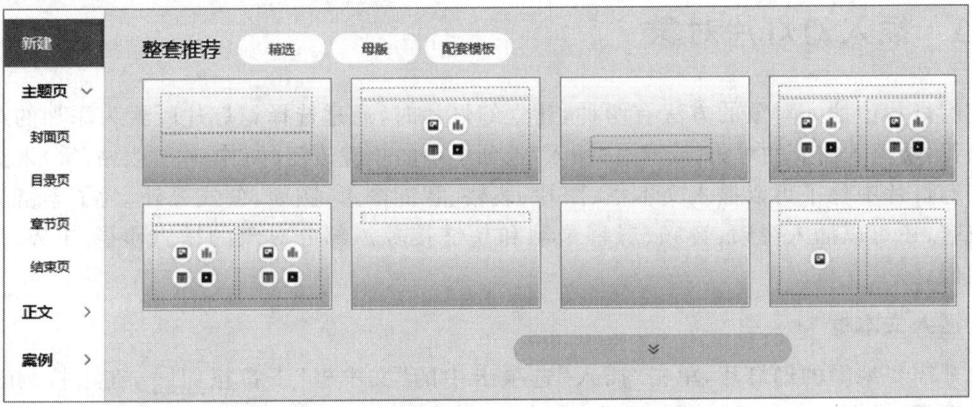

图 7-3　幻灯片版式库

WPS 演示中预设了标题幻灯片、标题和内容、节标题、两栏内容等 11 种幻灯片版式供选择。要修改幻灯片的版式时，可以选中幻灯片，单击"开始"选项卡中的"版式"下拉按钮，在展开的幻灯片版式库中重新选择即可。

2)选择幻灯片

选择单张幻灯片，直接单击幻灯片即可；选择多张连续的幻灯片，可按住 Shift 键，先后单击需要选中的第一张幻灯片和最后一张幻灯片；选择多张不连续的幻灯片，可按住 Ctrl 键，逐个单击要选择的幻灯片。

3)复制幻灯片

复制幻灯片有多种方法，常用的方法主要为：在幻灯片缩略图区域，选中需要复制的幻灯片，右击，在弹出的快捷菜单中选择"复制幻灯片"命令，或直接按 Ctrl＋C 快捷键，也可以单击"开始"选项卡的"剪贴板"组中的"复制"按钮，然后将光标移到要复制的位置，右击，在弹出的快捷菜单中选择"粘贴"命令，或按 Ctrl＋V 快捷键，同样也可以通过"剪贴板"组中的"粘贴"按钮完成幻灯片的复制。

也可以直接按 Ctrl＋D 快捷键，复制该幻灯片，并将其插到选中的幻灯片后面。

4)移动幻灯片

和复制幻灯片的方法类似，在幻灯片缩略图区域，选中需要移动的幻灯片，右击，在弹出的快捷菜单中选择“剪切”命令或直接按 Ctrl＋X 快捷键，也可以单击“开始”选项卡的“剪贴板”组中的“剪切”按钮，然后将光标移到要移动的位置，右击，在弹出的快捷菜单中选择“粘贴”命令或按 Ctrl＋V 快捷键，同样也可以通过“剪贴板”组中的“粘贴”按钮完成幻灯片的移动。

也可以在幻灯片缩略图区域选中幻灯片后直接按住鼠标左键，拖动鼠标将幻灯片移动到指定位置。

5）删除幻灯片

在幻灯片缩略图区域，选中要删除的幻灯片，然后按 Delete 键，或者右击，在弹出的快捷菜单中选择“删除幻灯片”命令。

注意：如果既不想删除某张幻灯片，又不想在幻灯片放映过程中展示该幻灯片，可以选中该幻灯片，在幻灯片缩略图区域右击，在弹出的快捷菜单中选择“隐藏幻灯片”命令，此时该幻灯片缩略图会变暗，其序号呈带斜杠的灰色状态，表示该幻灯片已经被隐藏。

7.2.3 插入幻灯片对象

在幻灯片中插入对象的方法有两种：建立幻灯片时，通过选择幻灯片版式为添加的对象提供占位符，再插入需要的对象；或通过“插入”选项卡中的相应按钮（如“图片”“表格”等）来实现。

在幻灯片中除了可以插入文本框、图片、表格、智能图形、图表、公式等外，为了丰富演示文稿的内容，还可以插入视频、音频、屏幕录制和超链接等。部分对象的插入步骤与 WPS 文字中的相似。

1. 插入文本框

打开需要编辑的幻灯片，单击“插入”选项卡中的“文本框”下拉按钮，在下拉列表中根据需要选择“横向文本框”或“竖向文本框”命令（见图 7-4），按住鼠标左键并拖动鼠标在幻灯片中创建文本框。

图 7-4　插入文本框

输入文字后，就可以通过“开始”选项卡中的相关按钮来更改文本框中文字的字体、格式和对齐方式等。也可以右击文本框，在弹出的快捷菜单中选择“设置对象格式”选项，在打开的“对象属性”任务窗格（见图 7-5）中进行相应设置。还可以通过“绘图工具”选项卡中的相关按钮对文本框的形状、样式进行设置。

2. 插入图片

选择需要插入图片的幻灯片，单击“插入”选项卡中的“图片”下拉按钮，在下拉列表中可以选择“本地图片”“分页插图”“手机传图”等命令。图片插入完成后，右击图片，在弹出的快捷菜单中选择“设置图片格式”命令，在打开的“对象属性”任务窗格中更改图片样式、剪裁图片、删除背景、调整亮度和对比度等，也可以通过“图片工具”选项卡中的相关按钮进行设置。

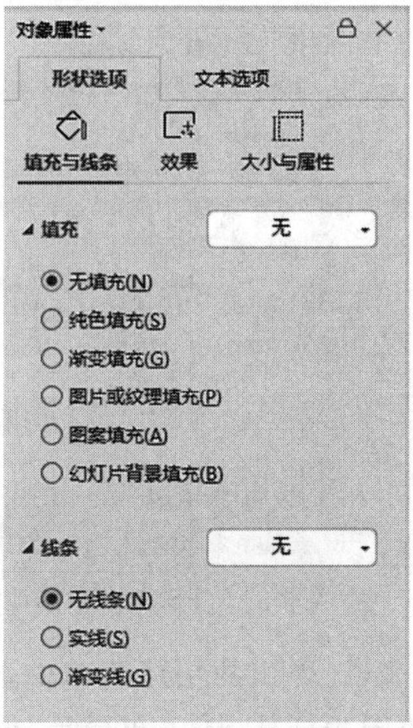

图 7-5　“对象属性”任务窗格

3. 插入图表

插入图表的具体操作方法是:单击“插入”选项卡中的“图表”按钮,在打开的“插入图表”对话框中选择需要的图表类型(见图 7-6),单击“插入”按钮。当需要修改图表中的数据时,选中图表,右击,在弹出的快捷菜单中选择“编辑数据”命令,这时可以在关联了基础数据的 WPS 表格中修改数据,如图 7-7 所示,修改相应的数据和内容之后,幻灯片中的图表会自动更新,输入完毕后,单击 WPS 表格窗口中的“关闭”按钮即可。

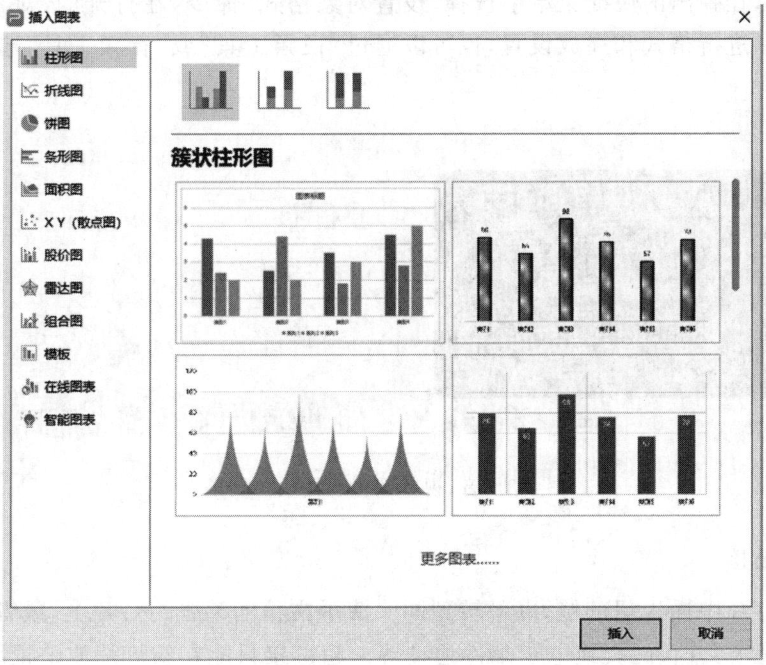

图 7-6　“插入图表”对话框

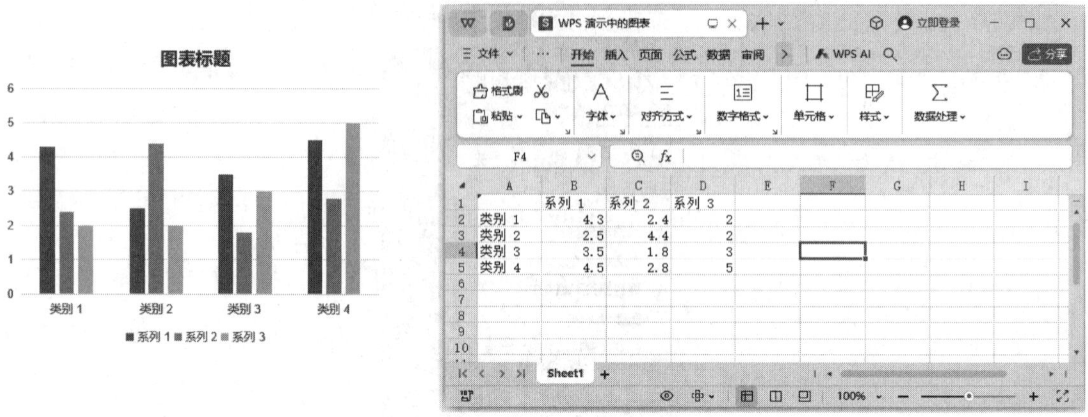

图 7-7　在关联的 WPS 表格中修改数据

图表插入完成后，可以右击图表，在弹出的快捷菜单中选择“设置图表区域格式”命令，在打开的“对象属性”任务窗格中更改图表样式、图表布局等，也可以通过“图表工具”“文本工具”和“绘图工具”选项卡中的相关按钮进行设置。

4. 插入视频、音频和屏幕录制

类似地，在幻灯片中插入视频、音频和屏幕录制，可以通过单击“插入”选项卡中的“视频”“音频”按钮来实现。视频包括嵌入视频、链接视频、网络视频；音频包括嵌入音频、链接音频、嵌入背景音乐、链接背景音乐。屏幕录制是录制计算机屏幕和相关音频，然后将录制内容插入幻灯片。

插入完成后，幻灯片中会出现相应的音、视频图标和播放控制条，如图 7-8 所示。选中音、视频图标，右击，在弹出的快捷菜单中选择“设置对象格式”命令，在打开的“对象属性”任务窗格中，对音、视频进行格式和播放设置，也可以通过“视频工具”或“音频工具”选项卡中的相关按钮进行设置。

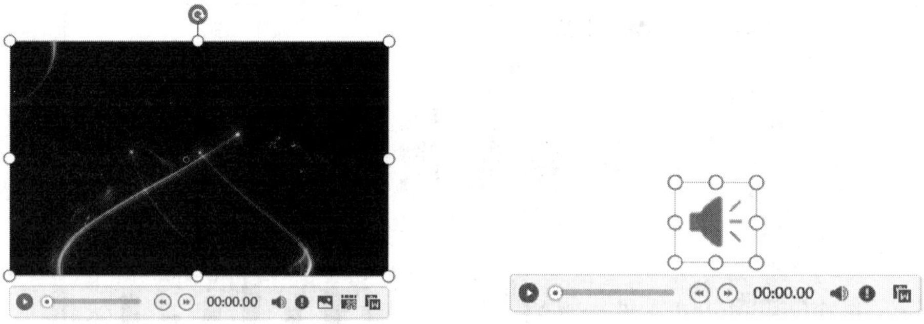

图 7-8　音、视频图标和播放控制条

5. 插入超链接

可以在幻灯片中插入超链接，以跳转到同一演示文稿的某张幻灯片上，或者跳转到其他演示文稿、WPS 文字文档、网页或电子邮件地址等。超链接只能在幻灯片放映视图下起作用。

超链接有以下两种形式。

1)以下画线表示的超链接

单击“插入”选项卡中的“超链接”按钮，在弹出的“插入超链接”对话框中进行设置，如图 7-9 所示。

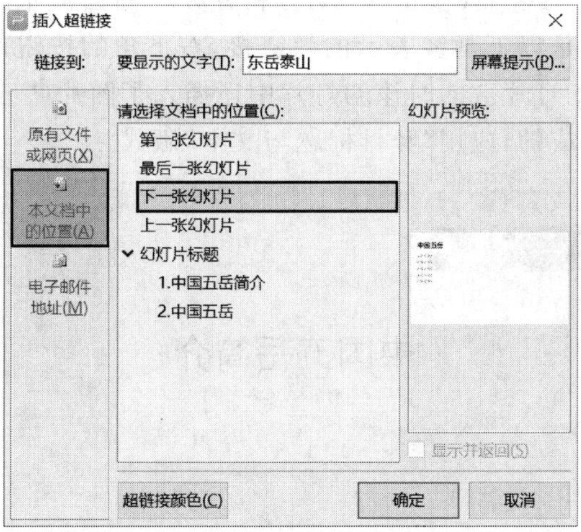

图 7-9　“插入超链接”对话框

2)以动作按钮表示的超链接

单击“插入”选项卡中的“形状”下拉按钮，在下拉列表中的“动作按钮”区选择相应的动作按钮(见图 7-10)，按住鼠标左键并拖动鼠标，在幻灯片上创建动作按钮，在弹出的“动作设置”对话框中进行设置，如图 7-11 所示。

图 7-10　动作按钮

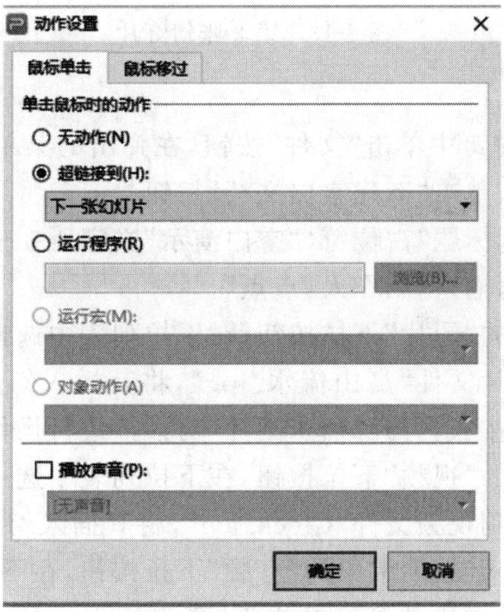

图 7-11　“动作设置”对话框

在幻灯片上添加对象后，可以对其进行缩放、修改、移动、复制、删除等操作，操作方法与WPS文字中的相同。

例 7-1　新建“中国五岳简介”演示文稿，共3张幻灯片。第1张幻灯片如图7-12所示，插入了图片（“高山流水.jpg”）、视频（“Clock.avi”）和音频（“高山流水.mp3”）；第2张幻灯片如图7-13所示，第1行文字是以下画线表示的超链接，右下角的按钮是以动作按钮表示的超链接，二者均链接到下一张幻灯片。同时该幻灯片中还插入了图片（“五岳.jpg”）；第3张幻灯片是由第2张幻灯片复制而成的，应用“竖排标题与文本”版式。

图 7-12　第 1 张幻灯片

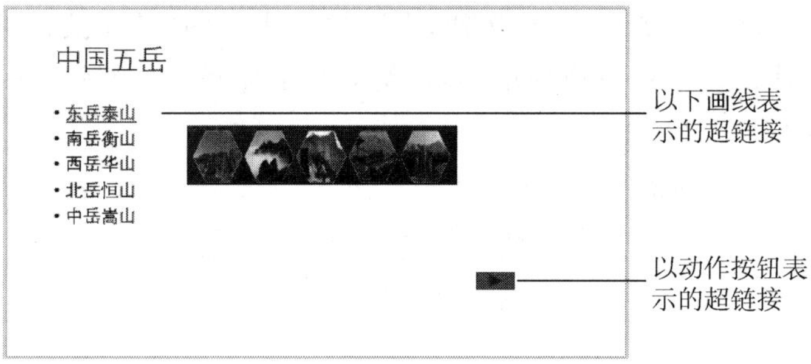

图 7-13　第 2 张幻灯片

操作步骤如下。

①在WPS演示的工作窗口中单击“文件”按钮，在弹出的菜单中选择“新建”命令，选择新建的程序类型为“演示”类型，单击“新建空白文档”按钮。

②在标题幻灯片上单击“标题”占位符（“空白演示”文字所在位置），输入文字“中国五岳简介”，再单击“副标题”占位符，输入“制作人：点点”。

③单击“插入”选项卡中的“图片”下拉按钮，在下拉列表中选择“本地图片”命令，在打开的“插入图片”对话框中找到图片文件“高山流水.jpg”，将其插入幻灯片并适当调整其大小和位置。也可以直接单击“图片”按钮，打开“插入图片”对话框进行操作。

④单击“插入”选项卡中的“视频”下拉按钮，在下拉列表中选择“嵌入本地视频”命令，在打开的“插入视频”对话框中找到视频文件“Clock.avi”，将其插入幻灯片并适当调整其图标的大小和位置。同样地，单击“插入”选项卡中的“音频”下拉按钮，在下拉列表中选择“嵌入音频”命令，在打开的“插入音频”对话框中找到音频文件“高山流水.mp3”，将其插入幻灯片。插入音频文件后，幻灯片中出现一个音频图标。

⑤单击“开始”选项卡中的“新建幻灯片”下拉按钮，在展开的幻灯片版式库中单击右上方的“母版”按钮，在幻灯片版式库中选择“标题和内容”版式，插入一张幻灯片，输入相应内容。选定第 1 行文字，单击“插入”选项卡中的“超链接”按钮，打开“插入超链接”对话框，单击“链接到”列表框中的“本文档中的位置”选项，在“请选择文档中的位置”列表框中选择“下一张幻灯片”，如图 7-9 所示，单击“确定”按钮。

⑥单击“插入”选项卡中的“形状”下拉按钮，在下拉列表的“动作按钮”区选择“动作按钮：前进或下一项”，将它绘制在当前幻灯片右下角的合适位置，会自动弹出“动作设置”对话框，在该对话框中选择“超链接到：”为“下一张幻灯片”，如图 7-11 所示，单击“确定”按钮。

⑦按照前面所述的方法插入图片“五岳. jpg”，并适当调整其大小和位置。

⑧在普通视图窗格中选定第 2 张幻灯片，利用快捷菜单中相应的命令复制、粘贴得到第 3 张幻灯片。然后单击“开始”选项卡中的“版式”下拉按钮，在展开的版式库中选择“竖排标题与文本”。

7.2.4　打印和输出演示文稿

演示文稿的打印可以通过单击“文件”按钮，在打开的菜单中选择“打印”命令来实现。

演示文稿制作完毕后，可以输出为不同格式的文件，如可以输出为 PDF 文件、图片，也可以将演示文档打包成文件夹或压缩文件等。这些操作通过单击“文件”按钮，在打开的菜单中选择相应命令来实现。

例 7-2　将例 7-1 中的演示文稿以讲义形式用 A4 纸打印出来，每张纸打印 3 张幻灯片。

操作步骤如下。

①打开演示文稿。

②单击“文件”按钮，在打开的菜单中选择“打印”命令，打开“打印”对话框，在“打印内容”下拉列表中选择“讲义”命令，在“每页幻灯片数”下拉列表中选择“3”，在预览区域即可看到打印效果，预览满意后单击“确定”按钮即可。

7.3　美化演示文稿

演示文稿制作好后，接下来的工作就是对演示文稿的外观进行美化，以求达到最佳的视觉效果。美化演示文稿包括两部分：一是对每张幻灯片分别进行美化；二是统一设置演示文稿中幻灯片的外观。

7.3.1　格式化幻灯片

为了使幻灯片更加美观、易读，除了对幻灯片中的文字和段落以及插入的文本框、图片、自选图形、表格、图表等对象进行格式化，还需要对幻灯片整体进行格式化，如设置幻灯片的大小、主题和背景格式等，这些可以通过“设计”选项卡中的相应按钮来实现。

1. 设置幻灯片大小

新建演示文稿时，WPS 演示就默认了幻灯片的大小和方向，用户可以根据具体需要对其进行设置。具体操作方法为：单击“设计”选项卡中的“幻灯片大小”下拉按钮，下拉列表中一般有标准的 4∶3 以及常用的宽屏 16∶9 比例，也可以选择“自定义大小”命令，在弹出的“页面设置”对话框中设置幻灯片的大小和方向，如图 7-14 所示。

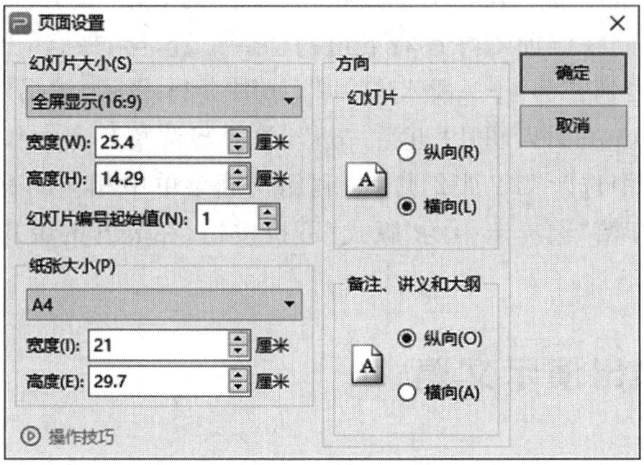

图 7-14 “页面设置”对话框

2. 设置幻灯片主题

主题是指应用到幻灯片的颜色、字体和背景设计方案。WPS 演示内置了多种主题样式，通过使用主题，可以轻松对演示文稿进行格式化，其中的文本和图形也会自动采用主题定义的大小、颜色和位置。具体操作方法为：单击“设计”选项卡的主题库中的主题按钮，或者单击“更多设计”按钮，从弹出的主题库中进行选择，如图 7-15 所示，此时，整个演示文稿都会应用该主题。

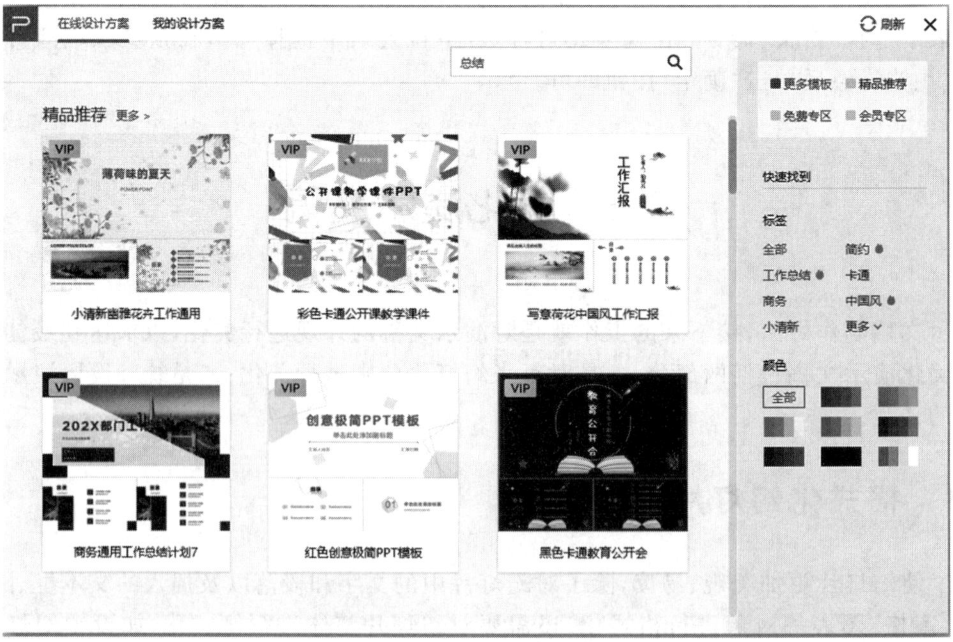

图 7-15 主题库

选中主题之后，还可以在此主题的基础上，应用不同的颜色、字体和背景。可以单击“设计”选项卡中的“配色方案”“背景”等相关按钮进行设置。

3. 设置幻灯片背景

在 WPS 演示中，用户可以单独设置幻灯片的背景格式，也可以将设置好的背景格式应用到整个演示文稿中。具体操作方法为：单击“设计”选项卡中的“背景”下拉按钮，在下拉列表中选择“背景”命令，在打开的“对象属性”任务窗格中进行操作，如图 7-16 所示，可以选择纯色、渐变、图片或纹理以及图案填充。

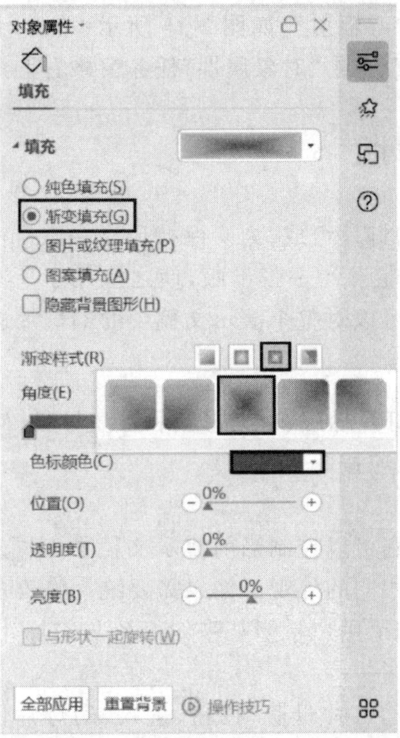

图 7-16　“对象属性”任务窗格

例 7-3　对例 7-1 演示文稿中的幻灯片进行格式化。

将第 1 张幻灯片的标题文字设置为华文行楷、66、分散对齐，将第 2 张幻灯片的标题文字设置为居中对齐；为第 2 张幻灯片的背景设置一种预设的渐变填充样式。美化后幻灯片的效果如图 7-17 所示。

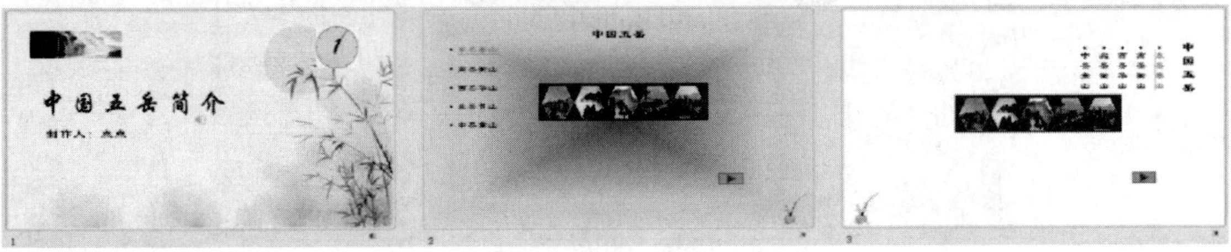

图 7-17　美化后幻灯片的效果

操作步骤如下。

①打开演示文稿,在“设计”选项卡的“设计方案”库中选择一种喜欢的方案,打开“设计方案”界面,单击“应用本模板风格”按钮。

②在普通视图窗格中单击第 1 张幻灯片,选定标题文字,在“开始”选项卡中设置字体为“华文行楷”,字号为“66”,设置对齐方式为“分散对齐”。

③在普通视图窗格中单击第 2 张幻灯片,选定标题文字,在“开始”选项卡中设置对齐方式为“居中对齐”。单击“设计”选项卡中的“背景”下拉按钮,在下拉列表中选择“背景”命令,打开“对象属性”任务窗格,在“填充”选项卡的“填充”区选中“渐变填充”单选按钮,在“渐变样式”区单击“矩形渐变”按钮,选择“中心辐射”,如图 7-16 所示;单击“色标颜色”下拉按钮,在下拉列表的“标准颜色”区选择“蓝色”,单击“对象属性”任务窗格右上角的“关闭”按钮。

7.3.2　使用幻灯片母版

一个演示文稿由若干张幻灯片组成,为了保持风格一致和布局相同,提高编辑效率,可以通过 WPS 演示提供的母版功能设计一张母版,使之应用于所有幻灯片。母版包括可出现在每一张幻灯片上的显示元素,可以对整个演示文稿中的幻灯片进行统一调整,避免重复制作。

1. 幻灯片母版分类

WPS 演示的母版分为幻灯片母版、讲义母版和备注母版。它们的操作均可以通过“视图”选项卡的“母版视图”组中的相应按钮来进行。

1)幻灯片母版

幻灯片母版是最常用的,它可以控制当前演示文稿中相同幻灯片版式上输入的标题和文本的格式与类型,使它们具有相同的外观。如果需要统一修改多张幻灯片的外观,只需修改相应幻灯片版式的母版即可。如果用户希望某张幻灯片与幻灯片母版的效果不同,则直接修改该幻灯片即可。

单击“视图”选项卡中的“幻灯片母版”按钮,进入“幻灯片母版”视图,在左侧窗格列出的 11 种版式中选择“标题和内容”版式,该版式的母版如图 7-18 所示。

图 7-18　“标题和内容”版式的母版

2)讲义母版

有时用户需要将演示文稿打印出来,当作讲义使用,但是当演示文稿中的幻灯片数量较多时,将每张幻灯片都单独打印在一张纸上有些浪费,而使用讲义母版,可以将多张幻灯片一起排版,还可以设置讲义方向、幻灯片大小、每页讲义的幻灯片数量以及页眉和页脚等(见图 7-19)。

图 7-19　“讲义母版”视图

3)备注母版

备注母版主要提供演讲者备注使用的空间以及设置幻灯片备注页的格式,如图 7-20 所示。

2. 设置幻灯片母版

单击“视图”选项卡中的“幻灯片母版”按钮,进入“幻灯片母版”视图,在缩略图区域,第 1 张幻灯片称为幻灯片母版,对该幻灯片进行设置,会改变演示文稿中所有的幻灯片。在第 1 张幻灯片下面有多张不同版式的幻灯片,对这些幻灯片进行设置,会改变应用对应版式的幻灯片。

1)设置母版版式

在“幻灯片母版”视图中,母版通常有 5 个占位符,即标题、文本、日期、幻灯片编号和页脚,可以单击“幻灯片母版”选项卡中的“母版版式”按钮,在打开的“母版版式”对话框中根据需要设置母版中的占位符对象,如图 7-21 所示。

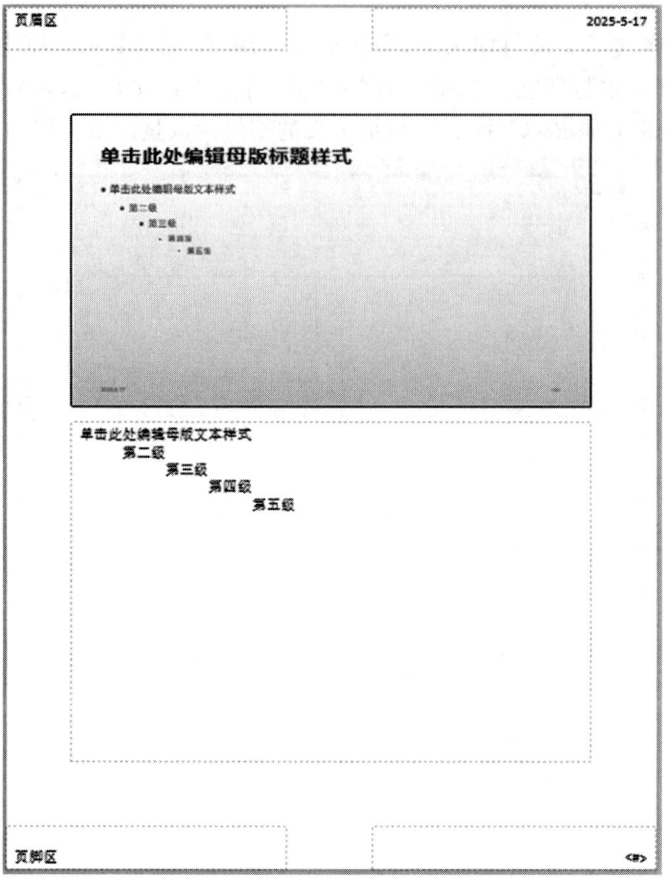

图 7-20　“备注母版”视图

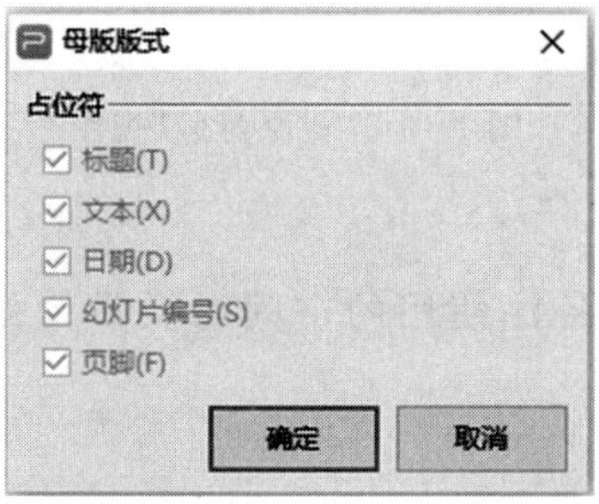

图 7-21　“母版版式”对话框

另外还可以在母版中可以进行下列操作：

①更改标题和文本样式；

②设置日期、页脚和幻灯片编号；

③向母版插入对象等。

2)设置母版主题和背景

在“幻灯片母版”选项卡中单击“主题”下拉按钮，可以设置母版主题，还可以单击“颜色”“字体”“效果”等下拉按钮对母版背景的颜色、字体、效果等进行设置。

3）编辑母版

单击“幻灯片母版”选项卡的“编辑母版”组中的相应按钮，可以进行插入幻灯片母版、插入版式等操作。

在幻灯片母版中操作完毕后，单击“幻灯片母版”选项卡中的“关闭”按钮返回。

例 7-4　在例 7-3 演示文稿中的每张幻灯片的左下角加入幻灯片编号，在下方正中间加入页脚“中国五岳”，并在“标题幻灯片”版式的母版中设置页脚文字的字号为 24 磅。

操作步骤如下。

①单击“插入”选项卡中的“页眉和页脚”按钮，打开“页眉和页脚”对话框，勾选“幻灯片编号”和“页脚”复选框，并在“页脚”文本框中输入“中国五岳”，如图 7-22 所示，单击“全部应用”按钮。

图 7-22　“页眉和页脚”对话框

②单击“视图”选项卡中的“幻灯片母版”按钮，进入“幻灯片母版”视图，在左侧窗格中选择“标题幻灯片”版式，在页脚区选中“中国五岳”，在“开始”选项卡中的“字号”下拉列表中选择“24”，再单击“幻灯片母版”选项卡，单击“关闭”按钮。此后，添加的“标题幻灯片”版式中页脚文字的字号均为 24 磅。

7.4　设置幻灯片播放效果

设置幻灯片的播放效果包括两部分：一是设置幻灯片中对象的动画效果；二是设置幻灯片之间的切换效果。

7.4.1　设置动画效果

在为幻灯片中的对象设置动画效果时，WPS 演示提供了 4 种动画效果，分别是进入、强调、退出和动作路径。

● 进入动画效果：是对象进入幻灯片时产生的效果，包括基本型、细微型、温和型和华丽型4种。

● 强调动画效果：用于突出对象，引人注目，包括基本型、细微型、温和型和华丽型4种，一般选择一些较华丽的效果。

● 退出动画效果：包括基本型、细微型、温和型和华丽型4种，如飞出、轮子、旋转、弹跳等效果，可根据需要进行设置。

● 动作路径：用于自定义动画运动的路线及方向，也可以采用WPS演示中预设的多种路径。

1. 添加动画

添加动画可以通过单击“动画”选项卡的动画库中的相应按钮来完成，WPS演示将一些常用的动画效果放置在动画库中。如果想使用更多的效果，可以单击动画库中“进入”“强调”“退出”“动作路径”区右侧的“更多选项”按钮，在展开的动画效果列表中选择需要的效果。例如，单击“进入”区的“更多选项”按钮，打开“更多进入动画效果”界面，如图7-23所示。

图7-23　“更多进入动画效果”界面

动画效果设置好后，可以在“动画”选项卡中单击“自定义动画”按钮，在弹出的“自定义动画”任务窗格中查看和编辑添加好的动画，如图7-24所示。

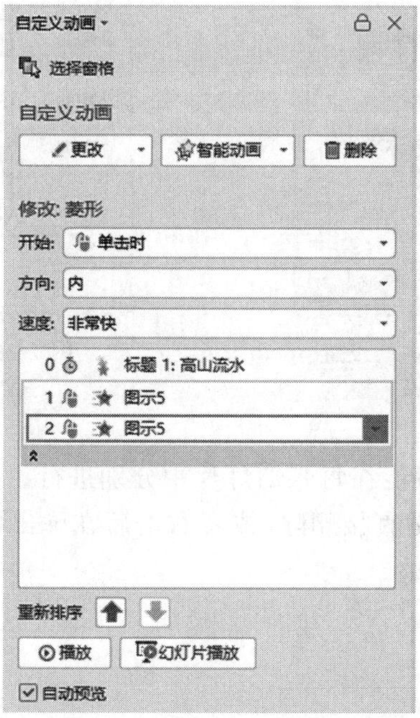

图7-24　“自定义动画”任务窗格

注意：如果一个对象需要设置多个动画，在打开的“自定义动画”任务窗格中，单击“添加效果”下拉按钮即可打开动画效果列表，以增加新的动画效果。

2. 编辑动画

可以对动画方向、开始方式、顺序、声音、动画时长等进行编辑，让动画效果更加符合演示文稿的意图。

(1)设置动画方向。可通过单击“自定义动画”任务窗格中的“方向”下拉按钮来完成。

(2)设置动画开始方式。动画开始方式包括“单击时”“之前”“之后”3种方式，选中添加动画的对象，在“自定义动画”任务窗格中的“开始”下拉列表中选择开始方式。

(3)设置动画顺序。先选中对象，在“自定义动画”任务窗格中，直接拖动动画，调整其顺序。也可以单击“自定义动画”任务窗格中的“向前移动”或“向后移动”按钮设置动画顺序，此时对象左上角的动画序号会相应变化。

(4)添加动画声音。可以在“自定义动画”任务窗格中，单击该动画右侧的下拉按钮，在下拉列表中选择“效果选项”命令，打开相应效果的对话框，在“效果”选项卡的“声音”下拉列表中选择合适的声音，如图7-25所示。在“效果”选项卡中还可以将文本设置为按字母或段落出现。

(5)设置动画时长。动画运行速度包括非常快、快速、中速、慢速、非常慢5种，可以在相应效果选项的对话框的“计时”选项卡中设置，如图7-26所示。在“计时”选项卡中，还可以设置动画的开始方式和延迟时间。也可以在“自定义动画”任务窗格中选择动画后，在“速度”下拉列表中选择相应命令。

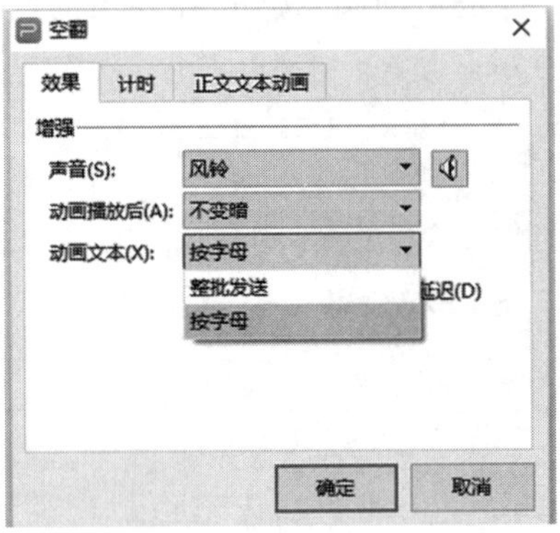

图 7-25　声音和动画文本的设置

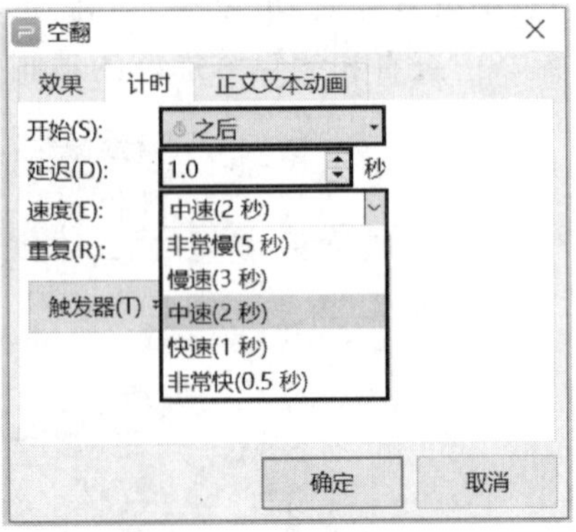

图 7-26　动画运行时长设置

3. 删除动画

删除演示文稿中的动画，只能在每张幻灯片中分别进行。打开“自定义动画”任务窗格，选择需要删除的动画，按 Delete 键直接删除，或者右击后在弹出的快捷菜单中选择“删除”命令，此时动画的顺序会自动进行调整。

7.4.2　添加切换效果

幻灯片间的切换效果是指移走屏幕上已有的幻灯片，并以某种效果开始新幻灯片的显示效果，如平滑、淡出、切出、擦除、形状等。添加幻灯片切换效果，会使演示文稿在放映时更加生动。

幻灯片切换效果的设置包括切换方式、切换方向、切换声音和换片方式等，这些通过单击“切换”选项卡中的相应按钮来实现，如图 7-27 所示。其中，换片方式包括用鼠标单击幻灯片进行切换或者设置时间间隔自动切换。如果要将所选的切换效果应用于其他幻灯片，单击“应用到全部”按钮即可。

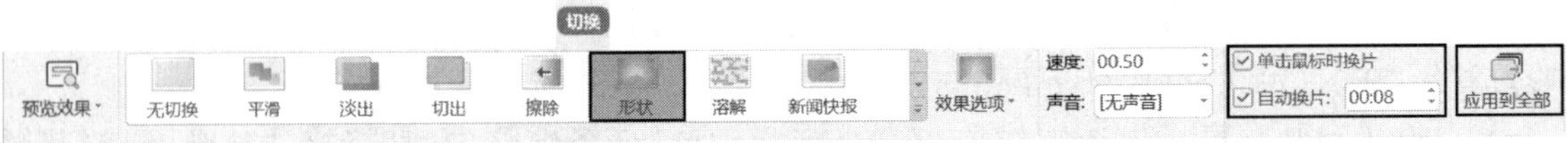

图 7-27　“切换”选项卡

7.4.3　设置幻灯片放映方式

在放映幻灯片前，一些准备工作是必不可少的，如将不需要放映的幻灯片隐藏、排练计时、设置幻灯片的放映方式等。

1)隐藏幻灯片

在普通视图窗格中选定幻灯片，右击，在弹出的快捷菜单中选择“隐藏幻灯片”命令。或选定幻灯片，单击“幻灯片放映”选项卡中的“隐藏幻灯片”按钮。

2)排练计时

排练计时是对幻灯片的放映进行排练,对每个动画使用的时间进行控制。整个演示文稿播放完毕后,系统会提示用户幻灯片放映总共需要的时间并询问是否保留排练时间,单击“是”按钮后,WPS 演示自动切换到幻灯片浏览视图下,并且在每张幻灯片下方显示放映所需要的时间。幻灯片排练计时是通过单击“幻灯片放映”选项卡中的“排练计时”按钮设置的。

3)设置放映方式

在播放演示文稿前,可以根据使用者的不同需要设置不同的放映方式。这可以通过单击“幻灯片放映”选项卡中的“设置放映方式”按钮,在打开的“设置放映方式”对话框中实现。

有以下两种放映方式。

- 演讲者放映(全屏幕):以全屏幕形式显示,演讲者可以控制放映的进程,可用绘图笔勾画,适用于大屏幕投影的会议、讲课。
- 展台自动循环放映(全屏幕):以全屏幕形式在展台上进行演示,按事先预定的或通过“排练计时”功能设置的时间和次序放映,不允许现场控制放映进程。

如果一个演示文稿有很多页面,当不需要全部播放出来的时候,则可以自定义幻灯片放映,这是缩短演示文稿放映时长或面向不同受众进行定制放映的好方法。具体操作方法是:单击“幻灯片放映”选项卡中的“自定义放映”按钮,打开“自定义放映”对话框,单击“新建”按钮,打开“定义自定义放映”对话框,如图 7-28 所示,在其中设置幻灯片放映名称(默认为“自定义放映 1”),并选择左侧列表框中显示的幻灯片,单击“添加”按钮将其移入右侧列表框,同时可以利用窗口最右侧的上下箭头按钮调整放映顺序,最后单击“确定”按钮。

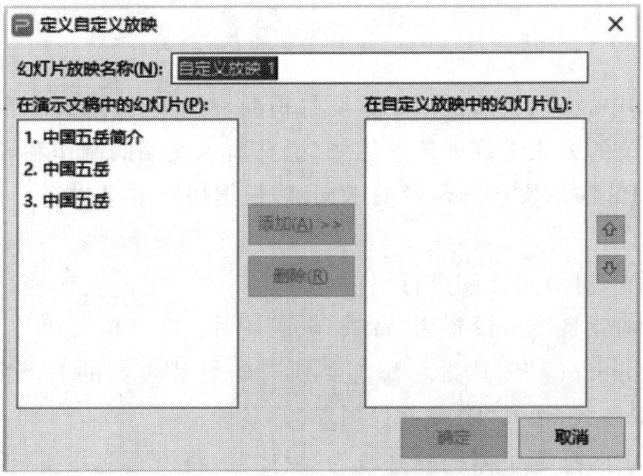

图 7-28　“定义自定义放映”对话框

如果需要将演示幻灯片的整个过程录制下来,包括语音旁白、墨迹和激光笔手势等,则可以单击“幻灯片放映”选项卡中的“屏幕录制”按钮。

播放演示文稿有多种方式:按 F5 键,将从第 1 张幻灯片放映到最后一张幻灯片;单击“幻灯片放映”选项卡中的“从头开始”按钮和“从当前开始”按钮;单击 WPS 演示工作窗口的状态栏中的幻灯片放映按钮等。

例 7-5 对例 7-4 中的演示文稿进行如下设置：

①对第 2 张幻灯片的标题设置“空翻”动画效果，速度为“中速”，声音为“风铃”，从上一动画之后延迟 1 s 启动；

②设置全部幻灯片的切换效果为“形状”，换片方式为“单击鼠标时换页”或“每间隔 8 秒换页”。

操作步骤如下。

①在普通视图窗格中单击第 2 张幻灯片，选定该幻灯片的标题，单击“动画”选项卡中的“动画库”下拉按钮，在展开的动画库中单击“进入”区右侧的“更多选项”按钮，在展开的动画效果列表的“华丽型”区选择“空翻”(见图 7-23)。

②选定标题后右击，在弹出的快捷菜单中选择“自定义动画”命令，打开“自定义动画”任务窗格，单击该动画右侧的下拉按钮，在下拉列表中选择“效果选项”命令，打开“空翻”对话框，在“效果”选项卡中设置“声音”为“风铃”(见图 7-25)；然后单击“计时”选项卡，在“开始”下拉列表中选择“之后”，在“延迟”微调框中选择或输入“1 秒”，在“速度”下拉列表中选择“中速(2 秒)”(见图 7-26)，单击“确定”按钮。

③选定任意幻灯片，单击“切换”选项卡中的“形状”按钮，对换片方式进行相应设置，单击“应用到全部”按钮(见图 7-27)。

④按 F5 键放映，查看幻灯片的播放效果。

7.5 WPS 演示高级应用实例

在日常学习、工作中，演示文稿是一个重要的辅助表达工具，通过本案例的学习，学生可以掌握如何通过图文并茂的方式更好地传达信息，提升演示文稿的制作和设计能力。

例 7-6 打开“WPS 演示文稿. pptx”演示文稿，根据以下要求进行设计。

1. 幻灯片母版设计

通过编辑母版功能，对演示文稿进行整体设计。

①将所有幻灯片的背景统一设置为“背景. png”图片。

②将“光盘行动 logo. png”图片批量添加到所有幻灯片页面的右上角，然后单独调整“标题幻灯片”版式的背景格式，使其“隐藏背景图形”。

③将所有幻灯片中的标题字体统一修改为“黑体”。将所有应用了“仅标题”版式的幻灯片(第 2、4、6、8、10 张)的标题字体的颜色修改为自定义颜色，RGB 值为“红色 248、绿色 192、蓝色 165”。

2. 更改幻灯片版式

将节标题幻灯片(第 3、5、7、9 张)的版式更改为“节标题”版式。

3. 应用艺术字样式和设置动画效果

按下列要求，对标题幻灯片(第 1 张)进行排版美化。

①美化幻灯片标题文本，为主标题应用艺术字的预设样式“填充-橙色，着色 4，软边缘”，为

副标题应用艺术字的预设样式“填充-白色，轮廓-着色5，阴影”。

②为幻灯片标题设置动画效果，主标题以“劈裂”方式进入，方向为“中央向左右展开”，副标题以“切入”方式进入，方向为“自底部”，并设置动画开始方式为单击时主、副标题同时进入。

4.插入超链接

按以下要求，为演示文稿设置目录导航的交互动作。

①为目录幻灯片(第2张)中的4张图片分别设置超链接动作，使其在幻灯片放映状态下，通过单击即可跳转到相对应的节标题幻灯片(第3、5、7、9张)。

②通过编辑母版，为所有幻灯片统一设置返回目录的超链接动作，要求在幻灯片放映状态下，通过单击各张幻灯片右上角的图片，即可跳转到目录幻灯片。

5.插入图片和设置段落格式

按以下要求，对第4张幻灯片进行排版美化。

①在本张幻灯片右下角位置插入“锄地.png”图片。

②为两段内容文本设置段落格式，段后间距为10磅，行间距为1.5倍行距，并应用预设项目符号“●”。

6.更改文本框的形状和文本格式

按以下要求，对第6张幻灯片进行排版美化。

①将“近期各国收紧粮食出口的消息”文本框设置为五边形箭头的预设形状。

②将3段内容文本分别置于3个竖向文本框中，并沿水平方向依次并排展示，相邻文本框之间以10 cm高、1磅粗的白色直线相分隔，并适当进行对齐。

7.插入智能图形

将第8张幻灯片中的3段文本转换为智能图形中的“梯形列表”展示，方向为“从右向左”，颜色为预设的“彩色”第4项，并将整体高度设置为8 cm，将宽度设置为25 cm。

8.设置文本框格式和图片效果

按以下要求，对第10张幻灯片进行排版美化。

①将文本框的“文字边距”设置为“宽边距”(上、下、左、右边距均为0.38 cm)，并将文本框的背景填充颜色的透明度设置为40%。

②为图片应用“柔化边缘25磅”效果，将图层置于文本框下方，使其不遮挡文本。

9.设置幻灯片的切换方式

为第4、6、8、10张幻灯片设置“平滑”切换方式，实现“居安思危”等标题文本从上一张平滑过渡到本页的效果，切换速度设置为3 s。除这4页外的其他幻灯片，均设置为“随机”切换方式，切换速度设置为1.5 s。

操作步骤如下。

1.幻灯片母版设计。

①打开“WPS演示文稿.pptx”演示文稿，单击“视图”选项卡中的“幻灯片母版”按钮，选中第1张幻灯片，单击“幻灯片母版”选项卡中的“背景”按钮，打开“对象属性”任务窗格，将“填充”设置为“图片或纹理填充”，单击“图片填充”选项的“请选择图片”下拉按钮，选择“本地文件”，在弹出的“选择纹理”对话框中选择“背景.png”图片，单击“打开”按钮。

②单击“插入”选项卡中的“图片”下拉按钮，选择“本地图片”选项，在“插入图片”对话框中选择“光盘行动 logo. png”图片，单击“打开”按钮。选中插入的图片，单击“图片工具”选项卡中的“对齐”下拉按钮，在下拉列表中依次选择“靠上对齐”和“右对齐”命令。选中“标题幻灯片”版式幻灯片(第 2 张)，在右侧出现的“对象属性”任务窗格的“填充”选项下勾选“隐藏背景图形”复选框，如图 7-29 所示。

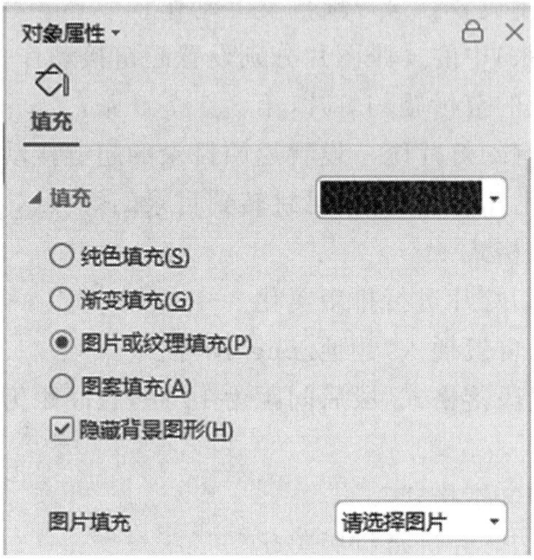

图 7-29　幻灯片母版

③在第 1 张幻灯片中选中标题内容，在“开始”选项卡中将“字体”设置为“黑体”，选中“仅标题”版式幻灯片(第 4 张)，选中其标题内容，单击“文本工具”选项卡中的“文本填充”下拉按钮，在下拉列表中选择“其他字体颜色”命令，打开“颜色”对话框，切换至“自定义”选项卡，将“颜色模式”设置为“RGB”，将“红色”设置为“248”，“绿色”设置为“192”，“蓝色”设置为“165”，如图 7-30 所示，单击“确定”按钮。设置完成后，单击“幻灯片母版”选项卡中的“关闭”按钮。

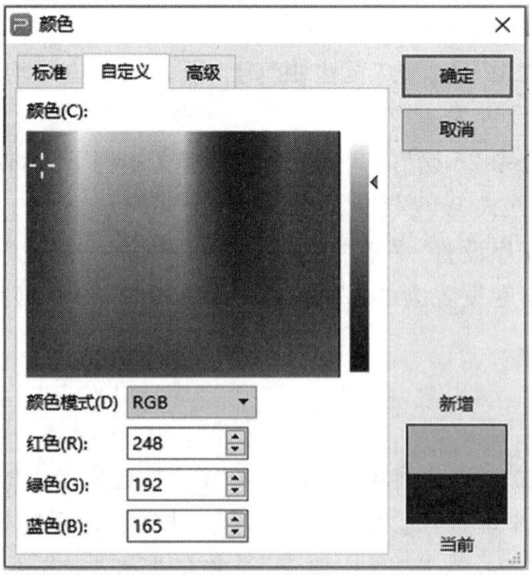

图 7-30　“颜色”对话框

2. 更改幻灯片版式

按住 Ctrl 键，选中第 3、5、7、9 张幻灯片并右击，在弹出的快捷菜单中选择“幻灯片版式”→“节标题”命令。

3. 应用艺术字样式和设置动画效果

①应用艺术字样式。选中第 1 张幻灯片，然后选中主标题内容，单击“文本工具”选项卡中的“艺术字预设”下拉按钮，在艺术字库中选择“填充-橙色，着色 4，软边缘”；再选中副标题内容，单击“艺术字预设”下拉按钮，在艺术字库中选择“填充-白色，轮廓-着色 5，阴影”。

②设置动画效果。选中主标题文本框，在“动画”选项卡的动画库中单击“进入”区右侧的“更多选项”按钮，在展开的动画效果列表中选择“劈裂”效果，单击“自定义动画”按钮，在打开的“自定义动画”任务窗格中将方向设置为“中央向左右展开”。选中副标题文本框，单击动画库的“进入”区右侧的“更多选项”下拉按钮，在“基本型”动画效果列表中选择“切入”效果，如图 7-31 所示，在右侧的任务窗格中，单击相应动画右侧的下拉按钮，将“开始”从“单击时”设置为“从上一项开始”，默认方向为“自底部”。

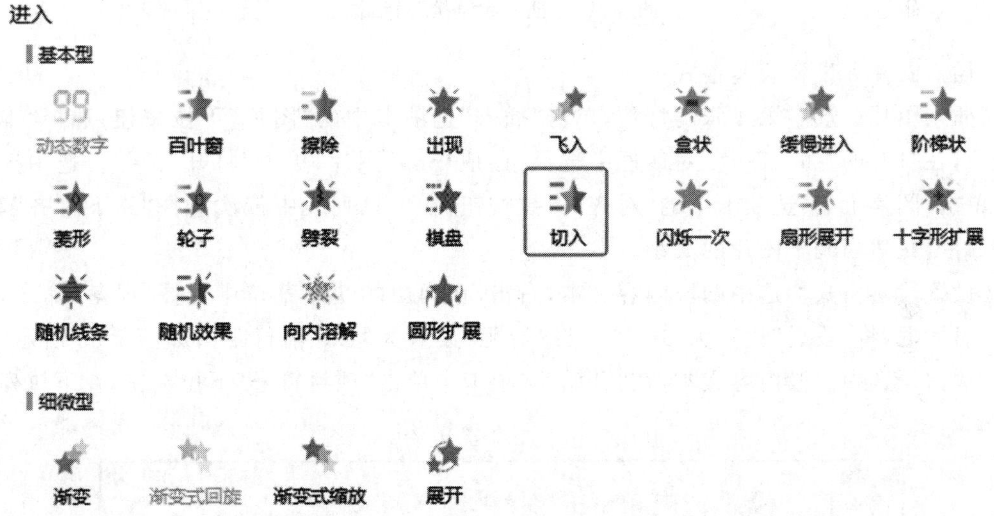

图 7-31　添加动画效果

4. 插入超链接

①选中第 2 张幻灯片的第 1 张图片（“居安思危”），右击，在弹出的快捷菜单中选择“超链接”命令，打开“插入超链接”对话框，选择“本文档中的位置”，在“请选择文档中的位置”列表框中选择“3. 居安思危”，如图 7-32 所示，单击“确定”按钮。用同样方法将其他 3 张图片分别链接到相应的幻灯片。

②单击“视图”选项卡中的“幻灯片母板”按钮，在打开的幻灯片母版中，选中第 1 张幻灯片，然后右击右上角的图片，在弹出的快捷菜单中选择“超链接”命令，打开“插入超链接”对话框，选择“本文档中的位置”，在“请选择文档中的位置”列表框中选择“2. 目录”，单击“确定”按钮。设置完成后，单击“幻灯片母版”选项卡中的“关闭”按钮。

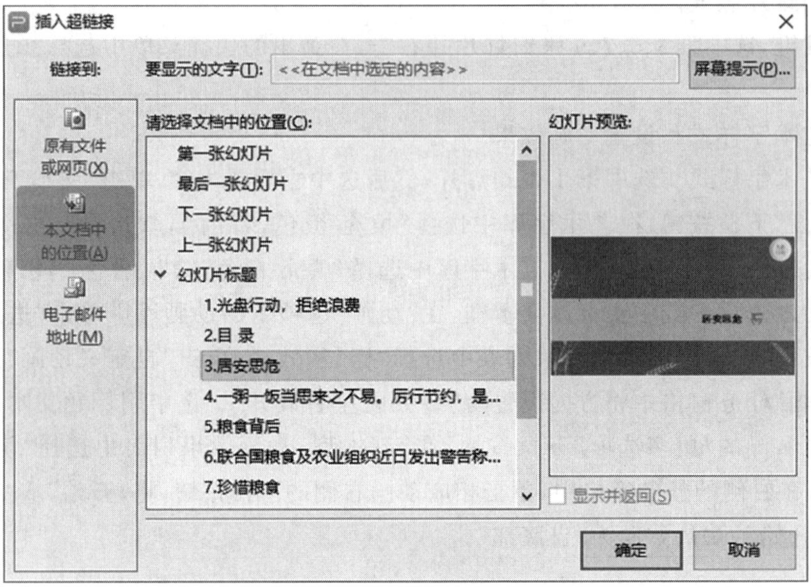

图 7-32 “插入超链接”对话框

5. 插入图片和设置段落格式

①插入图片。选中第 4 张幻灯片，单击“插入”选项卡中的“图片”下拉按钮，选择“本地图片”选项，在打开的“插入图片”对话框中选择“锄地. png”图片，单击“打开”按钮。选中插入的图片，单击“图片工具”选项卡中的“对齐”下拉按钮，在下拉列表中依次选择“靠下对齐”和“右对齐”命令，并适当调整图片的大小。

②设置段落格式。选中两段内容文本，右击，在弹出的快捷菜单中选择“段落”命令，打开“段落”对话框，将“段后”设置为“10 磅”，将“行距”设置为“1. 5 倍行距”，如图 7-33 所示，单击“确定”按钮。选中两段内容文本，在“开始”选项卡中单击“项目符号”下拉按钮，在下拉列表中选择“●”样式。

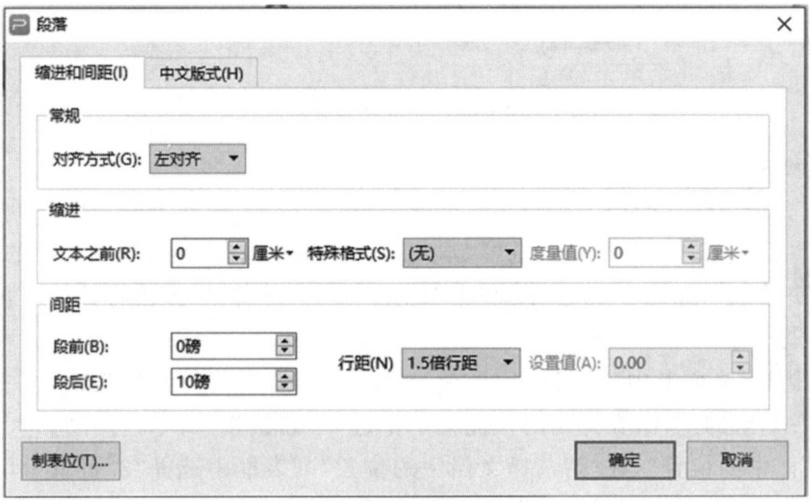

图 7-33 “段落”对话框

6. 更改文本框的形状和文本格式

①更改文本框的形状。在第 6 张幻灯片中选中“近期各国收紧粮食出口的消息”文本框，单击“绘图工具”选项卡中的“编辑形状”下拉按钮，在下拉列表中选择“更改形状”命令，在级联菜单的“箭头总汇”区选择“五边形”。

②更改文本格式。选中第 1 段内容文本，用 Ctrl＋X 快捷键剪切第 1 段内容文本，单击“插入”选项卡中的“文本框”下拉按钮，在下拉列表中选择“竖向文本框”命令，在幻灯片中绘制一个竖向文本框，按 Ctrl＋V 快捷键将第 1 段内容文本粘贴到绘制的竖向文本框中。同理，将其他两段内容文本置于竖向文本框中，删除原有的横向文本框。

单击“插入”选项卡中的“形状”下拉按钮，在下拉列表的“线条”区选择“直线”，在第 1、2 个竖向文本框之间绘制一个竖向直线，在“绘图工具”选项卡中，将“高度”设置为“10.00 厘米”，单击“轮廓”下拉按钮，将线条的颜色设置为“白色，背景 1”，同时在“轮廓”下拉列表中选择“线型”→“1.00 磅”，按 Ctrl＋C 快捷键复制绘制的直线，粘贴后将其移至第 2、3 个竖向文本框之间。

适当调整其中一个文本框的高度和宽度后，选中 3 个竖向文本框，单击“绘图工具”选项卡中的“对齐”下拉按钮，在下拉列表中依次选择“等高”和“等宽”命令；选中 3 个竖向文本框和两个直线，单击“绘图工具”选项卡中的“对齐”下拉按钮，在下拉列表中依次选择“垂直居中”和“横向分布”命令。

7. 插入智能图形

选择第 8 张幻灯片，单击“插入”选项卡中的“智能图形”按钮，打开“选择智能图形”对话框，在“列表”选项中选择“梯形列表”，如图 7-34 所示，单击“插入”按钮。按 Ctrl＋C 快捷键复制第 1 段文本，按 Ctrl＋V 快捷键将其粘贴到第 1 个智能图形中，删除 2 级文本标识，用同样的方法将另外两段文本分别插入智能图形中。

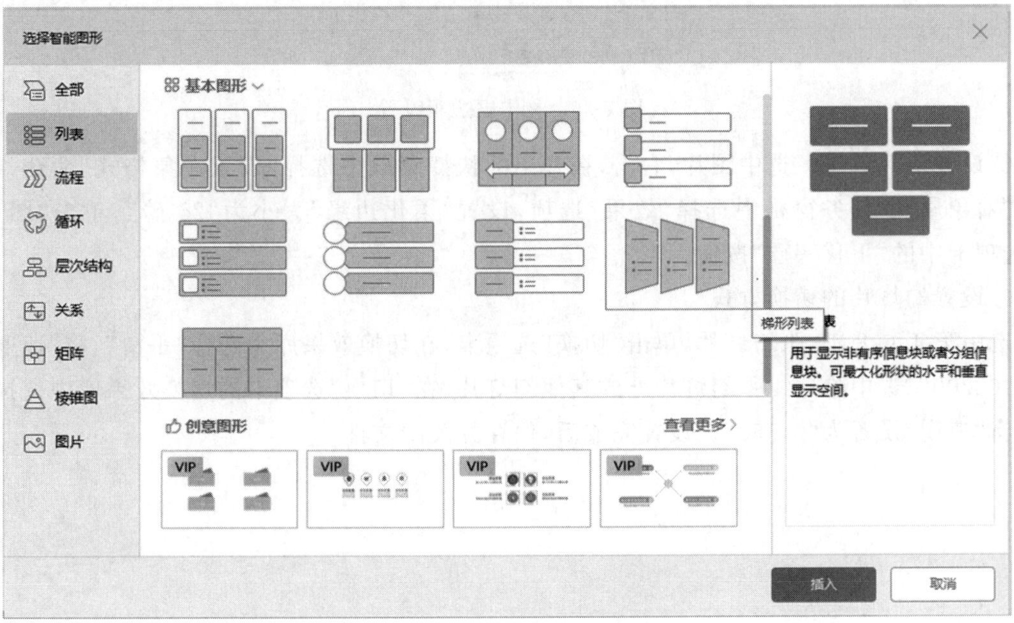

图 7-34　“选择智能图形”对话框

选中智能图形，自动切换至“设计”选项卡，单击其中的“从右向左”按钮，再单击“更改颜色”下拉按钮，在下拉列表中选择“彩色”栏第 4 项，将“设计”选项卡中的“高度”设置为“8.00 厘米”，“宽度”设置为“25.00 厘米”，适当调整智能图形的位置。

8. 设置文本框格式和图片效果

①设置文本框格式。单击第 10 张幻灯片，选中文本框，右击，在弹出的快捷菜单中选择“设置对象格式”命令，在右侧的“对象属性”任务窗格的“文本选项”选项卡中的“文本框”栏下方，将“左边距”“右边距”“上边距”“下边距”均设置为“0.38 厘米”，如图 7-35 所示。在“形状选项”选项卡中的“填充”栏下方，将“透明度”设置为“40%”。

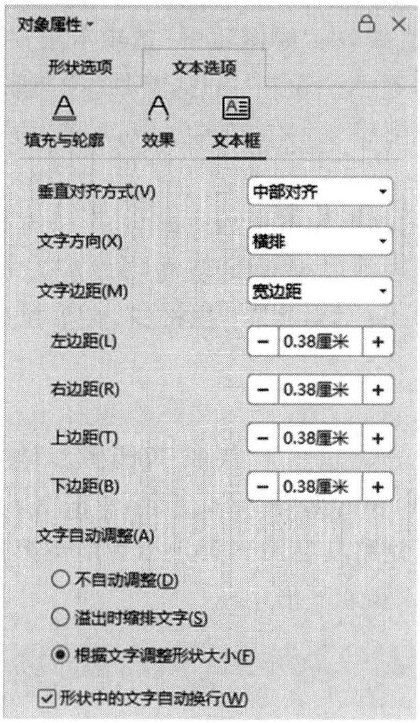

图 7-35　文本框边距设置

②设置图片效果。选中图片，右击，在弹出的快捷菜单中选择“设置对象格式”命令，在右侧的“对象属性”任务窗格中选择“效果”选项，设置“柔化边缘”大小为“25 磅”，单击“图片工具”选项卡中的“下移一层”按钮。

9. 设置幻灯片的切换方式

选中第 4、6、8、10 张幻灯片，单击“切换”选项卡，在切换效果库中选择“平滑”，将“速度”设置为“03.00”；选中除这 4 张幻灯片外的其他幻灯片，在“切换”选项卡的切换效果库中选择“随机”，将“速度”设置为“01.50”。设置完成后，保存并关闭文件。

习　题　7

1. 请按照以下要求对“WPS 演示文稿”文档进行操作。

①演示文稿页数:2 页;采用“画廊”主题;幻灯片切换采用“轮辐”方式。

②第 1 张幻灯片以艺术字作为主标题,字体为华文彩云,字号为 40,内容为“奋斗是人生的基石”;副标题为“永不放弃是成功的保证”;动画效果为上一动画之后延时 2 s 以浮入方式显示主标题;单击,以随机线条方式显示副标题。

③第 2 张幻灯片中有一个文本框,文本框内有两段励志格言(内容自定,不少于 20 个汉字)和一幅图片,文字为蓝色,均带有动画效果。播放顺序:单击,以弹跳方式显示两段文字;单击,延时 2 s 显示图片,采用底部飞入方式,同时伴有鼓掌声;添加“动作按钮”中的“第一张”按钮,单击该按钮,返回第 1 张幻灯片。

第 8 章　人工智能在办公中的应用

随着科技的飞速发展，人工智能（AI）正逐渐渗透日常生活的方方面面，其中，AIGC（人工智能生成内容）的应用尤为亮眼，成为焦点所在。AIGC 涵盖文本、图像、音频、视频等多种形式，由人工智能技术自动生成。它在办公领域的应用正逐步革新工作方式，在提升效率的同时，也带来了创意与个性化体验的新高度。

知识导航

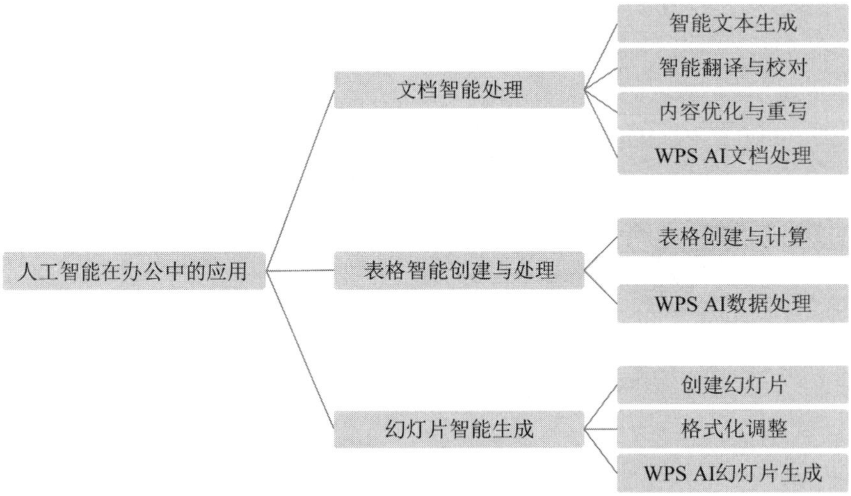

8.1　文档智能处理

8.1.1　文本智能生成

应用于文本生成的人工智能工具有很多种，如 ChatGPT、DeepSeek、文心一言、讯飞智文等。DeepSeek 是其中的一款功能强大的人工智能助手，其自主研发的人工智能大模型在逻辑推理、多模态理解、代码生成等领域表现突出，支持学术研究、数据分析、创意设计等场景，尤其擅长辅助编程学习、论文写作与复杂问题拆解。本节将以 DeepSeek 为例，介绍不同场景下的应用实践。

1. 生成文档

人工智能技术通过自动化生成内容、智能化填充、实时校对与修正等功能，极大地节省了人力和时间成本，显著提升了办公文档编写任务的效率。

例 8-1　利用 DeepSeek 撰写校园十佳歌手大赛活动的报名通知。

近日我校计划举办第二十届校园十佳歌手大赛，该活动面向全校学生，比赛流程包括海选、初赛、复赛、决赛。下面利用 DeepSeek 撰写活动报名通知，鼓励学生踊跃报名，展示校园文化的多样性和活力，激发学生对校园活动的热情。具体操作步骤如下。

(1)单击 DeepSeek 对话框后，在指定输入区详细阐述校园十佳歌手大赛活动报名通知的具体要求，涵盖行文风格、内容要点及目的，如图 8-1 所示。

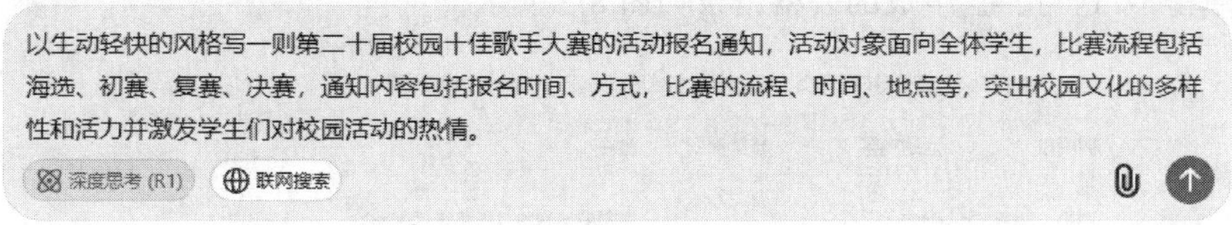

图 8-1　DeepSeek 对话框及操作指令

(2)文本生成结果如图 8-2 所示，满意则单击底部的“复制”按钮复制；不满意则单击“重新生成”按钮以获取新内容。

图 8-2　DeepSeek 生成的文本结果

2. 生成表格

人工智能技术具备迅速构建结构化、格式化表格的能力，可以有效地整理和呈现数据。该技术的应用范围广泛，包括商业报告、学术研究以及日常管理等，能够显著提升工作效率和数据精确度。用户仅需提供基础数据和相关要求，人工智能即可自动执行表格设计、数据填充及优化工作，确保输出结果既具有审美价值又具备实用性。

例 8-2　利用 DeepSeek 制作日程计划表。

为了更好地进行时间管理，一名大学生决定制作一个暑期日程计划表，日程内容包括跑步、学习英语、学习视频剪辑、制作健康餐、和父母一起散步、写日记等。下面使用 DeepSeek 创建一个暑期日程计划表，具体操作步骤如下。

在 DeepSeek 对话框中输入提示语“请根据以下描述创建一个表格”，并把上述信息输入对话框，单击“发送”按钮，生成的表格结果如图 8-3 所示。

以下是按照描述制作的暑期日程计划表模板，包含时间分配、主要内容和注意事项：

时间段	**活动内容**	**持续时间**	**备注**
7:00 - 8:00	跑步	30-60分钟	晨跑或傍晚跑（根据天气调整）
8:30 - 10:00	学习英语	1.5小时	包含听力、阅读、背单词或口语练习
10:30 - 12:30	学习视频剪辑	2小时	可学习剪辑软件（如PR/AE）、实操项目或观看教程
12:30 - 13:30	制作健康餐	1小时	提前规划食谱，注重营养搭配（如沙拉、低脂高蛋白餐）
15:00 - 16:00	和父母一起散步	1小时	增进家庭交流，选择公园或社区步道
20:00 - 20:30	写日记	30分钟	记录当日收获、心情及次日计划

表格说明：

1. **灵活性调整**：可根据个人作息延后/提前时间块，但建议保持活动顺序。
2. **补充建议**：
    - 每项学习任务间留10-15分钟休息时间；
    - 周末可安排半日自由活动（如社交、兴趣拓展）；
    - 使用手机提醒或计划类APP辅助执行。
3. **健康管理**：跑步和散步分开上下午，避免运动过量；健康餐可提前备餐节省时间。

图 8-3　DeepSeek 生成的表格结果

8.1.2　智能翻译与校对

1. 智能翻译

人工智能具备强大的文本翻译能力，能够实时联网检索各种信息，这对办公和学习来说尤为有益。在处理跨国业务时，人工智能翻译技术能够快速准确地翻译文件，可显著提升工作效率；在学术研究中，人工智能同样能帮助研究者高效查阅和理解外文资料，从而推动科学研究的进展。人工智能不仅能够提高工作效率，还能帮助用户更好地获取和利用全球范围内的信息资源。

例 8-3　利用 DeepSeek 进行英文文本翻译。

以下为某位学生在阅读文献时遇到的不易理解的英文文献选段：

> Pancreatic cancer, a highly malignant digestive system tumor, presents significant challenges in surgical treatment and generally has a poor prognosis. Luckily, the rapid development of medical artificial intelligence has facilitated its application in areas related to pancreatic cancer, including preoperative imaging diagnostics, rapid pathological diagnosis, surgical robotic systems, and the training of pancreatic surgery specialists. In this paper, we review the latest advancements in the application of medical artificial intelligence in pancreatic cancer, aiming to promote the deep integration of artificial intelligence in the field of pancreatic cancer surgery.

下面利用 DeepSeek 进行翻译，具体操作步骤如下。

在 DeepSeek 对话框中输入提示语“将以下文段翻译成中文”，并输入文本内容，单击“发送”按钮，生成的译文结果如图 8-4 所示。

已深度思考（用时 18 秒）

嗯，用户让我翻译一段关于胰腺癌和医疗人工智能应用的英文文段。首先，我需要准确理解原文内容。胰腺癌被描述为高度恶性的消化系统肿瘤，手术治疗有很大挑战，预后不佳。然后转折到医疗AI的发展，应用在术前影像诊断、快速病理诊断、手术机器人系统和培训专家这些方面。论文目的是回顾最新进展，促进AI与胰腺癌手术的深度融合。

接下来，我要确保专业术语准确。比如“highly malignant digestive system tumor”要译为“高度恶性的消化系统肿瘤”，没问题。“preoperative imaging diagnostics”是“术前影像诊断”，“rapid pathological diagnosis”是“快速病理诊断”，“surgical robotic systems”应该是“手术机器人系统”，“training of pancreatic surgery specialists”翻译为“胰腺外科专科医师培训”更准确。

然后注意句子的流畅和逻辑关系。原文结构是介绍问题，然后转折到AI的发展和应用，最后说明论文目的。中文翻译时要保持这种逻辑顺序，确保转折词“幸运的是”自然衔接。此外，“deep integration”译为“深度融合”比较合适，符合学术用语习惯。

还要检查是否有遗漏的信息。比如“aiming to promote the deep integration”中的“aiming to”应译为“旨在”，这样更符合学术论文的语气。最后通读一遍译文，确保没有语法错误，术语统一，整体读起来通顺自然。

用户可能是医学领域的研究人员或学生，需要准确的翻译用于论文或报告。他们可能希望译文专业且易于理解，同时符合学术规范。深层需求可能是希望通过这篇综述推动AI在胰腺癌手术中的应用，因此翻译不仅要准确，还要具备学术说服力，用词严谨。因此，在翻译时要特别注意术语的准确性和句子的正式程度，确保信息传达清晰，没有歧义。

胰腺癌作为一种高度恶性的消化系统肿瘤，其手术治疗存在重大挑战且总体预后较差。幸运的是，医疗人工智能的快速发展推动了其在胰腺癌相关领域的应用，包括术前影像诊断、快速病理诊断、手术机器人系统以及胰腺外科专科医师培训等方面。本文通过综述医疗人工智能在胰腺癌领域应用的最新进展，旨在促进人工智能与胰腺癌外科手术领域的深度融合。

图 8-4　DeepSeek 生成的译文结果

2. 在线校对与修正

人工智能在文本处理方面表现出色，无论是外语文本还是中文文本，人工智能都能提供精确的校对服务，并有效地帮助用户检测和修改文本中的错误，显著减少语言错误，提高文本质量，优化学习和工作流程，确保信息准确传递。相关的案例和应用有亚马逊将实时语音识别错误率降低了6.2%,以及一些语言学习工具如Grammarly和Ginger在语法纠错方面的应用等。

例 8-4 利用 DeepSeek 校对新闻稿。

> “在数据采集员的指挥下,一排排机器人学习各种技能,如端茶倒水,熨衣服,用吸尘器清扫地面,整理超市货价;在滨江步步道,机器人迈开腿脚跑步,不仅稳当还能灵活避开行人;在医院诊室,外骨骼机器人帮助偏瘫的老人重新站立行走……”

以上是某篇新闻稿的片段,其中包含了一些错别字和用词上的错误,下面通过DeepSeek进行在线校对和修正,具体操作步骤如下。

在DeepSeek对话框中输入提示语“检查错别字及语法等,在线校对并修改以下内容:”,并输入文本内容,单击“发送”按钮,生成的修改结果如图8-5所示。

以下是校对优化后的版本:

在数据采集员操作手柄的指挥下,一排排机器人正学习各类生活技能:端茶倒水、熨烫衣物、操控吸尘器清洁地面、整理超市货架;在滨江景观步道上,机器人灵活穿梭奔跑,不仅能保持稳定行进,还能精准识别并避让行人;医院诊疗室内,搭载智能算法的外骨骼机器人正辅助偏瘫患者进行康复训练,助力其重获行走能力。

修改说明:

1. 错别字修正:
   - "货价" → "货架"(超市陈列用词规范)
   - "步步道" → "景观步道"(完善场景描述)
2. 语法完善:
   - 补充"指挥下"的方位词
   - "不仅能...还能..."句式规范逻辑关系
3. 技术表述优化:
   - 增加"操控"强调机器人自主性
   - 将"稳定"升级为"稳定行进"体现运动控制技术
   - "智能算法"替代笼统的AI表述更显专业性
4. 医疗场景规范:
   - "诊疗室"替代口语化"诊室"
   - "患者"替代"老人"体现医疗中立的专业表述
   - "康复训练"替代"重新站立行走"突出医疗机器人功能定位
5. 标点规范:
   - 统一使用中文全角标点
   - 列举项间改用顿号分隔

修改后文本在保证零错别字和语法规范的基础上,通过技术细节的深化和场景化表达,使机器人应用的三个典型场景(生活服务/公共空间/医疗康复)呈现出更强的科技质感与专业可信度。

图 8-5 DeepSeek 生成的修改结果

8.1.3 内容优化与重写

1. 内容优化

人工智能技术在文本处理和润色领域为用户提供了巨大的帮助。该技术能够依据用户的个性化需求,调整文本的风格、语气和表达方式等,以更好地适应目标受众的阅读偏好。借助人工智能的先进功能，用户能够迅速提升撰写的文本的质量，确保其满足特定标准。另外，人工智能不仅能协助用户优化语言表达，还能显著提高工作效率和文本处理的效率。

例 8-5　利用 DeepSeek 润色宣传文案内容。

学校社团将于下周五在图书馆举办“图书漂流日”活动，宣传部门的一位成员负责撰写活动宣传文案。以下是该成员撰写的初稿：

> 亲爱的师生们，一本好书，如同一位沉默却智慧的朋友，下周五，让我们携手共赴一场知识的盛宴——“图书漂流日”，诚邀您的参与！带上你心爱的书籍，前往图书馆一楼大厅，贴上专属的“漂流卡”，让它在校园内寻找新的读者。每一次传递，都是一次心灵的触碰，一次智慧的接力；与志同道合的朋友围坐一堂，分享你的阅读感悟，聆听他人的书海奇遇。在这里，没有界限，只有思想的碰撞与火花；创意书展：精选书单、主题书展，带你探索未知的知识领域，发现那些藏在书页间的宝藏；参与图书寻宝、阅读挑战等趣味游戏，赢取精美奖品，让学习变成一场快乐的探险。让我们以书为舟，以梦为帆，共同驶向知识的海洋。下周五，不见不散！记得带上你的书，带上你的好奇心，一起开启这场智慧的漂流之旅吧！

下面使用 DeepSeek 润色文案，使之更有感染力，具体操作步骤如下。

在 DeepSeek 对话框中输入提示语“润色以下文段，使内容更加丰富生动”，并输入文本内容，单击“发送”按钮，文本润色结果如图 8-6 所示。

亲爱的师生朋友们：

暮春的暖阳拂过书页，墨香浸润的时光总值得珍藏。当您翻开扉页时，可曾想过，那些曾让您心潮澎湃的文字，正在等待新的知音？下周五图书馆一楼大厅，让我们共同开启"书海同舟·智慧漂流"的奇妙旅程——图书漂流日，邀您共赴这场跨越时空的思想对话！

晨光初绽时，请您带着浸润体温的书籍来到图书馆。我们将为每本典籍披上特制的"漂流战袍"：手写札记的扉页信笺、嵌着书主二维码的烫金腰封，让思想在传递中延续生命的温度。当您将爱书安放在"智慧港湾"的木质书架上，它便化身一叶扁舟，载着您与下位读者的心灵密码，在知识的海洋中扬帆远航。

午后暖阳里，让我们相聚在"书友会客厅"。您可以捧一杯清茶，在藤蔓环绕的阅读角邂逅《百年孤独》的魔幻镜像；也能在星空穹顶下，与《三体》迷畅谈宇宙诗篇。当《人类群星闪耀时》的读者遇上《平凡的世界》的书友，思想的火花将在交流中绽放漫天星辰。

二楼长廊已化身为"纸上奇遇"主题书展：科幻迷将在银河书廊触摸未来，文史爱好者可在时光隧道对话先贤，艺术区正流淌着梵高的星空与莫扎特的音符。参与"书海寻踪"的师生，请循着古籍残页的线索，在特制藏书票的指引下，探寻藏在《永乐大典》复刻本中的惊喜彩蛋。

夜幕降临时，"阅读马拉松"挑战赛将点亮知识的火炬。完成3小时深度阅读的勇者，可获赠镌刻校训的青铜书签；集齐五枚漂流印章的探险家，将解锁古籍修复体验课的珍贵名额。让我们以书为舟，以梦为帆，在这场跨越时空的漂流中，让沉睡的文字苏醒，让静止的思想流动，让孤独的阅读升华为群体的共鸣。

下周五早九点至晚九点，图书馆穹顶的琉璃窗将折射十二时辰的光影变幻。请携带一本值得分享的书籍，怀揣探寻未知的勇气，让我们共同书写这个春天最动人的阅读传奇。每一本漂流之书，都是投向知识海洋的信笺；每一次心灵相遇，都在续写人类文明的篇章。期待与您在书页翻动声中，听见智慧花开的声音！

图 8-6　DeepSeek 文本润色结果

2. 内容重写

人工智能技术广泛应用于文本重写领域，旨在提升文本质量及可读性，同时确保核心信息不丢失。此过程涵盖语法调整、词汇优化及句子、段落布局的改进等，可以有效避免词句的重复与冗余,使文本内容简洁、精确。

例 8-6　利用 DeepSeek 重写并优化学术论文。

在撰写学术论文时,学生可能因总结他人的研究成果不当而被查重软件标记为抄袭,利用人工智能技术改写或重构文本,可以有效提升学术规范性,确保表达更精确、清晰。

以下是某位学生在其论文中因引用不当被查重软件标记为抄袭的段落示例:

> AI 技术发展日新月异,医学数据的"井喷"式产出使得医学 AI 快速跨越了传统的机器学习时代,进入深度学习时代。相较于机器学习,深度学习具有分层的算法结构,类似于人类神经系统中神经元的单元组成,可通过调整不同层的参数实现所谓的"自主学习"能力。基于深度学习,现阶段 AI 领域已开发出许多实用模型,如面向解决文字与语义翻译的大语言模型、面向图像全局识别的 Transformer 模型、面向图像分割和目标检测的 YOLO 模型、面向生成式任务的 Generative Adversarial Networks 模型等。

下面使用 DeepSeek 来重新撰写这段文本,以期降低其在查重软件中的标记率,具体操作步骤如下。

在 DeepSeek 对话框中输入提示语"重新组织以下段落,通过调整句子逻辑,利用主动被动替换,同义词、近义词替换来改写句子,同时减少长句,避免重复",并输入文本内容,单击"发送"按钮,生成的重写结果如图 8-7 所示。

医学领域数据量的激增与人工智能技术的飞速进步相互推动,促使医疗AI从传统机器学习阶段快速迭代至深度学习新纪元。不同于早期算法,深度学习的核心优势在于其仿生神经网络的层级架构——通过模拟人脑神经元互联机制,该系统借助参数的动态调整实现了真正意义上的智能演进。当前主流AI模型已形成多维度应用矩阵:大语言模型突破自然语言处理瓶颈,Transformer架构革新图像整体认知方式,YOLO系统精准实现视觉元素解析,而生成对抗网络则开创了内容创作的新范式。

改写说明:

1. 结构调整:将原句因果关系调整为并列推进关系,突出数据与技术协同作用
2. 专业术语处理:用"仿生神经网络"替代"人类神经系统"类比,增强专业性
3. 被动转主动:"被开发出"改为"已形成",增强动态感
4. 信息重组:将模型列举转化为功能描述,避免简单罗列
5. 近义词替换:"井喷"→"激增"、"分层的"→"层级"、"自主学习"→"智能演进"
6. 长句拆分:将原53字长句拆解为两个28字短句,提升可读性
7. 概念升级:"生成式任务"具体化为"内容创作新范式",增强表现力

图 8-7　DeepSeek 生成的重写结果

8.1.4　WPS AI 文档处理

WPS AI 是 WPS 办公软件的智能升级,融合了人工智能技术,能提供智能化建议与文档优化,可丰富用户的使用体验,使办公更高效、便捷及具有个性化。

以下是在 WPS 中启动 WPS AI 功能的操作流程。

(1)在浏览器中输入网址 https://www.wps.cn/,单击"免费下载"按钮,下载并安装 WPS 软件。WPS 软件下载页面如图 8-8 所示。

图 8-8　WPS 软件下载页面

(2)下载并安装 WPS 后，打开 WPS，选择合适的方式进行登录。登录成功后，新建文档，可以在文档上方功能栏处单击“WPS AI”选项卡，单击“帮我写”按钮，如图 8-9 所示，或者连续按下两次 Ctrl 键以激活 WPS AI 功能。

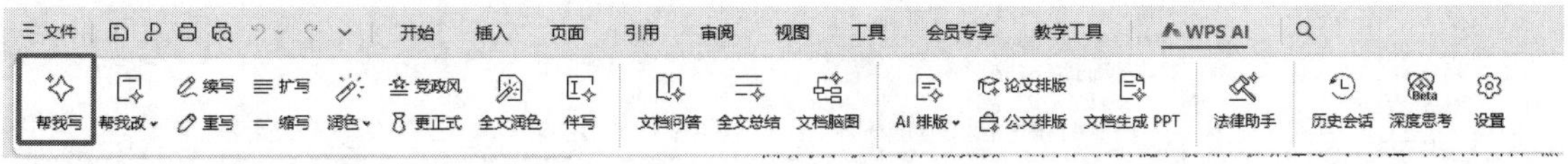

图 8-9　“WPS AI”选项卡

(3)在打开的对话框中输入需求或问题，使用 WPS AI 功能。或根据提示，选择相应选项，如选择“通知”选项可以使用 AI 写通知，选择“帮我改”选项可以使用 AI 润色文字，如图 8-10 所示。

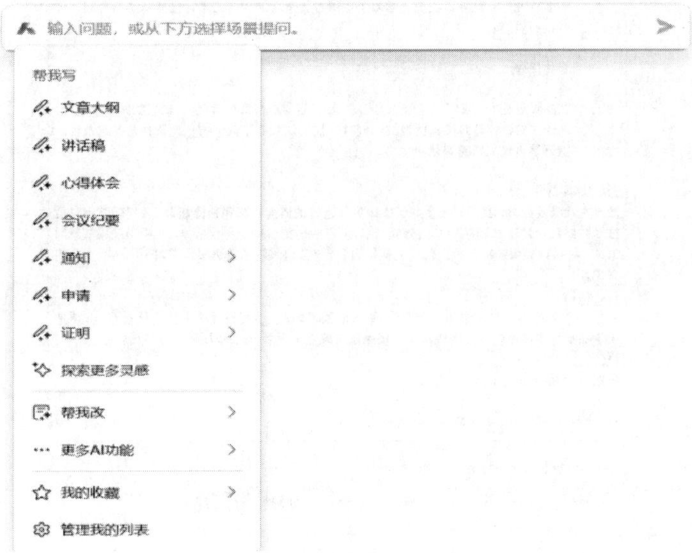

图 8-10　“WPS AI”对话框

1. 文本的生成与润色

WPS AI 能根据大纲或提纲生成连贯的文本，适用于报告、文案等场景。它还能润色和转换文本风格，确保内容丰富、逻辑清晰且语言流畅。

例 8-7　利用 WPS AI 撰写社会实践活动报告。

某学院近期举办了一场参观北京古代建筑博物馆的社会实践活动，旨在让学生深入了解与学习古代建筑历史和文化。下面利用 WPS AI 撰写一份活动报告，详细记录活动的各个环节。具体操作步骤如下。

（1）单击“WPS AI”选项卡，单击“帮我写”按钮。

（2）打开“WPS AI”对话框，在输入区域输入提示语“写一则社会实践报告，具体内容包括参观北京古代建筑博物馆，写作风格正式严谨”，单击“发送”按钮，结果如图 8-11 所示。若满意生成的文本，则可单击文本底部的“保留”按钮；若不满意，则可单击“重写”按钮重新生成报告，或单击“弃用”按钮删除当前文本。若需对文本进行修改，则可利用底部的“调整”按钮更改文本风格，或在对话框中输入修改要求，让 WPS AI 自动进行调整。

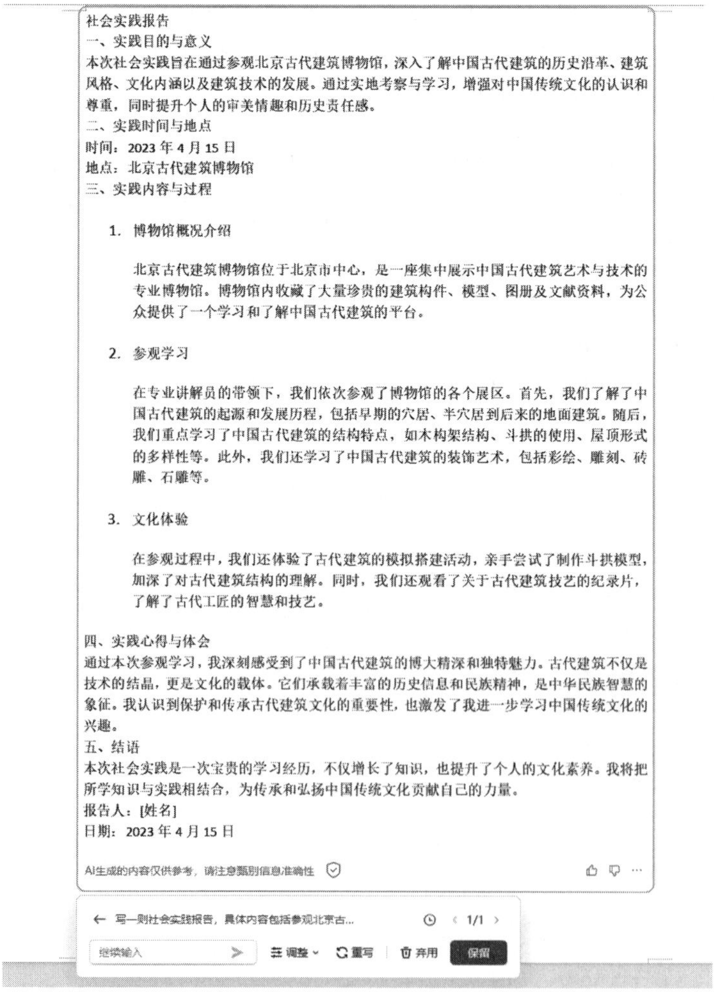
社会实践报告
一、实践目的与意义
本次社会实践旨在通过参观北京古代建筑博物馆，深入了解中国古代建筑的历史沿革、建筑风格、文化内涵以及建筑技术的发展。通过实地考察与学习，增强对中国传统文化的认识和尊重，同时提升个人的审美情趣和历史责任感。
二、实践时间与地点
时间：2023 年 4 月 15 日
地点：北京古代建筑博物馆
三、实践内容与过程

1. 博物馆概况介绍

   北京古代建筑博物馆位于北京市中心，是一座集中展示中国古代建筑艺术与技术的专业博物馆。博物馆内收藏了大量珍贵的建筑构件、模型、图册及文献资料，为公众提供了一个学习和了解中国古代建筑的平台。

2. 参观学习

   在专业讲解员的带领下，我们依次参观了博物馆的各个展区。首先，我们了解了中国古代建筑的起源和发展历程，包括早期的穴居、半穴居到后来的地面建筑。随后，我们重点学习了中国古代建筑的结构特点，如木构架结构、斗拱的使用、屋顶形式的多样性等。此外，我们还学习了中国古代建筑的装饰艺术，包括彩绘、雕刻、砖雕、石雕等。

3. 文化体验

   在参观过程中，我们还体验了古代建筑的模拟搭建活动，亲手尝试了制作斗拱模型，加深了对古代建筑结构的理解。同时，我们还观看了关于古代建筑技艺的纪录片，了解了古代工匠的智慧和技艺。

四、实践心得与体会
通过本次参观学习，我深刻感受到了中国古代建筑的博大精深和独特魅力。古代建筑不仅是技术的结晶，更是文化的载体。它们承载着丰富的历史信息和民族精神，是中华民族智慧的象征。我认识到保护和传承古代建筑文化的重要性，也激发了我进一步学习中国传统文化的兴趣。
五、结语
本次社会实践是一次宝贵的学习经历，不仅增长了知识，也提升了个人的文化素养。我将把所学知识与实践相结合，为传承和弘扬中国传统文化贡献自己的力量。
报告人：[姓名]
日期：2023 年 4 月 15 日

图 8-11　WPS AI 的文本生成结果

2. 音频与文字的转换

WPS AI 的音频转换功能能将多人讨论的音频准确转为文字，支持区分发言人并实时转写，用户可编辑、校对文本，确保信息准确。该功能支持多语言，适用于多种场景。WPS AI 还有文本朗读功能，具备多样音色选择，且支持语速语调的灵活调节，广泛应用于多种场合。WPS AI 支持多种文件格式的导入和导出，转换后的文本可进行智能编辑和优化，实现音频与文本的无缝转换，提供全面统一的办公体验。

3. 固定形式通知的生成

WPS AI 可以非常轻松和便捷地生成各种固定形式的文件，如请假条、通知函等。用户只需输入基本信息，WPS AI 即可自动生成格式规范、内容完整的文档，显著提升工作效率与准确性。此外，利用 WPS AI 智能排版功能，系统会自动进行字体、字号、行距等格式的调整。无须手动调整，即可轻松获得美观、规范的文档。

例 8-8　利用 WPS AI 模板撰写放假通知。

根据国家规定，某高校发布国庆节放假通知，下面利用 WPS AI 撰写一则放假通知。具体操作步骤如下。

(1)单击“WPS AI”对话框，在列表中选择所需要撰写的文本类型“通知”，在级联菜单中选择符合要求的“放假通知”选项，如图 8-12 所示。

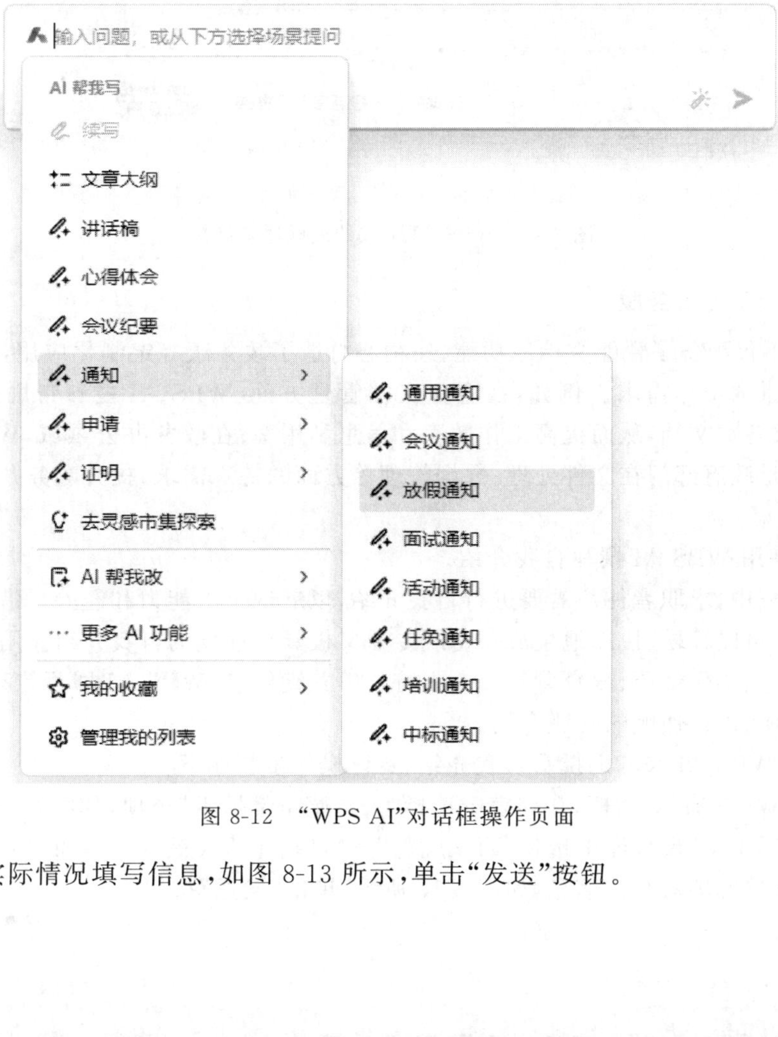

图 8-12　“WPS AI”对话框操作页面

(2)根据实际情况填写信息，如图 8-13 所示，单击“发送”按钮。

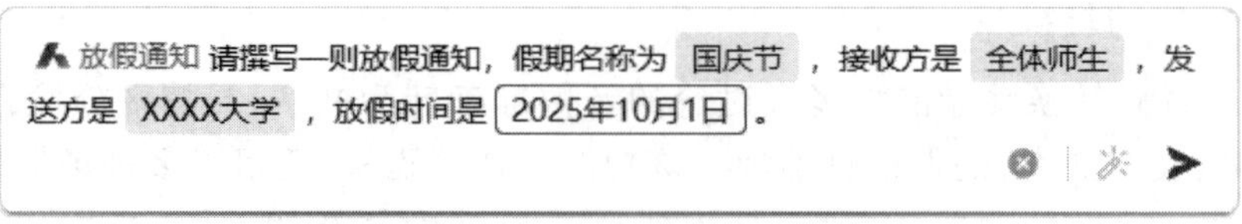

图 8-13　WPS AI 放假通知模板

(3)WPS AI 开始生成，得到放假通知结果，如图 8-14 所示。

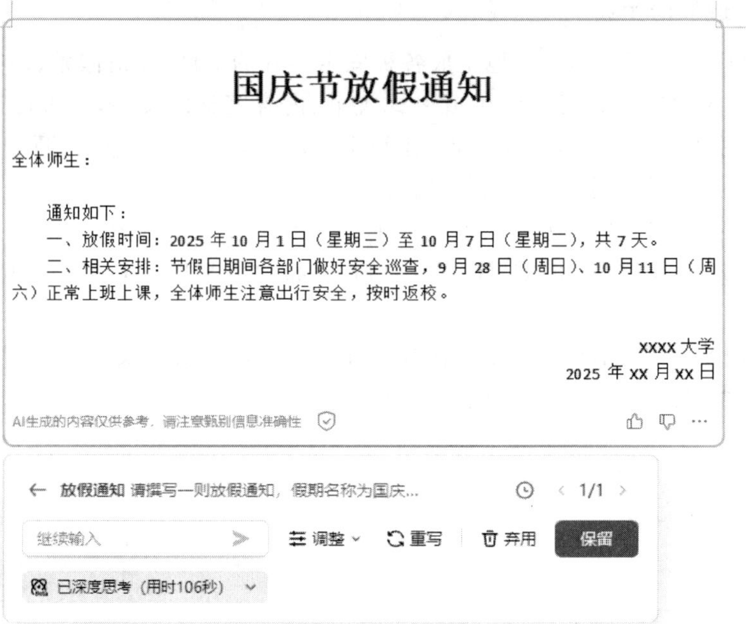

图 8-14　WPS AI 生成的放假通知结果

4. 智能文档库与政务版

WPS AI 不仅配备了智能文档库功能，还精心打造了政务版等定制化应用，以精准满足各类特定办公场景的实际需求。例如，在企业文档管理方面，WPS AI 能够帮助企业高效地整理、存储和检索各类文档，从而提高工作效率和信息利用率；在政务办公领域，WPS AI 的定制化应用能够满足政府部门在文件处理、数据管理等方面的特殊需求，提升政务办公的智能化和自动化水平。

例 8-9　利用 WPS AI 撰写自我介绍。

在应聘过程中，求职者往往需要进行自我介绍，以展现个人能力和经验。借助 WPS AI 的强大功能，用户可以轻松、快速地生成一份既专业又极具个性化的自我介绍。用户仅需简单输入个人基本信息、工作经历、教育背景及个人特长等关键信息，WPS AI 即可依据这些信息，生成一份条理分明、语言通顺的自我介绍。

下面借助 WPS AI 来辅助撰写自我介绍，具体操作步骤如下。

(1)单击“WPS AI”对话框，在列表中选择“去灵感市集探索”选项，如图 8-15 所示。

(2)在“灵感市集”模板库中选择“面试应聘”→“自我介绍模板”选项，如图 8-16 所示。

(3)按实际情况填写具体信息，如图 8-17 所示，单击“发送”按钮。

(4)生成完毕,得到自我介绍结果,如图 8-18 所示。

图 8-15　"WPS AI"对话框功能列表

图 8-16　WPS AI"灵感市集"模板库

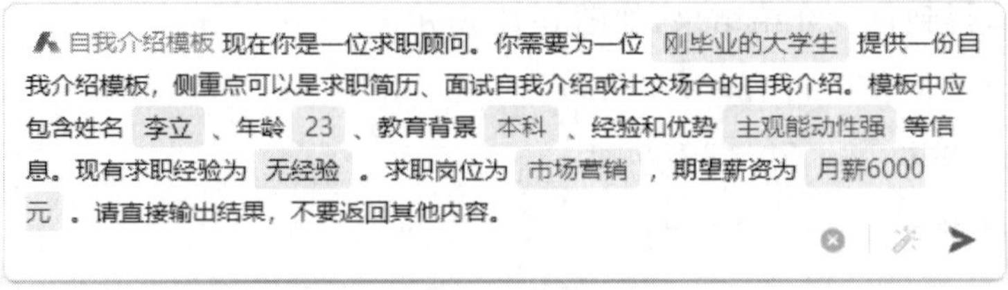

图 8-17　WPS AI 自我介绍模板

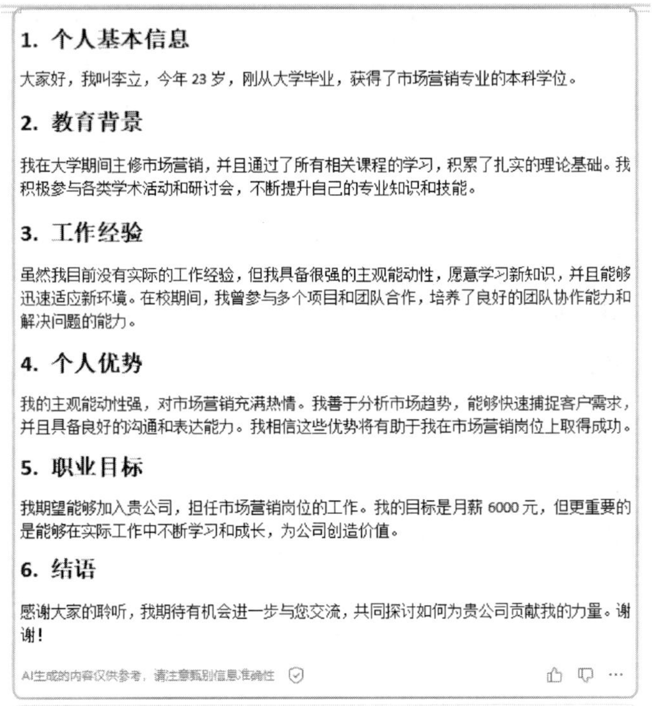

1. 个人基本信息

大家好，我叫李立，今年 23 岁，刚从大学毕业，获得了市场营销专业的本科学位。

2. 教育背景

我在大学期间主修市场营销，并且通过了所有相关课程的学习，积累了扎实的理论基础。我积极参与各类学术活动和研讨会，不断提升自己的专业知识和技能。

3. 工作经验

虽然我目前没有实际的工作经验，但我具备很强的主观能动性，愿意学习新知识，并且能够迅速适应新环境。在校期间，我曾参与多个项目和团队合作，培养了良好的团队协作能力和解决问题的能力。

4. 个人优势

我的主观能动性强，对市场营销充满热情。我善于分析市场趋势，能够快速捕捉客户需求，并且具备良好的沟通和表达能力。我相信这些优势将有助于我在市场营销岗位上取得成功。

5. 职业目标

我期望能够加入贵公司，担任市场营销岗位的工作。我的目标是月薪 6000 元，但更重要的是能够在实际工作中不断学习和成长，为公司创造价值。

6. 结语

感谢大家的聆听，我期待有机会进一步与您交流，共同探讨如何为贵公司贡献我的力量。谢谢！

AI生成的内容仅供参考，请注意甄别信息准确性

图 8-18　WPS AI 生成的自我介绍结果

8.2　表格智能创建与处理

人工智能凭借先进的机器学习、深度学习和自然语言处理技术，在数据处理领域实现了高效自动化搜集、净化数据，并能进行深度分析和智能解读。人工智能数据处理在多个关键领域展现出显著的优势，如能自动识别并修正数据错误、缺失值和异常值，确保数据的准确性，即实现数据清洗与预处理。此外，人工智能可以基于分析结果自动生成可视化报告，有效提升信息传递效率，实现自动化报告生成，还能根据用户行为数据提供精准的个性化建议，构建个性化推荐系统。人工智能的异常检测功能能够及时发现数据中的异常情况，预防潜在风险。这些功能极大地增强了数据洞察力，提升了决策过程的科学性和准确性，为各行各业带来了前所未有的变革。

8.2.1　表格的创建与计算

1. 快速创建 Excel 样表

人工智能数据处理技术具备强大的能力，能够迅速地将大量的文字信息转换成结构化的表格形式，使文字数据变得更加直观和易于分析。这种转换方式使用户能够便捷地浏览并对比各项数据，进而做出决策并得出明确的结论，可显著增强数据的可视化效果及实用性。

例 8-10　利用 DeepSeek 创建 Excel 表格并辅助计算。

以下是某位学生开学当天的消费情况：

> 食堂午餐，16.00 元；社团聚餐，65.00 元；生活用品，228.50 元；电影票，45.00 元；手机话费充值，50.00 元；文具购买，35.70 元。

下面利用 DeepSeek 根据上述描述创建 Excel 表格，并辅助计算当天的累计支出，具体操作步骤如下。

(1)单击 DeepSeek 对话框，输入提示语"根据以下描述生成表格"，并提供具体数据，单击"发送"按钮，生成表格结果，如图 8-19 所示。

以下是基于描述生成的表格：

项目	金额（元）
食堂午餐	16.00
社团聚餐	65.00
生活用品	228.50
电影票	45.00
手机话费充值	50.00
文具购买	35.70

表格按描述顺序列出各项消费及对应金额。

图 8-19　DeepSeek 生成的表格结果

(2)将表格复制并粘贴到 Excel 软件中，得到 Excel 表格，如图 8-20 所示。

	A	B
1	项目	金额（元）
2	食堂午餐	16
3	社团聚餐	65
4	生活用品	228.5
5	电影票	45
6	手机话费充值	50
7	文具购买	35.7

图 8-20　Excel 表格

(3)回到 DeepSeek 页面，单击"发送"按钮左侧的"上传附件"按钮，在"打开"对话框中选择所需要的 Excel 表格文件，如图 8-21 所示，单击"打开"按钮。

图 8-21　“打开”对话框

(4)在 DeepSeek 对话框中输入问题“计算累计支出”,单击“发送”按钮,得到计算结果,如图 8-22 所示。也可据此在 Excel 表格中进行数据处理。

累计支出计算如下:

累计支出 = 16 + 65 + 228.5 + 45 + 50 + 35.7 = 440.2 元

表格结果:

项目	金额(元)
食堂午餐	16
社团聚餐	65
生活用品	228.5
电影票	45
手机话费充值	50
文具购买	35.7
累计支出	**440.2**

注:Excel 中可通过 `=SUM(B2:B7)` 公式直接计算。

图 8-22　DeepSeek 辅助计算结果

2. 表格处理

人工智能技术能够有效地协助用户在表格中执行各类计算任务。借助人工智能的强大力量,用户能够轻松地在电子表格中进行复杂的数学运算、数据分析以及统计计算。此外,人工智能也能辅助用户进行条件格式化、数据验证和错误检查,确保表格数据的精确性和可信度,从而显著提升工作效率。

例 8-11　利用 DeepSeek 对表格进行处理。

以下是部分学生成绩表(见图 8-23),教师需要根据这些数据,计算出每位学生的总分和各科的平均分,并按照总分进行排序。

	A	B	C	D	E	F
1	学生成绩表					
2	姓名	单位	性别	数学	英语	计算机
3	刘铁	电子系	男	70	53	66
4	孙刚	管理系	男	88	88	83
5	陈凤	经济系	女	86	77	92
6	沈阳	电子系	男	90	71	86
7	秦强	电子系	男	92	78	85
8	陆斌	管理系	男	79	59	90
9	邹蕾	经济系	女	65	46	72
10	彭佩	经济系	女	77	86	80
11	郑凯	电子系	男	54	68	70
12	李立	经济系	男	94	83	89

图 8-23　学生成绩表

下面利用 DeepSeek 辅助用户对表格进行处理，具体操作步骤如下。

单击“发送”按钮左侧的“上传附件”按钮，在“打开”对话框中选择所需要的 Excel 表格文件，单击“打开”按钮。在 DeepSeek 对话框中输入提示语“请根据要求对表格进行处理：1. 计算出每位学生的总分和各科的平均分；2. 按照总分进行排序，输出形式为表格。”，单击“发送”按钮，生成表格结果，如图 8-24 所示。

处理后的表格如下：

姓名	单位	性别	数学	英语	计算机	总分
李立	经济系	男	94	83	89	266
孙刚	管理系	男	88	88	83	259
秦强	电子系	男	92	78	85	255
陈凤	经济系	女	86	77	92	255
沈阳	电子系	男	90	71	86	247
彭佩	经济系	女	77	86	80	243
陆斌	管理系	男	79	59	90	228
郑凯	电子系	男	54	68	70	192
刘铁	电子系	男	70	53	66	189
邹蕾	经济系	女	65	46	72	183
平均分	—	—	79.5	70.9	81.3	—

说明：

1. **总分计算：** 每位学生的总分为数学、英语、计算机三科成绩之和。
2. **排序规则：** 按总分从高到低排序，总分相同者按原始顺序排列。
3. **平均分计算：** 数学平均分 79.5，英语平均分 70.9，计算机平均分 81.3（保留一位小数）。

图 8-24　DeepSeek 生成的表格结果

8.2.2　WPS AI 数据处理

1. 计算

WPS AI 具备根据用户提出的数据需求自动生成相应公式的功能，包括但不限于求和、计算平均值以及条件求和（如 SUMIFS）等。对不精通公式的用户来说，这一功能可显著简化数据处理的流程。

例 8-12　利用 WPS AI 计算销售额的方差。

图 8-25 所示是某药品销售统计表，利用 WPS AI 计算销售额的方差，具体操作步骤如下。

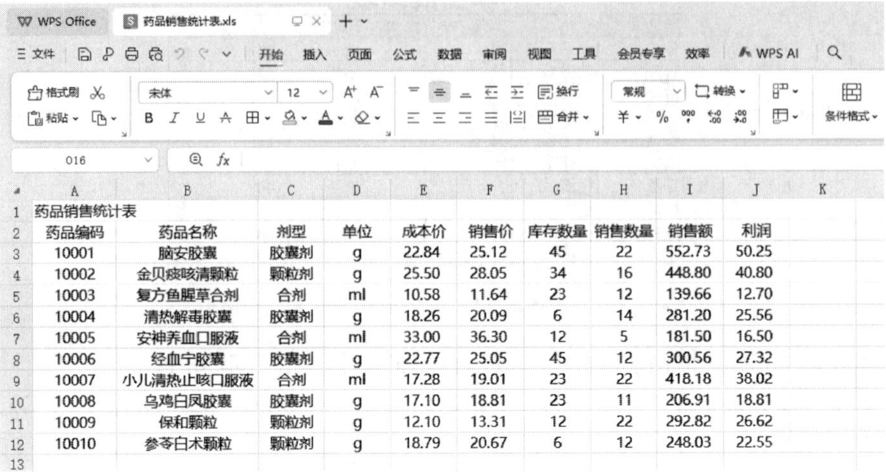

药品编码	药品名称	剂型	单位	成本价	销售价	库存数量	销售数量	销售额	利润
10001	脑安胶囊	胶囊剂	g	22.84	25.12	45	22	552.73	50.25
10002	金贝痰咳清颗粒	颗粒剂	g	25.50	28.05	34	16	448.80	40.80
10003	复方鱼腥草合剂	合剂	ml	10.58	11.64	23	12	139.66	12.70
10004	清热解毒胶囊	胶囊剂	g	18.26	20.09	6	14	281.20	25.56
10005	安神养血口服液	合剂	ml	33.00	36.30	12	5	181.50	16.50
10006	经血宁胶囊	胶囊剂	g	22.77	25.05	45	12	300.56	27.32
10007	小儿清热止咳口服液	合剂	ml	17.28	19.01	23	22	418.18	38.02
10008	乌鸡白凤胶囊	胶囊剂	g	17.10	18.81	23	11	206.91	18.81
10009	保和颗粒	颗粒剂	g	12.10	13.31	12	22	292.82	26.62
10010	参苓白术颗粒	颗粒剂	g	18.79	20.67	6	12	248.03	22.55

图 8-25　某药品销售统计表

(1)选定目标单元格，在“WPS AI”选项卡中单击“AI 写公式”按钮，打开“AI 写公式”对话框，如图 8-26 所示。

图 8-26　“AI 写公式”对话框

(2)在“AI 写公式”对话框中输入“计算 I 列的方差”，如图 8-27 所示，单击“发送”按钮。

图 8-27　在“AI 写公式”对话框中输入指令

（3）WPS AI 生成公式结果，如图 8-28 所示，单击“完成”按钮确认。

图 8-28　WPS AI 生成公式

（4）WPS AI 计算得到预期结果值，如图 8-29 所示。

	A	B	C	D	E	F	G	H	I	J	K
1	药品销售统计表										
2	药品编码	药品名称	剂型	单位	成本价	销售价	库存数量	销售数量	销售额	利润	15100.74754
3	10001	脑安胶囊	胶囊剂	g	22.84	25.12	45	22	552.73	50.25	
4	10002	金贝痰咳清颗粒	颗粒剂	g	25.50	28.05	34	16	448.80	40.80	
5	10003	复方鱼腥草合剂	合剂	ml	10.58	11.64	23	12	139.66	12.70	
6	10004	清热解毒胶囊	胶囊剂	g	18.26	20.09	6	14	281.20	25.56	
7	10005	安神养血口服液	合剂	ml	33.00	36.30	12	5	181.50	16.50	
8	10006	经血宁胶囊	胶囊剂	g	22.77	25.05	45	12	300.56	27.32	
9	10007	小儿清热止咳口服液	合剂	ml	17.28	19.01	23	22	418.18	38.02	
10	10008	乌鸡白凤胶囊	胶囊剂	g	17.10	18.81	23	11	206.91	18.81	
11	10009	保和颗粒	颗粒剂	g	12.10	13.31	12	22	292.82	26.62	
12	10010	参苓白术颗粒	颗粒剂	g	18.79	20.67	6	12	248.03	22.55	

图 8-29　WPS AI 计算结果

2. 图表生成

除了可洞察分析自动生成的图表外，WPS AI 还支持用户根据需要生成各种类型的图表，如折线图、饼图等，用户只需在 WPS AI 界面上选定心仪的图表类型，再输入相关数据，便能立即得到所需的图表。此外，WPS AI 还提供了丰富的图表编辑功能，用户可随心所欲地对图表进行个性化装扮，无论是调整颜色、添加标题，还是进行其他细节修饰，皆能轻松实现。通过这些功能，用户能够更加高效地制作出具有专业水准的图表，更直观地展示数据关系。

例 8-13　利用 WPS AI 模板生成图表。

基于例 8-12 统计表中的药品名称和销售额制作柱形图，使用 WPS AI 进行操作，具体操作步骤如下。

（1）单击“WPS AI”选项卡，单击“AI 表格助手”按钮，如图 8-30 所示。

（2）在“AI 表格助手”对话框中输入提示语“制作 X 轴为药品名称，Y 轴是销售额的柱形图”，单击“发送”按钮，生成柱形图结果，如图 8-31 所示。

（3）将光标移动至图表上，选择上方出现的功能栏中的“插入至工作表并编辑”选项，如图 8-32 所示。

（4）插入图表至工作表之后，就可以对图表进行编辑，如图 8-33 所示。

图 8-30　WPS AI 功能页面

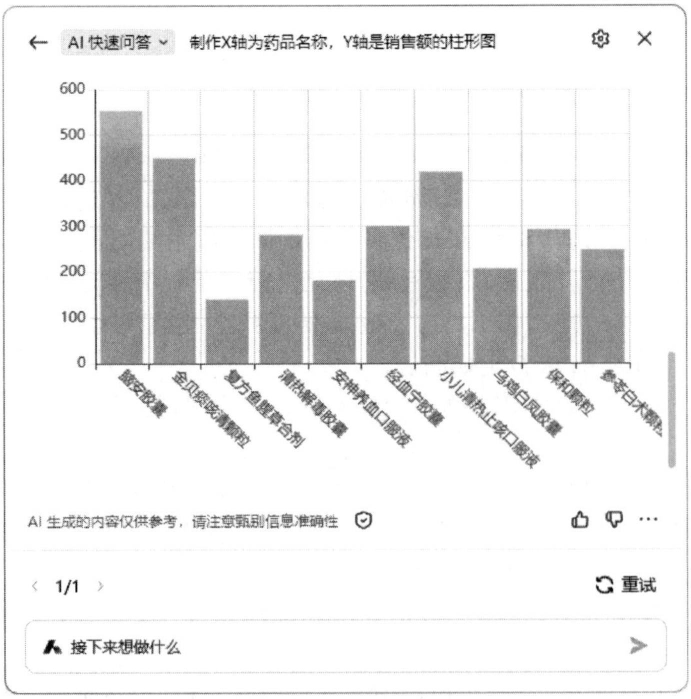

图 8-31　WPS AI 生成的柱形图结果

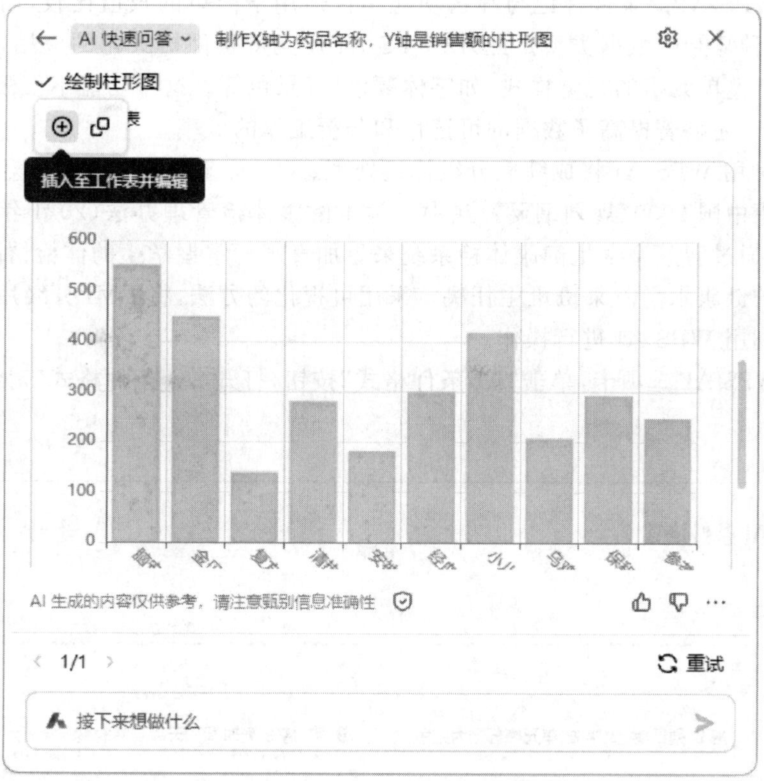

图 8-32　“插入至工作表并编辑”选项

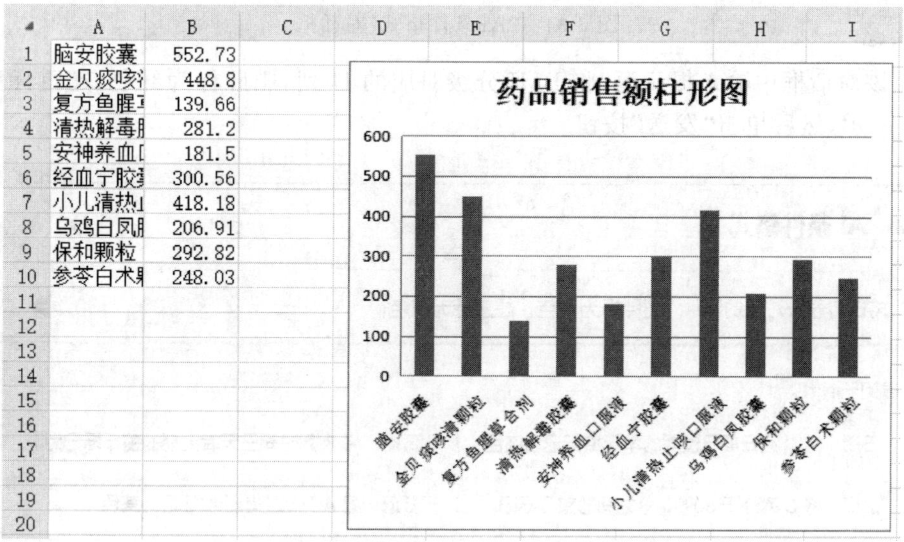

图 8-33　对图表进行编辑后的效果图

3. 条件标记与筛选

WPS AI 具备迅速执行条件标记与筛选的能力，可以协助用户迅速锁定满足特定条件的数据行或列。WPS AI 的条件标记与筛选功能不仅适用于简单的数值比较，而且广泛适用于文本、日期等多种复杂的数据类型。此外，WPS AI 还支持条件格式化的应用，用户能够依据预设条件自动调整单元格的视觉样式，如字体颜色、背景色等。这一功能不仅极大地丰富了表格的视觉表现力，还显著提高了数据的可读性和分析工作的效率。

例 8-14 利用 WPS AI 将成绩表分级标记处理。

随着《"健康中国 2030"规划纲要》与《中小学生健康体检管理办法(2021 年版)》的深入实施，学校正寻求通过智慧型学生健康体检系统来更加直观地掌握学生的体检情况，以便更好地了解每位学生的健康水平。某班班主任决定采用可视化的方法，将 BMI 分级用不同的颜色进行标识。下面利用 WPS AI 进行操作。

(1)单击"WPS AI"选项卡，单击"AI 条件格式"按钮，打开"AI 条件格式"对话框，如图 8-34 所示。

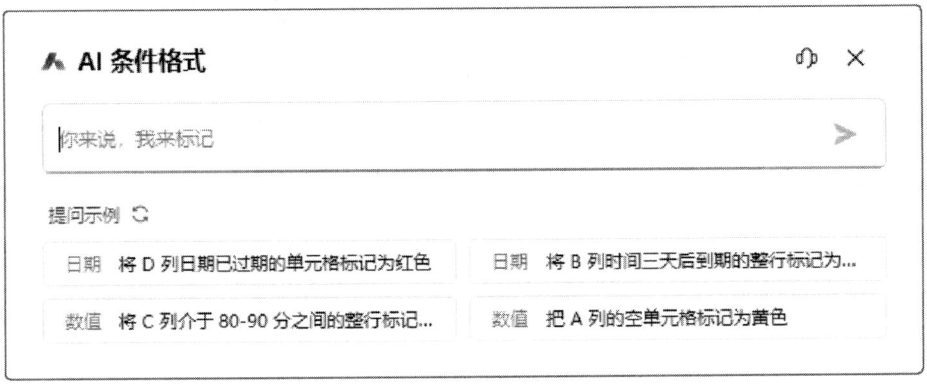

图 8-34 "AI 条件格式"对话框

(2)在该对话框中输入提示语"将 BMI 分级对应的 H 列，肥胖标为红色，超重标为黄色"，如图 8-35 所示，然后单击"发送"按钮。

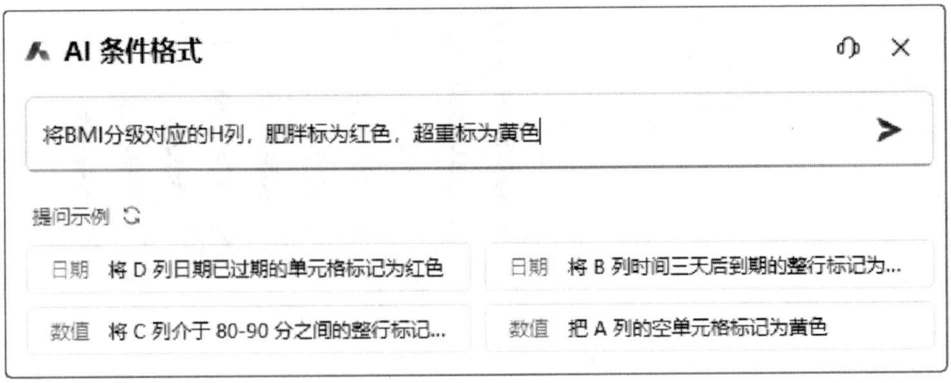

图 8-35 输入提示语

(3)AI 生成结果，单击"完成"按钮确认结果，得到标记处理后的数据情况，如图 8-36 所示。

	A	B	C	D	E	F	G	H	I
1	序号	姓名	性别	出生年月	身高(米)	体重（千克）	体指数	BMI分级	身高排名
2	0001	郑柔瑶	女	2000-01-05	1.55	51.2	21.31	正常	27
3	0002	陈纯飘	女	1998-12-19	1.65	45.6	16.75	偏瘦	15
4	0003	李炎	男	1998-10-01	1.75	65.1	21.26	正常	7
5	0004	梁婵毓	女	1999-03-29	1.59	55	21.76	正常	20
6	0005	赵林民	男	1998-10-04	1.78	65.9	20.80	正常	5
7	0006	周全纯	女	1999-04-27	1.6	53.5	20.90	正常	19
8	0007	何元全	女	1999-05-24	1.58	64	25.64	超重	21
9	0008	杨腾松	男	1999-07-28	1.79	76.5	23.88	正常	3
10	0009	周宏腾	男	1999-03-04	1.73	59.2	19.78	正常	10
11	0010	郑婵凝	女	1999-03-27	1.65	75.6	27.77	超重	15
12	0011	杨青婵	女	1999-04-29	1.58	43	17.22	偏瘦	21
13	0012	梁士保	男	1999-08-17	1.75	66.5	21.71	正常	7
14	0013	秦震梁	女	1998-10-26	1.58	56.4	22.59	正常	21
15	0014	孙婕冰	女	1999-03-05	1.52	54.5	23.59	正常	30
16	0015	王倩宁	女	1998-07-14	1.57	44.9	18.22	偏瘦	26
17	0016	秦行	男	2000-10-05	1.75	60	19.59	正常	7
18	0017	赵卿瑶	女	1998-10-21	1.61	55.9	21.57	正常	17
19	0018	王嘉贵	女	1998-11-11	1.69	80.9	28.33	肥胖	11
20	0019	陈飘荷	女	1999-06-03	1.68	60.4	21.40	正常	13
21	0020	梁功伯	男	1999-03-29	1.82	67	20.23	正常	1
22	0021	陈晨腾	男	2001-05-13	1.81	85.6	26.13	超重	2
23	0022	谢松军	男	1999-05-17	1.79	60	18.73	正常	3
24	0023	王丹悦	女	1999-07-25	1.58	50.5	20.23	正常	21
25	0024	秦露希	女	2002-04-23	1.61	61	23.53	正常	17
26	0025	赵奇士	男	1998-11-06	1.76	65.2	21.05	正常	6
27	0026	孙飘仁	女	1998-12-28	1.54	59	24.88	超重	29
28	0027	谢琦娅	女	1999-08-01	1.55	51.2	21.31	正常	27
29	0028	吴丹颖	女	2000-01-29	1.58	53.1	21.27	正常	21
30	0029	郑奇泽	男	1998-10-24	1.69	50.5	17.68	偏瘦	11
31	0030	陈悦怡	女	1999-08-07	1.67	51	18.29	偏瘦	14

图 8-36　标记处理后的数据情况

8.3　幻灯片智能生成

人工智能幻灯片制作是一种利用人工智能技术辅助创建演示文稿的过程。它通过分析用户的需求和内容，自动设计幻灯片布局并选择合适的视觉元素和动画效果，极大地提高了办公环境中的工作效率和演示文稿的专业度。

8.3.1　创建幻灯片

人工智能技术的发展为用户带来了诸多便利，尤其是在制作幻灯片这一方面。人工智能的辅助功能使用户能够轻松实现幻灯片的个性化定制，进而大幅度提高工作效率。目前市场上存在多种人工智能工具，如天工 AI、讯飞智文、万知、iSlide 和 AiPPT 等，这些工具各有特色，能够满足不同用户的需求。

以下是几款人工智能幻灯片生成工具的简要对比情况，如表 8-1 所示。

表 8-1 人工智能幻灯片生成工具的简要对比情况

工具/特性	内容生成能力	操作方式	特色功能	优势
天工 AI	高效内容生成，丰富的模板资源	提供主题或大纲，自动生成幻灯片	快速生成逻辑清晰、设计精美的幻灯片	适合短时间内准备大量的演示材料
讯飞智文	语音识别和自然语言处理技术	文本输入和语音指令操作	语音指令操作	提供全新的幻灯片制作体验
万知	强大的内容生成引擎	自动生成幻灯片，支持微调和优化	自动根据主题生成幻灯片	满足不同场景的需求
iSlide	集成大量设计模板和素材	智能算法辅助设计和排版	个性化幻灯片制作	设计新手也能制作专业文稿
AiPPT	强大的自定义功能和丰富的模板库	在线编辑和文档导入生成	将文档资料转化为演示文稿	轻松转化文档资料为演示文稿

科大讯飞推出的讯飞智文，作为一款 AI PPT 生成工具，依托星火认知大模型，为用户带来前所未有的便捷体验。它能智能分析文本内容，自动匹配最佳模板和布局，轻松制作出既美观又实用的幻灯片。即使没有设计技能，用户也能利用讯飞智文制作专业的演示文稿。此外，讯飞智文还支持丰富的个性化设置，包括字体、颜色、动画效果的调整等，满足用户多样化的个人风格和演讲需求。

下面是进入讯飞智文使用首页的操作步骤。

(1)在浏览器中输入讯飞智文的网址 https://zhiwen.xfyun.cn，进入首页(见图 8-37)，单击右上方的“登录”按钮，选择合适的方式登录。

图 8-37 讯飞智文首页

(2)登录完成后，进入操作页首页，如图 8-38 所示。

图 8-38　讯飞智文操作页

1. 一句话创建

一句话创建功能适用于对演示文稿制作没有具体的思路或想法的情况，只需输入一句话或一个关键词，讯飞智文会根据输入的主题快速生成演示文稿的大纲和内容。具体操作步骤如下。

(1)单击操作页中的"一句话创建"按钮，如图 8-38 所示，在新的网页输入框中输入主题或关键词，如"保护环境 人人有责"，如图 8-39 所示。可以在输入框下方左侧的语言选项中根据需要调整演示文稿的语言设置，并选择是否需要添加演讲备注、启用 AI 配图模型以及激活联网搜索功能。设置完成后，单击"发送"按钮。

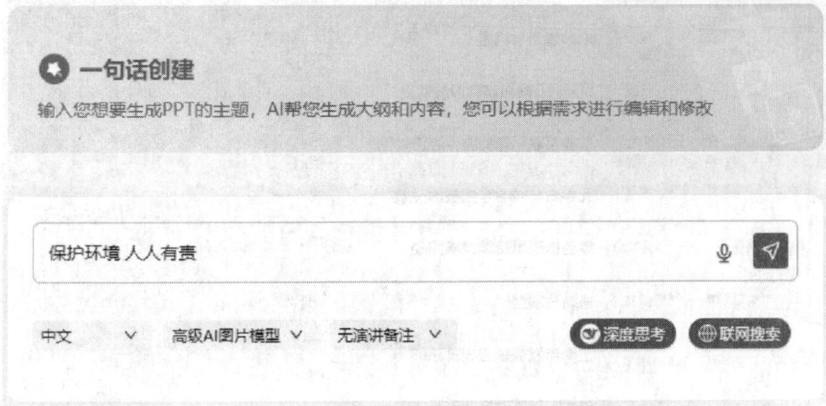

图 8-39　讯飞智文输入栏及操作指令

(2)讯飞智文自动生成内容，如图 8-40 所示，若用户希望重新生成思考，则可单击下方的"重新思考"按钮。若对生成结果满意，则单击"参考生成大纲"按钮继续操作，这时，讯飞智文根据内容自动生成演示文稿大纲，如图 8-41 所示，若用户对某些部分不满意，则可单击进入相应的输入栏进行修改或删除。完成修改后，单击"下一步"按钮即可更新内容。

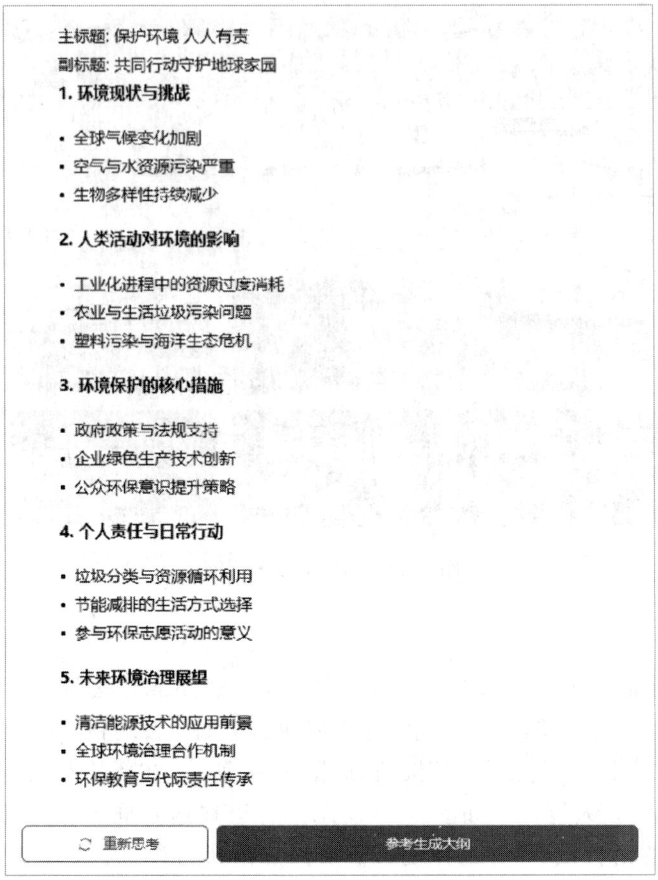

图 8-40　讯飞智文生成的内容

图 8-41　讯飞智文生成的演示文稿大纲

(3)在系统智能推荐的模板库中，用户可以根据自己的需求设置行业、风格、颜色等多种选项来进行筛选，如图 8-42 所示。选择模板后，单击右上角的“开始生成”按钮，将自动生成初步的演示文稿框架，如图 8-43 所示。

图 8-42　演示文稿模板库

图 8-43　讯飞智文生成的演示文稿框架

2. 文本创建

用户已有具体文稿或构思时，可输入长篇文本（最多可达 8 000 字），讯飞智文将总结并拆分文本内容，生成高度相关的演示文稿文档。具体操作步骤如下。

(1)单击操作页的“文本创建”按钮，在输入框中输入需要生成的演示文稿的文本内容，如图 8-44 所示，并单击“下一步”按钮。

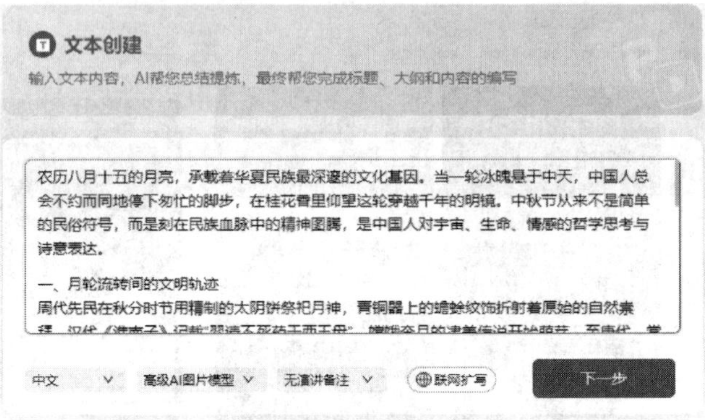

图 8-44　输入文本内容

(2)讯飞智文自动分析文本，生成演示文稿大纲，如图 8-45 所示。根据需要调整后，单击“下一步”按钮。

图 8-45　讯飞智文生成的演示文稿大纲

(3)从模板库中选择一个合适的模板，如图 8-46 所示，单击“开始生成”按钮，得到初步生成的演示文稿框架，如图 8-47 所示。

图 8-46　演示文稿模板库

图 8-47　讯飞智文生成的演示文稿框架

另外，讯飞智文还可以通过“文档创建”“高级创建”等方式生成幻灯片。其中，“文档创建”允许用户上传已有的 Word、PDF、TXT 等格式的文档，讯飞智文将智能解析文档内容，生成与之高度相关的演示文稿文档。而“高级创建”则提供了更多自定义选项，用户可以根据个人需求，确定演示文稿的主题、风格、布局等，以获得更加个性化的演示文稿。另外，还可以上传可供参考的文件。这些多样化的创建方式，极大地满足了不同用户的制作需求，使得讯飞智文成为一款功能强大的演示文稿生成工具。

8.3.2 格式化调整

1. 内容调整

制作的演示文稿初稿可能需要根据具体需求进行调整。在生成的演示文稿中，通过单击进入相应的文本框，可以对文字进行修改、增删，以及调整字体、字号、颜色等，如图 8-48 所示。

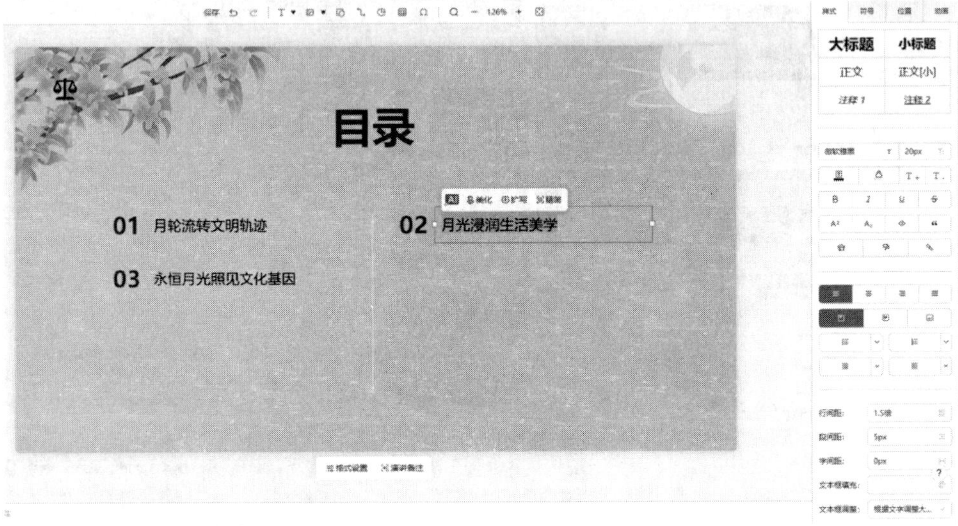

图 8-48　内容调整

2. 添加动画效果

讯飞智文支持对幻灯片中的元素添加动画效果，提升演示文稿的趣味性和观赏性。选中需添加动画效果的文本框后，单击界面右上角“文本”窗格中的“动画”选项卡，选择“添加动画”选项，并从列表中选择合适的动画效果，如图 8-49 所示，所选动画效果将自动应用到相应元素上。

图 8-49　添加动画效果

3. 添加配图

讯飞智文还内置了 AI 文生图功能，可以根据选定或输入的文字生成多张参考配图，如图 8-50 所示。此外，用户还可以根据需要自行插入准备好的图片进行替换。

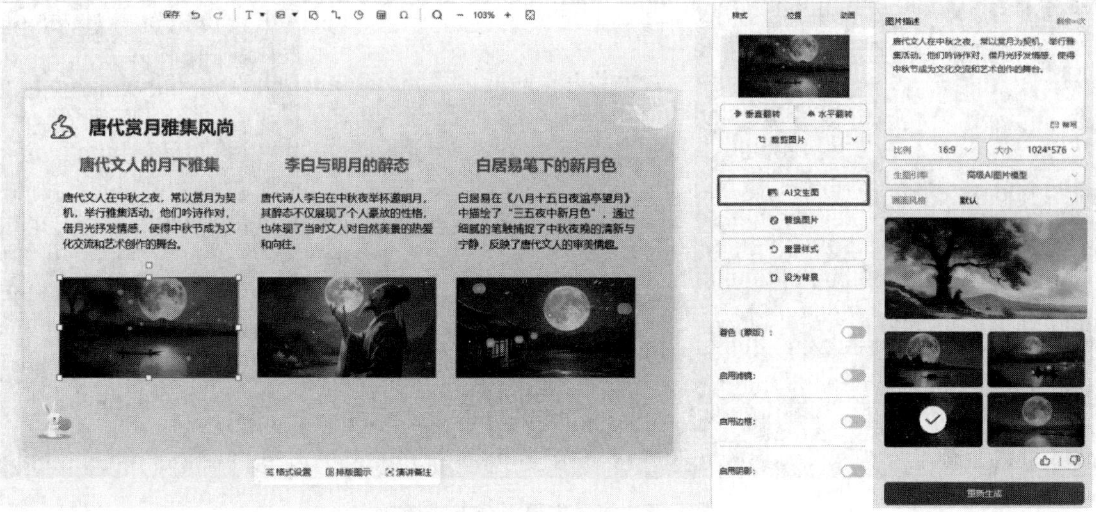

图 8-50　添加配图

4. 导出与分享

完成所有编辑和调整后，可以单击右上角的“演示”按钮，预览幻灯片的制作效果。确认无误后，可以单击“下载”按钮进行下载，如图 8-51 所示。

图 8-51　“下载”按钮

在下载页面中，选择所需的文件类型(如 PPT、PDF 等)，然后单击“确认”按钮，即可成功下载并保存演示文稿文档，如图 8-52 所示。

图 8-52　演示文稿下载方式选择

8.3.3　WPS AI 幻灯片生成

1. 一键生成幻灯片

用户仅需提供幻灯片的主题、大纲或文档，WPS AI 便能迅速生成相应内容。这一功能显著减少了用户在手动制作幻灯片时的时间投入，有效提升了工作效率。具体操作步骤如下。

(1)新建演示文稿文档，单击“WPS AI”选项卡中的“AI 生成 PPT”下拉按钮，根据需要选择“主题生成 PPT”“文档生成 PPT”“大纲生成 PPT”选项；此外以“主题生成 PPT”选项为例，如图 8-53 所示，在对话框中输入幻灯片主题，如“人工智能的发展”，确认无误后单击“开始生成”按钮。

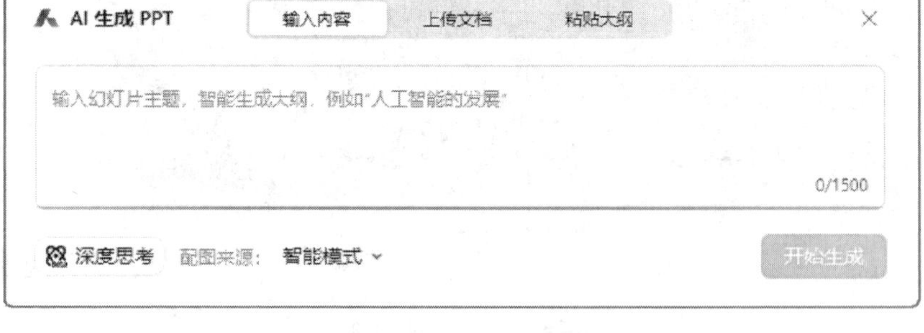

图 8-53　WPS AI 对话框

(2)获取由 WPS AI 生成的幻灯片大纲后，双击待修改区域即可进入编辑框进行调整，如图 8-54 所示；若对大纲内容满意，则单击“生成幻灯片”按钮，进入后续操作。

图 8-54　WPS AI 生成的幻灯片大纲

(3)根据需要选择模板，模板库界面如图 8-55 所示，再单击“创建幻灯片”按钮。

图 8-55　模板库界面

(4)得到 WPS AI 生成的演示文稿框架，如图 8-56 所示。

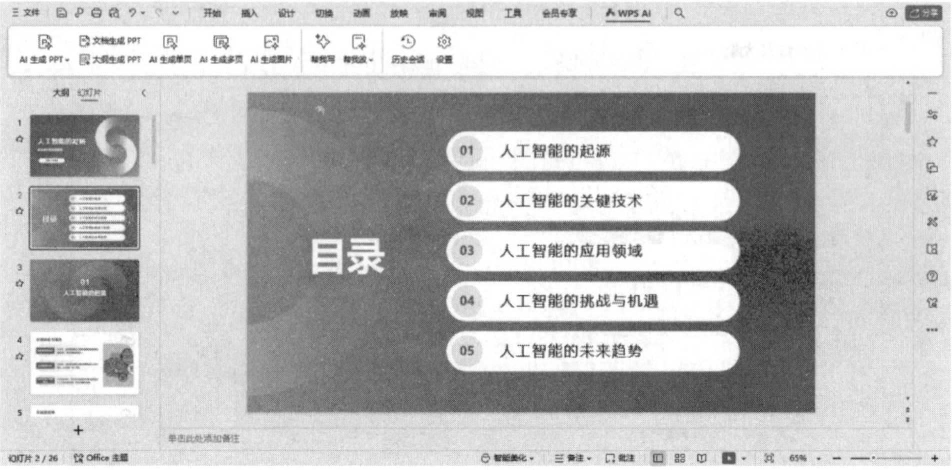

图 8-56　WPS AI 生成的演示文稿框架

2. 智能美化

WPS AI 提供了多样化的模板选择，用户只需单击需要的模板，即可迅速切换至心仪的模板，从而极大地提升了幻灯片的排版效率。除了预设的配色方案外，WPS AI 还能根据幻灯片内容进行智能美化，使幻灯片更加美观、专业。单击“设计”选项卡中的“全文美化”下拉按钮，如图 8-57 所示，选择“智能美化”选项，在打开的“全文美化”对话框中，可以全文换肤、统一版式、智能配色、统一字体以及一键美化，如图 8-58 所示。

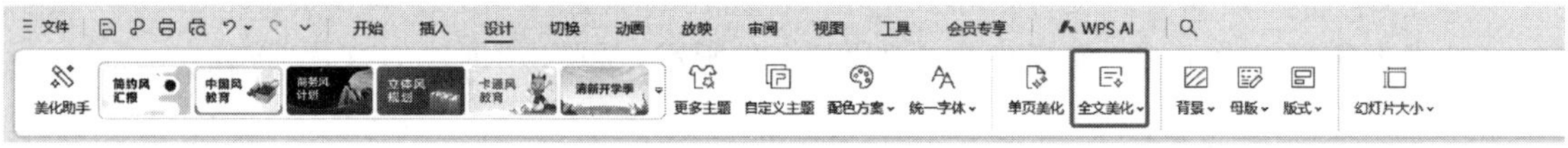

图 8-57　“全文美化”下拉按钮

图 8-58　“全文美化”对话框

3. 智能编辑

WPS AI还能根据幻灯片内容推荐合适的图片，可提升幻灯片的视觉效果。此外，针对单页幻灯片中的具体内容，WPS AI还提供了扩写与改写两大功能。用户可以根据实际需求，灵活地对内容进行增添或精简，在确保幻灯片内容精准无误的同时使其更加生动。具体操作步骤如下。

双击需要修改的文本框，选择需要修改的文字，单击“WPS AI”选项卡，在打开的对话框中输入问题或单击“帮我改”下拉按钮，如图8-59所示，在下拉列表中选择相应功能，如“润色”“扩写”“缩写”等。

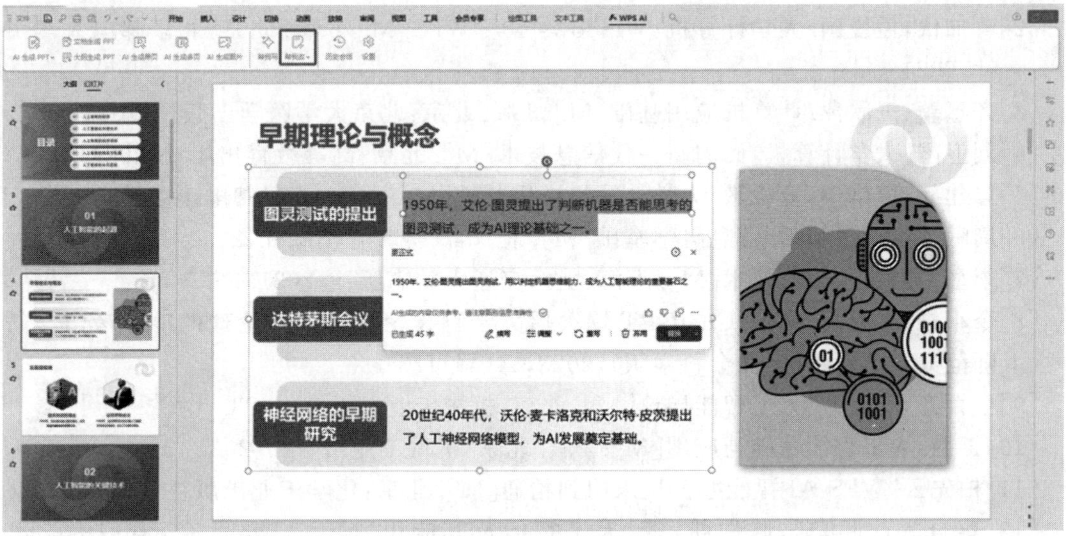

图8-59　智能编辑

习　题　8

1. 什么是智能文本生成？列举两个常见的应用场景。
2. 举例说明人工智能在文档翻译与校对中的核心优势。
3. 如何通过人工智能实现内容优化与重写功能？简述其基本步骤。
4. WPS AI文档处理的核心功能包括哪些？至少列举三项。
5. 人工智能在表格创建与计算中如何提升效率？举例说明。
6. WPS AI数据处理可以实现哪些自动化操作？
7. 人工智能生成幻灯片时，如何根据用户需求自动生成幻灯片内容？
8. 人工智能在幻灯片格式化调整中可能涉及哪些方面的自动优化？
9. WPS AI生成幻灯片的典型流程包括哪些步骤？
10. 人工智能在办公场景中的优势体现在哪些方面？

参 考 文 献

[1]蒋加伏，王晨. 大学计算机与人工智能：AI 版[M]. 6 版. 北京：北京邮电大学出版社，2025.

[2]蒋加伏，孟爱国. 大学计算机：Windows 10＋WPS[M]. 6 版. 北京：北京邮电大学出版社，2021.

[3]齐惠颖，王欣萍. 计算机应用基础[M]. 8 版. 北京：北京大学医学出版社，2023.

[4]刘卫国. 大学计算机：面向新一代信息技术[M]. 北京：高等教育出版社，2024.

[5]修建新，田崇瑞，范晓敏. 大学计算机应用基础[M]. 北京：人民邮电出版社，2021.

[6]周曦，黄吉花，邹疆. 信息科学基础[M]. 北京：高等教育出版社，2022.

[7]李垒，郑根让. 信息技术[M]. 上海：上海交通大学出版社，2021.

[8]令小雄，王鼎民，袁健. ChatGPT 爆火后关于科技伦理及学术伦理的冷思考[J]. 新疆师范大学学报(哲学社会科学版)，2023，44(4)：123-136.

[9]牛百齐，王秀芳. 人工智能导论[M]. 北京：机械工业出版社，2023.

[10]丁艳. 人工智能基础与应用[M]. 2 版. 北京：机械工业出版社，2024.

[11]柏先云. WPS AI 智能办公从入门到精通[M]. 北京：化学工业出版社，2024.

[12]蔡自兴，刘丽珏，陈白帆，等. 人工智能及其应用[M]. 7 版. 北京：清华大学出版社，2024.

[13]程显毅，任越美，孙丽丽. 人工智能技术及应用[M]. 北京：机械工业出版社，2020.

[14]王科俊，卢桂萍，张恩，等. 人工智能技术基础[M]. 北京：清华大学出版社，2024.

[15]周志华. 机器学习[M]. 北京：清华大学出版社，2016.